国家科学技术学术著作出版基金资助出版

北斗/GNSS 共视时间比对原理与应用

许龙霞　刘音华　陈瑞琼　著

科学出版社
北　京

内 容 简 介

20 世纪 80 年代就出现了基于卫星导航系统的共视比对技术，距今已有 40 多年。本书围绕卫星导航系统中的共视时间比对技术，结合作者在相关研究领域的技术积累和工程实践，重点介绍卫星导航系统中的共视比对技术及对共视比对技术的改进和拓展应用。本书内容主要包括三部分，第一部分为共视比对技术的介绍，包括比对原理和影响共视比对的误差源分析；第二部分为共视比对技术的改进方法，包括将共视比对应用于授时和溯源；第三部分为共视比对技术的拓展应用，包括在远程时间校准、时间频率复现中的应用，以及共视比对思想在空间站时间比对中的应用。

本书可供卫星导航、天文学、大地测量、时间频率等相关领域的科研人员、工程技术人员参考，也可作为电力、通信、金融等行业相关人员的专业背景知识拓展用书。

图书在版编目(CIP)数据

北斗/GNSS 共视时间比对原理与应用/许龙霞，刘音华，陈瑞琼著. —北京：科学出版社，2024.5

ISBN 978-7-03-078432-2

I. ①北… Ⅱ. ①许… ②刘… ③陈… Ⅲ. ①卫星导航-全球定位系统-时间测量-研究 Ⅳ. ①P228.4

中国国家版本馆 CIP 数据核字(2024)第 082694 号

责任编辑：宋无汗 郑小羽 / 责任校对：崔向琳

责任印制：徐晓晨 / 封面设计：陈 敬

科学出版社 出版

北京东黄城根北街 16 号

邮政编码：100717

http://www.sciencep.com

北京建宏印刷有限公司印刷

科学出版社发行 各地新华书店经销

*

2024 年 5 月第 一 版 开本：720×1000 1/16

2025 年 1 月第二次印刷 印张：13 1/4

字数：267 000

定价：158.00 元

(如有印装质量问题，我社负责调换)

前　言

共视的思想由来已久，诗句“海上生明月，天涯共此时”描述的是古人通过共视月亮，传递对亲人的思念之情。如今，通过共视导航卫星，传递高精度的时间和频率。

卫星导航系统是一个国家的重要基础设施，可以为军民用户提供高精度的位置和时间服务。时间比对技术作为卫星导航系统的核心技术，对卫星导航系统的发展至关重要。基于卫星导航系统的时间比对技术有两大类，一类为共视时间比对，另一类为全视时间比对。共视时间比对技术是应用广泛的时间同步方法，是国际守时实验室之间开展时间比对、卫星导航系统实现溯源的主要方法之一。从广义上来看，导航卫星只是共视时间比对参考源的一种，任一可以播发时间信号，且能被比对双方接收的参考源均可以作为共视源。利用卫星导航系统可以实现共视时间比对，反过来，共视时间比对也可以提高卫星导航系统的定位和授时性能，这是共视时间比对技术的应用。

随着我国北斗卫星导航系统和国家时间频率体系工程的建设，越来越多的人了解北斗、使用北斗。本书围绕共视时间比对技术，首先重点介绍卫星导航系统共视时间比对技术的原理，在此基础上介绍改进共视时间比对实现更高精度授时的方法，以及进一步发展的远程时间校准与复现技术，最后探索以空间站原子钟为共视参考源的时间比对方法。

全书共 6 章。第 1 章介绍共视时间比对方法的发展历史，以共视参考源为脉络，让读者对共视方法有一个直观、清晰的认识。第 2 章介绍授时与共视时间比对的概念，重点介绍卫星导航系统的单向授时过程，以及以导航卫星为共视参考源的共视时间比对技术原理。第 3 章介绍本书提出的改进共视时间比对技术、提高授时精度的共视授时技术，系统地介绍共视授时方法的思想、系统组成、偏差参数和误差分析。第 4 章介绍基于共视时间比对技术改进北斗卫星导航系统的系统时间溯源方法。第 5 章系统地介绍基于共视时间比对技术发展的远程时间校准与复现服务系统。第 6 章探索以空间站原子钟作为共视参考源的共视时间比对方法，重点介绍与卫星导航系统共视时间比对的差异，提出更适合空间站特征的分时共视方法。

本书由中国科学院国家授时中心许龙霞、刘音华和陈瑞琼撰写。其中，刘音华负责第 1 章和第 6 章，许龙霞负责第 2~4 章，陈瑞琼负责第 5 章。

本书撰写过程中得到了李孝辉、刘娅的悉心指导，他们逐字审阅了初稿，提出了科学、中肯的修改意见；资料收集过程中，朱峰、何雷、陈婧亚、李丹丹等付出了大量努力，在此一并表示感谢。为反映相关研究领域的研究进展，本书引用了国内外知名专家、学者的部分研究成果，已在参考文献中列出，在此表示郑重感谢。

由于作者水平有限，书中不妥之处在所难免，恳请广大读者批评指正。

作　者

2023 年 8 月

目　　录

第 1 章　绪　　论

时间作为四维时空坐标系中的一个重要变量，确定动力学过程发生的时刻，以比较动力学过程发生的先后次序。时间是人类活动的基本信息，支撑着现代社会的有序运行，需要在相互关联的范围内统一时间，这就要进行计时设备的相互比对。如果比对距离超出了一定范围，就需要进行异地远程时间比对。时间比对是统一时间的必需技术，随着科技的发展，人们对时间比对精度的要求越来越高。

1.1　时间传递与时间比对

时间传递与授时是人们获得时间的方式。时间传递相对容易理解，从字面上就可以知道，是将时间从一个地方传到另外一个地方。授时是时间传递的一种，一般采用广播式时间传递。

古代，标准时间在观象台产生；现代，标准时间在守时实验室产生。守时实验室产生的时间虽然精密、准确，但普通大众很难到这里来看时间，即使看到，回去以后时间也已经改变。

时间传递可以将标准时间传递到人们身边。高耸的钟楼就是最简单的一种时间传递方式，人们看一下钟楼的大钟就知道时间了，也就是说，时间从钟楼的大钟传递到了观看者。更进一步，如果观看者有一块手表，根据看到的钟楼大钟时间调整手表时间，把手表的时间调到与钟楼大钟时间一样，那么他的手表时间和钟楼大钟时间就实现了时间同步。这就是时间传递和时间同步的区别：时间传递只是时间信号 (简称 “时号”) 的传递，而时间同步是在传递的基础上进行调钟。

实际上，有两种调钟方法，一种是将两个钟的时间调得一样，这是实现了物理同步；另一种是不对手表进行调整，但知道手表的时间偏差 (简称 “时差”)，使用时扣掉偏差即可，这是数学上的同步。两种方法都可以使用，主要看使用者如何方便。

时间渗透生活的各个方面，成为生活的一个基本参量。时间传递也无处不在，人们使用各种通信手段进行时间传递，可以说，有通信就有时间传递。

接下来讨论传递什么时间的问题。时间传递并不规定传递什么时间，只说明将时间从一个地方传到另外一个地方，但时间需要统一到一个公认的标准，如果传递的是国家标准时间，并且使用广播的方式，那么该时间传递就可以称为授时。授时就是将国家标准时间广播出去 (李孝辉等，2012)。

授时和定时是时间传递的两个方面，授时是从系统的角度来说的，定时是从接收者的角度来说的。以上课为例，从老师的角度是在授课，从学生的角度是在听课、获取知识，如果上课相当于时间传递，那么从老师的角度是授时，从学生的角度是定时。

在所有有关时间传递的概念中，时间比对与时间传递类似，时间比对是指比较两个时钟，获得两个时钟的时间偏差。如果两个时钟在同一个实验室，这种比对称为测量。如果两个时钟异地，这种比对称为时间传递。有些场合不区分时间比对、测量和时间传递的概念，本书也没有完全区分这些概念。

时间比对的方法有很多,目前使用比较多的有卫星双向时间传递、卫星共视 (common view, CV) 时间比对、卫星授时等，卫星共视时间比对是本书研究的重点。

1.2　共视时间比对的发展

基于导航卫星的共视时间比对，可以实现两个地方原子钟之间纳秒级的时间比对，是应用最多的时间比对方法之一。导航卫星共视时间比对的基本原理如图 1.1 所示。早在公元前 500 多年，人们已经掌握了共视时间比对的方法，当时共视的媒介是月亮。后来，随着技术的发展，共视媒介发展到木星、流星、卫星等，精度和方便性逐步提高。

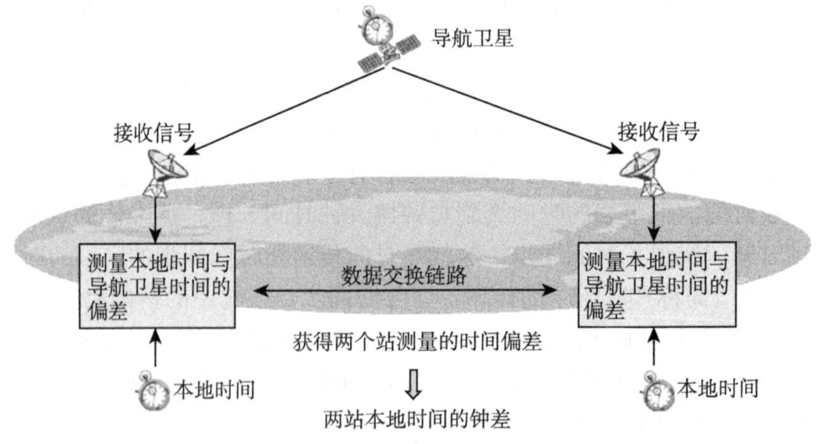

图 1.1　导航卫星共视时间比对的基本原理

“但愿人长久，千里共婵娟” 道出了共视时间比对的真谛：两个地方看同一个物体。

公元前 160 年，古希腊学者喜卡珀斯认为，利用月食共视很简单。

月食发生的时候，两地的两人同时观看月食，月食结束那一刻，两人记下各自的时间，就可以比较时间差异。

这就是共视时间比对的方法，两地的两人分别记下观察到同一个现象的本地时间，然后交换数据就可以实现两地的时间比对。月食什么时候发生不重要，重要的是月亮的光线同时到达两地的两人眼中，并且两人记下结束时刻所用的时间也相等。但是，月食发生得太少，需要一年甚至两年才能对一次时间。伽利略在 1622 年提出了解决办法：不用月食，用木星卫星食。木星有四颗卫星，这四颗卫星以很高的速度绕着木星公转，木星的卫星一年发生一千多次卫星食，每天发生两次或三次，而且这种卫星食有一定规律。伽利略编制了近似准确的木星卫星食发生表供人们使用 (李孝辉等，2013)。

以上解决了对表问题，虽然木星的卫星在海上很难观测，但在陆地上伽利略的方法是可以用的。后来，巴黎天文台用这种方法在地球上观测各地的经度，取得了极大的成功，成为名震一时的研究机构。

共视方法发展的过程中，发生了两个大事件。

事件一发生在 19 世纪中叶，利用流星作为共视媒介，天文学家测量了相距 480km 的意大利西西里岛和莱切之间的经度差，精度 4″。

事件二发生在 1955 年到 1958 年，美国华盛顿的海军天文台和英国特丁顿的国家物理研究所同时测量华盛顿的 WWV 电台时间信号。海军天文台比较了 WWV 电台时间信号与世界时，国家物理研究所比较了 WWV 电台时间信号与其新发明的铯原子钟。根据共视测量结果，两者对世界时的秒长和原子时的秒长进行了比对，根据比对结果把原子时的秒长定义为铯原子能级跃迁 9192631770 周所持续的时间。这就是现在秒定义的来源。

人们采用的共视媒介，包括罗兰-C 信号、广播电视信号、交流电信号，以及脉冲星的脉冲等。20 世纪 80 年代，由全球定位系统 (global positioning system, GPS) 卫星作为共视媒介，可以将时间比对精度提高到纳秒量级。

GPS 卫星发射的信号在发射端和接收端有一个明确的路径，并且可以修正得基本相同 (Kaplan et al., 2006)，它是非常理想的共视参考信号。GPS 共视的性能比以前使用的罗兰-C 共视的性能提高了上百倍。GPS 共视技术一出现就被计算协调世界时的国际权度局 (Bureau International des Poids et Mesures, BIPM) 所采用，直到今天都在使用这种方法。

随着科技的发展，必然会出现精度更高的共视媒介，共视时间比对的精度会越来越高。

1.3 共视的核心——参考源

共视时间比对技术具有比对精度覆盖面广、比对基线长、比对手段机动灵活等优点，已被广泛应用于日常生活、工业生产、国防建设和基础前沿科学研究等诸多方面。共视时间比对的精度与参考源的选择密切相关。共视参考源所携带时钟的性能、参考源与用户之间时间比对链路的误差特性会影响时间比对的精度。本节从共视时间比对的原理出发，分析参考源在共视时间比对中的作用。

1.3.1　基于不同参考源的共视时间比对

顾名思义，共视时间比对即相距一定距离的两个测站，同时观测共视参考源获取本地时间与共视参考源的时间偏差，两个观测数据求差得到两个测站本地时间的偏差。共视时间比对方法可以消除参考源到两个测站之间的时间传递共有误差，从而提高时间比对的精度。

图 1.2 给出了共视时间比对的基本原理 (刘音华，2019)。图中的共视参考源为空间参考源，记为 S，需要进行时间比对的两方为两个地面站，分别记为 A 和 B。共视时间比对的参考源可以在空间或者地面，进行时间比对的测站也可以在空间或者地面，基本原理均与图 1.2 相同。

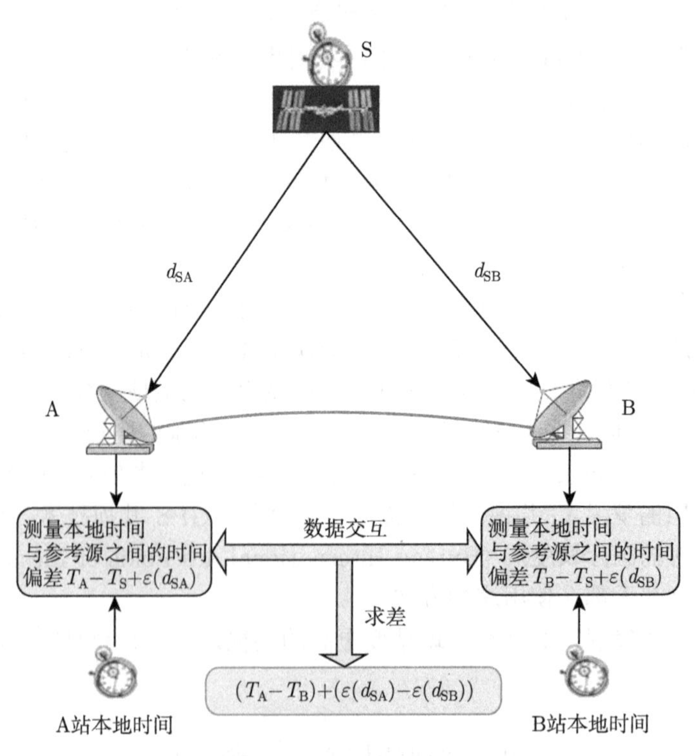

图 1.2　共视时间比对的基本原理

图 1.2 中，观测信号从空间参考源 S 传送到 A 站的传播时延为 d_{SA}，A 站观测设备需扣除 d_{SA} 才能获取准确的本地时间与参考源之间的时间偏差 T_A-T_S。

设 d_{SA} 的测量误差为 $\varepsilon(d_{\mathrm{SA}})$，A 站的观测设备测量出的本地时间与参考源之间的时间偏差实际为 $T_{\mathrm{A}}-T_{\mathrm{S}}+\varepsilon(d_{\mathrm{SA}})$。同理，观测信号从 S 传送到 B 站的传播时延为 d_{SB}，d_{SB} 的测量误差为 $\varepsilon(d_{\mathrm{SB}})$，B 站测量出的本地时间与参考源之间的时间偏差实际为 $T_{\mathrm{B}}-T_{\mathrm{S}}+\varepsilon(d_{\mathrm{SB}})$。A、B 两站通过数据交互网络交换测量数据，通过求差运算可以得到 A、B 两站的时间偏差为 $T_{\mathrm{A}}-T_{\mathrm{B}}$，所求结果包含两站的传播时延测量误差 $\varepsilon(d_{\mathrm{SA}})-\varepsilon(d_{\mathrm{SB}})$，一般 $\varepsilon(d_{\mathrm{SA}})$ 和 $\varepsilon(d_{\mathrm{SB}})$ 含有相同的误差分量，通过相减可以抵消两条时间传递路径上的共有误差。因此，共视时间比对方法可以获取比单向比对方法更高的时间比对精度。

因此，传播时延测量误差 $\varepsilon(d_{\mathrm{SA}})-\varepsilon(d_{\mathrm{SB}})$ 决定了共视时间比对的精度。图 1.2 中，传播时延测量误差主要包含参考源位置误差、地面站位置误差、电离层延迟改正误差、对流层延迟改正误差、地面站接收通道延迟标校误差、接收设备观测噪声、地球自转和地球引力作用引起的延迟修正误差等。

如果空间参考源位置较低，参考源发射的信号不经过电离层，传播时延测量误差就不包含电离层延迟改正误差。如果参考源在地面，地球自转和地球引力作用引起的延迟修正误差由于数量级太小，也可以忽略不计。

有些共视参考源发射的信号并不在自由空间传播，而是以地球表面作为传播介质进行时间传递。例如，罗兰-C 地波信号的传播时延测量误差与参考源到地面站之间的传播距离计算误差、大地电导率变化引入的时延误差、地面站接收通道延迟标校误差、接收设备观测噪声等有关。

综上所述，传播时延测量误差与参考源和测站所处的位置、时间比对信号的传播介质等有关。不同的传播时延测量误差需要采取相应的测量手段和误差处理方法来进行高精度的测量，以实现高精度的时间比对。

1.3.2 参考源对共视时间比对的重要性

共视时间比对的精度与传播时延测量误差相关。传播时延受参考源时间比对信号的传播介质、参考源的位置特性、参考源的发播信号体制等多方面因素的影响。参考源决定了共视时间比对的性能。

目前一般基于空间参考源进行共视时间比对，如导航卫星、数字电视卫星、空间站等都可以作为共视时间比对的参考源。这些参考源距离地面的高度低则几百公里，高则几万公里，时间传播介质为自由空间。空间参考源轨道高度决定了其所在的大气层类型，与传播时延相关的大气层主要是对流层和电离层。对流层从地球表面开始向高空伸展，其厚度随着纬度增高而降低。在低纬度地区，对流层厚度为 17～18km。在极地地区，对流层厚度为 8～9km。电离层是指从距地球表面约 50km 开始一直延伸到约 1000km 高度的地球高层大气区域。导航卫星和数字电视卫星处于电离层上方，以其作为参考源进行地面站间的共视时间比对，需要考虑电离层延迟和对流层延迟的影响。对于导航卫星之间的时间比对，则不用考虑电离层和对流层的影响。空间站轨道高度为几百公里，以空间站作为参考源进行地面站间的共视时间比对，也需要考虑电离层延迟和对流层延迟的影响。若以空间站为参考源进行导航卫星间的时间比对，则不需要考虑对流层延迟的影响，但需要考虑电离层延迟的影响。因此，空间站参考源轨道高度决定了共视时间比对中需要处理的大气延迟类型。大气延迟的修正精度影响共视时间比对的精度。

对于非自由空间传播的共视时间比对信号，传输介质的特性直接影响传播时延。例如，以罗兰-C 发射台作为共视时间比对的参考源进行两个地面站之间的时间比对，罗兰-C 地波信号沿地球表面传播，从发射台到接收站经过不同的大地地质地貌，如高山、平原、沙漠、海洋、河流等，不同传输介质对传播时延的影响不同，传播时延还与季节、温度、湿度、植被覆盖等因素有关，准确测量罗兰-C 地波信号的传播时延较为困难 (RTCM Standard 12700.0，2017)。罗兰-C 地波信号的传输介质特性，导致利用罗兰-C 发射台作为共视参考源进行时间比对的精度为微秒量级，远低于以导航卫星作为参考源的共视时间比对精度。

参考源的位置误差对共视时间比对精度的影响也较大。对于固定位置的参考源，可以事先进行精确标定。对于移动参考源，其位置误差对共视时间比对精度的影响与参考源到两接收站之间的几何位置关系、位置误差矢量的方向和大小等相关。移动速率越快，精确测量参考源位置的难度也越大。移动参考源位置误差对共视时间比对精度的影响不是恒定的。对于高轨道空间参考源，其位置误差的影响与轨道高度、共视基线长度及误差矢量的方向和大小等相关。在轨道高度远大于基线长度的情况下，如导航卫星共视、数字电视卫星共视等，轨道误差对共视时间比对精度的影响在百皮秒量级，可以忽略不计。对于低轨道空间参考源，如空间站，轨道误差对共视时间比对精度的影响存在被放大的情况。此时，参考源轨道误差是影响共视时间比对精度的主要因素。

参考源发播信号体制对共视时间比对的精度也有影响。一方面，发播信号的功率直接影响接收信号的质量，接收功率过低导致正常信号会被噪声淹没，降低时间信号的解析精度。另一方面，对于采用扩频技术的发播信号，其伪随机码速率影响测距精度，测距精度直接影响时间比对的精度。发播信号的伪随机码速率越高，接收端的测距精度越高。例如，GPS 卫星精码的码速率为 10.23MHz (Kaplan et al., 2006)，空间站的下行信号码速率为 100MHz (Delva et al., 2013)，空间站的码速率大约为 GPS 卫星的 10 倍，空间站伪随机码的测距精度大约比导航卫星高 10 倍。此外，空间参考源发播信号的工作频率对传播时延也有影响，电离层延迟量与工作频率相关，电离层延迟量的一阶项分量与工作频率的平方成反比，二阶项分量与工作频率的三次方成反比。工作频率越高，电离层延迟量越小，电离层延迟量的计算误差也越小。例如，空间站发播信号工作频率在 Ku 波段或者 Ka 波段，只需要采用双频观测量进行组合即可计算电离层延迟量，计算精度在皮秒量级。

此外，在进行共视时间比对误差分析时还需要考虑参考源基准时钟的影响。虽然共视时间比对的原理可以抵消这部分的影响，但要实现完全抵消参考源时钟影响，需要满足前提条件——两个接收测站实现绝对的同时观测。由于接收测站之间的时钟不一定同步，很难实现理想的绝对同时观测。因此，在实际共视时间比对过程中，参考源时钟的性能对最终的共视结果会产生影响。从理论上讲，参考源时钟的性能越高，共视时间比对的精度越高。

总之，共视时间比对需要参考源，参考源的信号传输介质、位置特性、发播信号体制和基准时钟特性等都会影响共视时间比对的性能。在实际应用中，往往根据所需的时间比对精度、所具备的观测条件、应用场合和经济成本等综合选取共视参考源。

第 2 章　从单向授时到共视时间比对

目前，标准时间由精密原子钟组及其他守时设备产生和保持，用户获得标准时间需要借助授时系统实现。用户获取时间的最简便方式是单向接收标准时间的授时信号，获得标准时间与本地时间的偏差。在此基础上，用户间也可以通过事后交换本地时间与标准时间的偏差，实现不同用户间的时间同步。

本章重点介绍卫星导航系统单向授时和共视时间比对技术的原理、传输路径误差源的改正方法及各自特点。

2.1　授 时 概 述

时间作为人们描述世界的最本质属性之一，早已渗透各行各业 (Tullis, 2018)。根据美国国土安全部提供的资料，在 16 个关键行业中，通信、移动电话、电力分配、金融和信息技术等 11 个行业依赖于精确授时与时间同步技术。授时体系作为一个国家时间频率体系的主要组成部分，关乎国家经济命脉和国家安全，处于战略核心地位。

2.1.1　授时的概念

考虑到时间的重要性，1971 年 10 月在第十四届国际计量大会上将时间与其他六个物理量 (长度、质量、热力学温度、电流、发光强度和物质的量) 共同确定为七个国际通用的基本物理量。时间单位“秒”的测量不确定度较其他六个物理量高 5~6 个数量级，并且时间量可以直接通过无线电把国家标准传递给用户的特征使得时间的重要性越来越显著。2019 年 5 月 20 日，国际计量大会重新定义了几个基本单位，这几个基本单位都可以直接或者间接由时间导出。

时间已成为一个国家科技、经济、军事和社会生活中至关重要的参量，广泛应用于基础研究领域和工程技术领域，涉及国计民生诸多部门，关系到科技发展、经济建设和国防安全，是一个国家的重要战略资源 (童宝润，2003)。

授时意为授予时间，源于《尚书 · 尧典》中的“历象日月星辰，敬授人时”。在现代，授时可理解为确定、保持某种时间尺度，并通过一定方式把代表这种尺度的时间信息传送出去，供应用者使用的一整套工作。有些国家也称其为时间服务。

授时的前提是有准确的时间 (频率) 标准。时间 (频率) 标准包含时刻和时间间隔两部分，时刻描述的是事物运动中某一状态发生的瞬间，即时间轴上的一点。

时间间隔反映的是事物在某一运动过程中所经历的时间，即时间轴上两个时刻之间的时间间隔 (漆贯荣，2006)。

时间间隔的基本单位为秒，1967 年第十三届国际计量大会上将秒定义为原子时秒，位于海平面上的 ^{133}Cs 原子基态的两个超精细能级间在零磁场中跃迁振荡 9192631770 周所持续的时间为一个原子时秒。对于时刻，由于原子时的时刻没有具体的物理意义，而世界时的时刻恰好对应了太阳在天空中的位置，反映地球在空间旋转时地轴方位的变化，与人们的日常生活密切相关。因此，需要用世界时校准原子时的时刻，在时刻上靠近世界时。这种以原子时秒为基础，通过闰秒调整使时刻与世界时保持在 0.9s 以内的时间尺度称为协调世界时 (coordinated universal time，UTC)，为国际统一的法定标准时间 (Levine, 2016)。

标准时间频率通过授时系统发播给用户，可以为用户提供三种基本信息。一是日期和一天中的时刻，用于记录事件的发生时间。例如，日期提醒人们即将到来的生日、纪念日等，用户使用一天中的时刻来设定闹钟提醒自己准时起床。此外，日期和一天中的时刻还有更为复杂的应用，如高速编队飞行、股票交易和电力行业等。二是时间间隔，告诉用户事件发生经历了多长时间。例如，用时间间隔表述年龄、工作年限、打电话的时长等。三是频率，用于描述事件发生的速率。频率的单位是赫兹 (Hz)，即每秒内发生的事件数目。三种时间频率信息是息息相关的，通过对时间间隔的标准单位“秒”进行计数就可以计算日期和一天中的时刻，累计每秒内事件发生的次数就可以测算出频率。

世界大国均建立有自己的标准时间和完善的授时系统。经国务院授权，中国科学院国家授时中心 (National Time Service Center，NTSC) 建立并保持我国的标准时间，承担我国的授时任务。一个授时系统，除需要精确的时间频率之外，还必须具备以下几个特征。

(1) 授时信号格式的设计既要考虑传播的需要，又要方便用户接收使用。无线电授时的本质是提供一个相对的时间标志——时号。用户通过接收某授时系统发播的时号可以测出该时号发播时刻与用户钟面时刻间的时差值。因此，授时系统需要精心设计信号格式，使所指示的时刻明确，时号与时号间的间距稳定，时号起点具有良好的重复性，时号本身清晰可认。

(2) 传播时延改正。无线电时号从授时系统的发射机经过传输介质到达用户接收终端，在传播过程中受介质的影响产生延迟。用户需要扣除传播时延才能把时号的接收时刻归算到发射时刻。不同的授时方式下，影响传播时延的因素也不尽相同，主要受授时信号传播经过的大气层 (如电离层、对流层) 和传播距离的影响，同时还与信号的发射频率有关。长波授时还受大地电导率、地形、地貌的影响。传播时延的变化和异常在一定程度上受传输介质中外来辐射、太阳扰动和气象因素的影响。

(3) 时号改正数。时号的实际发播时刻与授时系统时间尺度的主钟钟面时刻的时间差称为时号改正数。各授时系统发播的时间为 UTC 时号，该时号来源于保持 UTC(k) 的某台高性能主钟。定时接收机接收 UTC 时号，测出接收机时刻相对于 UTC(k) 主钟钟面的时刻差，扣除传播时延，得到这些时号相对于 UTC(k) 主钟的时号改正数，定期发布在授时公报上。用户接收某时号进行定时，用发播的时号改正数修改接收时刻 (扣除传播时延)，就得到相对于 UTC(k) 的时刻。

中国科学院国家授时中心通过专用长、短波授时台发播我国的标准时间频率信号，并通过《时间频率公报》向用户提供授时业务信息。该公报发布我国长、短波授时台时间信号与国家授时中心保持的 UTC(NTSC) 的时号改正数，如图 2.1 所示。

A. 时 号 改 正 数

Time of Emission of Time Signals

UTC(NTSC) – Signal

呼号 载频 时刻 (UTC) 2012 年 10 月	MJD	BPL/6000 100 kHz 08:00:00 /μs	LC/8930 100 kHz 00:00:00 /μs	BPMc 2.5,5,10,15 MHz 00:00:00 /ms	BPM$_1$ 2.5,5,10,15 MHz 00:00:00 /ms
1	56201	0.38	–	−20.00	−373.9
2	56202	0.38	–	−20.00	−372.6
3	56203	0.38	–	−20.00	−371.7
4	56204	0.38	–	−20.00	−371.1
5	56205	0.38	–	−20.00	−370.5
6	56206	0.38	–	−20.00	−369.9
7	56207	0.38	–	−20.00	−369.2
8	56208	0.38	–	−20.00	−368.5
9	56209	0.38	–	−20.00	−367.6
10	56210	0.38	–	−20.00	−366.8

图 2.1　《时间频率公报》中的时号改正数

(4) 溯源性。授时系统发播的标准时间频率信号可看成是为用户提供的一个时间频率测量的参考。作为参考信号，授时系统发播的时间必须与法定的国际标准时间 UTC 进行比对，尽可能与国际标准时间一致。用户基于授时系统提供的参考信号开展测量就溯源到了国际标准时间。测量结果的不确定度是已知的，并且具有权威性，为可溯源测量。可溯源测量是非常重要的，除表明测量的正确性外，在某些情况下还具有法律效应。

每一种授时系统都提供了一种用户向国家标准时间，甚至国际标准时间溯源的途径。溯源可以理解为从国际单位制“秒”的定义一直延续到用户测量应用的一条链路。要保持溯源链路的完整性需要进行一系列的比对，链路中的每个环节均须与前一个环节保持连续比对。图 2.2 所示为从秒的定义经 UTC(NTSC) 到用户的一条溯源链路。该链路中的每个环节都会对溯源引入不确定性。

中国科学院国家授时中心利用氢钟和铯钟守时钟组，通过内部测量比对，建立并保持原子时 TA(NTSC) 和协调世界时 UTC(NTSC)。该时间尺度通过卫星双向、全球卫星导航系统 (global navigation satellite system, GNSS) 共视等方式与其他时间尺度及国际标准时间建立联系，参与 UTC 计算，实现 UTC(NTSC) 向国际 UTC 的溯源。图 2.3 所示为 2006 年 1 月 ~2021 年 5 月 UTC(NTSC) 与 UTC 的时间偏差保持结果，从 2006 年开始，国家标准时间的性能一直处于世界前五；从 2018 年开始，国家标准时间与 UTC 的偏差已经优于 5ns，远远优于国际电信联盟要求的 ±100ns，达到世界前三。

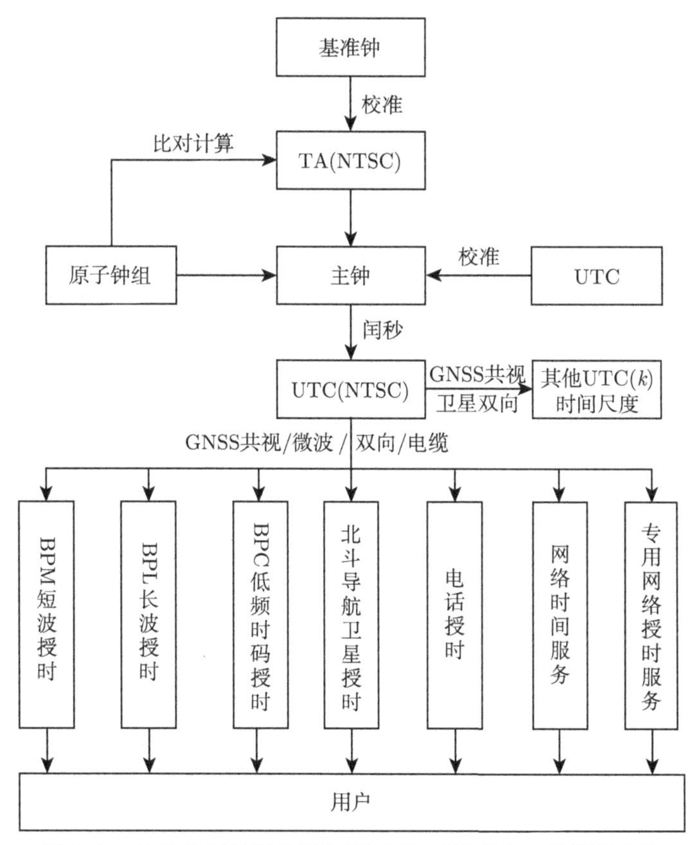

图 2.2　从秒的定义经 UTC(NTSC) 到用户的一条溯源链路

上述 UTC(NTSC) 与国际标准时间的比对过程为溯源链路的第一个环节，从图 2.3 的结果可以看出，该环节引入的测量不确定度在 5ns 以内。第二个环节是 UTC (NTSC) 与各种授时系统发播时间的比对。授时系统发播时间与 UTC(NTSC) 通过共视、微波、双向等链路保持连续比对，实时驾驭授时系统的时间到 UTC(NTSC)。溯源链路中的第三个环节是授时系统发播时间信号到用户的过程。授时系统发播的时间信号经过一定的传播路径到达用户接收端，授时系统为用户提供传播时延改正参数和时延改正量的计算方法。该环节引入的测量不确定度远大于前面两个环节。最后一个环节是用户的接收测量系统。一方面，测量系统引入的测量不确定度大小取决于用户的应用。例如，如果用户使用授时信号同步一个秒级分辨率的时钟，那么同步的结果不会优于 1s。另一方面，测量系统本身的时延也是引入测量不确定度的重要因素，如接收机时延，该值甚至会大于总的发播延迟。对于该环节引入的测量不确定度需要在接收端消除。

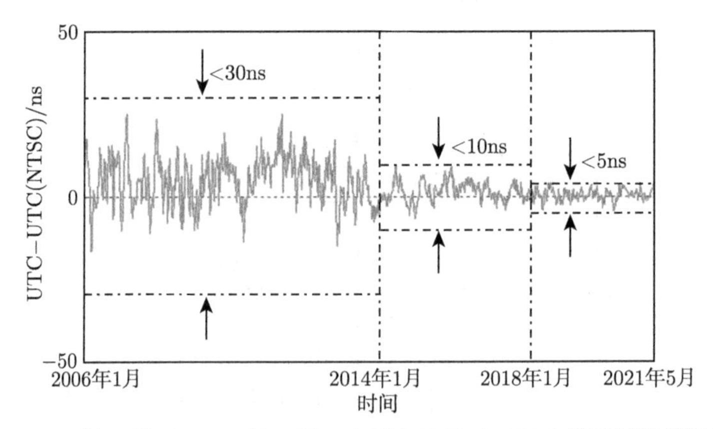

图 2.3　2006 年 1 月 ~ 2021 年 5 月 UTC(NTSC) 与 UTC 的时间偏差保持结果

经过以上四个环节就实现了从国际单位制秒的定义到用户端、自上而下逐级传递溯源的过程，用户最终实现的测量不确定度取决于上述四个环节总的不确定度。

通常一个完整的授时系统如图 2.4 所示，包括五部分：一是发播参考时间建立系统；二是溯源比对链路，用于实现授时系统发播时间与标准时间的溯源比对；三是发播台，即授时信号的产生及发射设备；四是地面监测系统；五是辅助保障系统。

一般地，授时系统的发播台与国家标准时间的产生地不在一起。在异地情况下，发播台若要直接使用标准时间频率信号需要铺设专用电缆，这样成本高、传输路径中的时延不稳定、信号衰减严重，且随时有可能出现意外导致中断，无法保证可靠性。通常的解决办法是，在发播台本地建立一个发播的参考时间，利用至少 3 台原子钟以主备冗余的方式保持一个时间尺度，实时为发播台提供参考时间。同时，为控制发播台本地时间与标准时间的偏差不超出一定的范围，还需要溯源比对链路。一般为 GNSS 共视时间比对、微波双向时间传递、卫星双向时间频率传递链路。为了保证溯源链路的可靠性，大多数情况下，至少采用两种比对方式。溯源链路比对数据实时发送给发播参考时间建立系统，用于调整发播台本地钟输出的物理信号，保证发播台本地参考时间与标准时间的一致性 (李孝辉等，2012)。

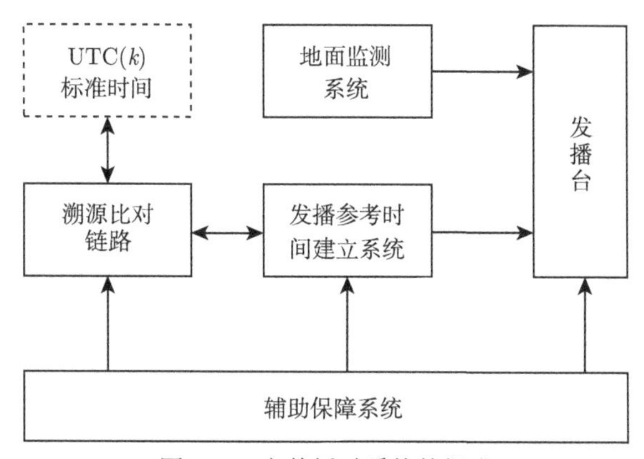

图 2.4　完整授时系统的组成

为确保授时系统发播信号的质量，还需要地面监测系统。地面监测系统通过接收授时系统发播的信号，监测授时信号与标准时间的时差值，以及授时信号的各项参数值，并反馈给发播台的信号产生及发射设备。信号产生设备以本地提供的时间频率信号作为参考，结合地面监测系统的反馈数据，在授时信号的载波频率上调制发播内容，生成授时发播信号，送至信号发射设备，向用户广播。

一般地，用户通过接收授时系统的信号，输出三种信息。第一种是标准频率信号，一般表现为 10MHz 的正弦波；第二种是标准时间脉冲信号，在标准时间的秒到来时，输出秒脉冲信号；第三种是时码信息，标明秒脉冲发生的时刻，包含年月日、时分秒信息。通过接收授时系统发播的授时信号可以精确确定用户时钟相对于标准时间的偏差，实现两个或两个以上不同地点的时间同步。

2.1.2　授时技术的发展

在历史发展的各个时期，人们利用各种通信手段进行授时。图 2.5 所示为不同时期的授时方法及授时精度。

基于声音信号传播的授时技术，在生产力低下的古代，人们对时间的需求较低，主要使用晨钟暮鼓、打更报时、午炮报时等方式提供对时信号，授时精度约为小时。后来，逐渐出现了塔钟，如英国的大本钟、加拿大国会大厦的塔钟等，将报时精度提高到秒级 (许龙霞，2012)。

基于光信号传播的授时技术，在航海时代的早期主要采用落球报时。落球报时是指人们在重要商埠的码头、港口竖立起高杆，在高杆顶端挂上圆球，按约定时刻落下圆球，向视线内的人员报告时间，夜间采用闪光的方式授时。最先进行落球报时的是英国伦敦的格林尼治天文台，在我国最早利用落球报时的是上海法租界码头，正午时刻在信号塔顶落球报时为来往上海港的船只服务，时间由徐家汇观象台控制。这种授时方法的精度约为秒级。

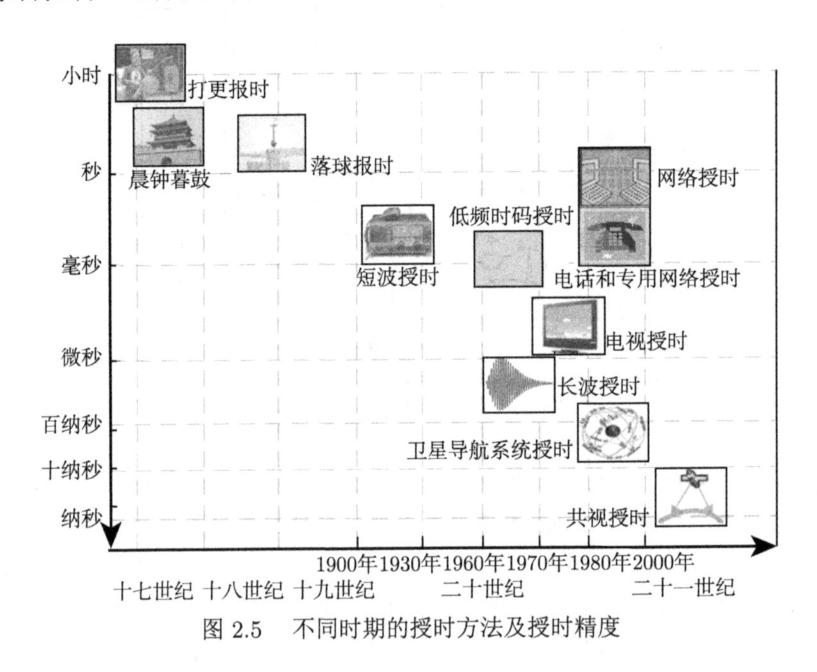

图 2.5　不同时期的授时方法及授时精度

严格意义上来讲，古代人们使用的这几种方法并不是真正意义上的授时方法，只能称为报时方法。

随着人们对时间精度要求的日益提高，十九世纪末出现的无线电技术进入二十世纪后在通信行业中得到广泛应用，从无线电到激光，许多通信手段都被用于授时，催生了各种授时新技术 (华宇等，2016)。例如，精度在毫秒级的短波授时、低频时码授时、网络授时、电话和专用网络授时 (Levine, 2011)，精度在微秒级的长波授时和电视授时，精度为十纳秒级的卫星导航系统授时，以及亚纳秒级的光纤时间传递方法和激光时间传递方法等。

由于不同应用对时间频率精度的需求不同，目前从秒级的网络授时到十纳秒级、纳秒级的卫星授时，各种授时技术都有广泛应用。

1. *秒级网络授时技术*

利用网络传送标准时间信息，为网络内计算机时钟同步提供参考信号称为网络授时。网络授时最早出现于二十世纪八十年代后期，随着互联网应用的普及，九十年代得到迅速发展。网络授时技术在互联网上已经得到广泛的应用，是目前应用最普遍、最广泛的一种授时服务方式。使用互联网同步计算机的时间十分方便，

网络时间协议 (network time protocol，NTP) 已经嵌入 Windows 和 Linux 操作系统中，只要计算机能联网，就能对网内的计算机时间进行校准。

常见的网络时间协议有四种：日期 (daytime) 协议、时刻 (time) 协议、NTP 和简化网络时间协议 (simple network time protocol，SNTP)。日期协议 (RFC867) 和时刻协议 (RFC868) 是两个相对简单、低精度的网络时间协议，可以提供秒级校准精度的广域网时间同步，已很少使用。目前互联网上公认的时间同步标准是 NTP 和 SNTP。

日期协议 (RFC867) 运行在 MS-DOS、Windows 和类似操作系统的小型计算机。服务器在端口 13 监听并响应客户 TCP/IP 或 UDP/IP 请求。日期协议没有规定的格式，但是要求用标准 ASCII 时码格式传送时间。

时刻协议 (RFC868) 返回一组由 32bit 二进制数表示的自 1900 年以来的 UTC 秒数，服务器在端口 37 监听并响应 TCP/UDP 请求。32bit 二进制数可以表示跨度为 136 年，分辨率为 1s 的时间。该协议的优点是简单，很多计算机内部保持自 1970 年 1 月以来的累计秒数，经简单计算就可以将收到的时间转换为所需格式。但是，该协议不允许传输任何附加信息，如闰秒数、夏令时或服务器的运行状况。

NTP(RFC1305) 是一种较为复杂且性能较优的时间协议。大型计算机或工作站在操作系统中包含 NTP 软件，客户机一般同时与多个时间服务器连接，利用统计算法过滤来自不同服务器的时间，以选择最佳的传输路径和时间源校正客户机时间。NTP 的设计充分考虑了互联网上时间同步的复杂性，机制严格、实用、有效，适合工作在各种规模、速度和连接通路的互联网环境。NTP 产生的网络开销甚少，并具有保证网络安全的应对措施。这些措施的采用使 NTP 可以在互联网上获取可靠和精确的时间。

SNTP 为简化的 NTP，简化了 NTP 有关访问安全、服务器自动迁移的部分，更适用于网络时间开发和应用。SNTP 向时间服务器发出单一定时请求，然后根据服务器的响应信息调整自己的时钟。SNTP 和 NTP 的数据包格式一样，计算客户时间、时间偏差和往返时延的算法也一致。因此，SNTP 与 NTP 是兼容的，SNTP 客户可以与 NTP 服务器协同工作，NTP 客户也可以接收 SNTP 服务器响应的时间信息。

图 2.6 所示为网络授时系统的组成结构，网络授时系统首先需要准确的时间源，该时间源应为国际标准时间 UTC 的物理实现 UTC(k)。UTC(k) 主钟输出的 1PPS 为网络授时系统提供参考时间信号。时码产生器将标准 1PPS 信号按照上述四种标准网络时间协议进行编码，并提供给网络授时服务器。网络授时服务器连续监听来自客户机的定时请求，收到请求后为用户反馈相应协议格式的时码信号。图 2.7 所示为基于 SNTP 的网络时间同步过程。

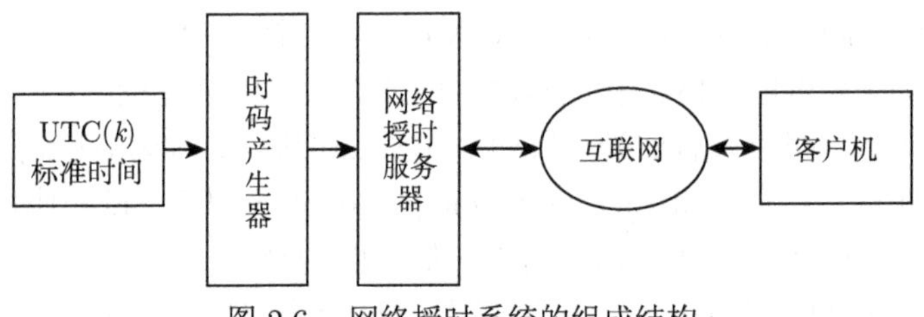

图 2.6　网络授时系统的组成结构

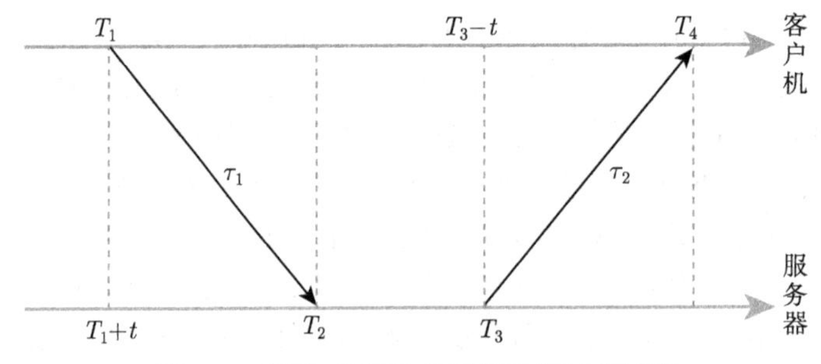

图 2.7　基于 SNTP 的网络时间同步过程

图 2.7 中，T_1 为客户机时间系统下发送定时请求的时刻；T_2 为服务器时间系统下收到定时请求的时刻；T_3 为服务器时间系统下回复时间信息包的时刻；T_4 为客户机时间系统下收到时间信息包的时刻；τ_1 为请求信息在网上传播所消耗的时间；τ_2 为响应信息在网上传播所消耗的时间；t 为客户机时间系统与服务器时间系统的时间偏差，则有

$$T_1 + t + \tau_1 = T_2 \tag{2.1}$$

$$T_3 - t + \tau_2 = T_4 \tag{2.2}$$

可得

$$t = \frac{(T_2 - T_1) + (T_3 - T_4) + (\tau_2 - \tau_1)}{2} \tag{2.3}$$

可见，客户机和服务器的时间差与 T_1、T_2、T_3、T_4 的时间差有关，同时还与响应信息和请求信息的传播时延差有关，若请求信息和响应信息的路径时延相同，则对结果无影响。客户机根据时差 t 调整本地时钟，实现与服务器时间的同步。

网络授时使用简便，对用户来说只需要接入互联网，再使用一个与计算机操作系统兼容的客户软件即可。网络授时系统中基于日期协议、时刻协议和 SNTP 的授时不确定度通常优于 100ms，受互联网路径、计算机类型、运行系统和客户软件的影响，结果稍有不同。一般情况下，NTP 客户可以获得不确定度为 1~50ms 的授时服务，而在一些特殊情况下，授时不确定度可达 1s 甚至更差。

基于精密时间协议 (precision time protocol, PTP) 的网络授时不确定度优于 1μs，优于 NTP。由 IEEE1588 标准定义的 PTP 主要用于实现局域网内的时间同步，在局域网内可以更加精确地测量和估计路径时延，该协议不适用于公共互联网。

2. 毫秒级短波授时技术

波长在 10∼100m，即频率在 3∼30MHz 的无线电波段为短波波段。短波授时是最早利用无线电信号发播标准时间和标准频率信号的授时手段。短波授时台发播时间信号，用户接收时号对本地时间进行调整。短波授时以覆盖面广、发送简单、价格低廉、使用方便等特点受到广大时间频率用户的欢迎。在一些工业技术发达的国家，如美国，尽管电视和卫星通信已经很普及，但短波授时仍然在发挥作用。

目前，世界各地有二十多个短波授时台，短波时号形式各样，各有所长。典型的有美国的 WWV、WWVH 短波时号，加拿大的 CHU 短波时号和我国的 BPM 时号等 (李孝辉等, 2015)，表 2.1 列出了典型的短波授时台信息。

表 2.1　典型的短波授时台信息

呼号	位置	频率/MHz	机构
WWV	美国 · 科罗拉多 · 柯林斯堡	2.5,5,10,15,20	NIST
WWVH	美国 · 夏威夷 · 考艾岛	2.5,5,10,15	NIST
BPM	中国 · 临潼	2.5,5,10,15	NTSC
CHU	加拿大 · 渥太华	3.33,7.85,14.67	NRC
HLA	韩国 · 大田	5	KRISS

注: NIST-美国国家标准技术研究所 (National Institute of Standards and Technology); NTSC-国家授时中心 (National Time Service Center); NRC-加拿大自然资源部 (Natural Resources Canada); KRISS-韩国标准与科学研究所 (Korea Research Institute of Standards and Science)。

中国科学院国家授时中心 BPM 短波授时台于 1970 年建成，同年 12 月 15 日开始试播时号，后经扩建，国务院批准 1981 年 7 月 1 日起 BPM 短波授时台正式承担发播我国短波时号任务。BPM 短波授时台位于西安东北方向的蒲城县境内，采用标准频率 2.5MHz、5MHz、10MHz、15MHz 四种载频发送 UTC 时号和 UT1 时号，是我国唯一一个广播世界时的系统，短波授时系统授时精度为毫秒量级。为避免与其他国家短波授时台发播信号的相互干扰，UTC 时号固定超前 UTC(NTSC) 20ms 发播，UTC 时号发播时刻控制准确度优于 0.1ms，载频信号准确度优于 $\pm 1\times 10^{-12}$。

BPM 短波授时台发播频率的选用随季节不同而有所变化，但在每一时刻都有两个以上频率工作，保证了 24h 连续发播，BPM 短波授时台发播频率安排如表 2.2 所示。

表 2.2　BPM 短波授时台发播频率安排

载波频率/MHz	UT1	UTC
2.5	07:30 ~ 01:00	15:30 ~ 09:00
5	24h 连续	24h 连续
10	24h 连续	24h 连续
15	01:00 ~ 09:00	09:00 ~ 17:00

BPM 时号的发播程序每半小时循环一次，0~10min、15~25min、30~40min、45~55min 发播 UTC 时号；25~29min、55~59min 发播 UT1 时号；10~15min、40~45min 发播无调制载波；29~30min、59~0min 为授时台呼号，其中前 40s 用莫尔斯电码发播 BPM 呼号，后 20s 为 BPM 标准时间标准频率发播台的女声汉语普通话通告。

BPM 发播的 UTC 时号包括 UTC 秒信号和 UTC 分信号。UTC 秒信号是用 1kHz 音频信号的 10 个周波调制其发射载频产生长度为 10 个周波的音频信号，其起点 (零相位) 为 UTC 秒的起点。每秒产生一个这样的时号，两个时号起始之间的间隔为协调世界时的 1s。UTC 分信号是用 1kHz 音频信号的 300 个周波调制其发射载频产生长度为 300 个周波的音频信号，其起点 (零相位) 为 UTC 的整分起点。世界时 UT1 时号也分 UT1 秒信号和 UT1 分信号，UT1 秒信号采用 100 个周波调制载频形成 100ms 的调制信号，产生长度为 100ms 的音频信号，其起点 (零相位) 为 UT1 的整秒起点。UT1 分信号采用 300 个周期为 1ms 的音频信号调制载频形成 300ms 的音频信号，其起点 (零相位) 为 UT1 的整分起点。

短波时号通过天波和地波两种途径传播。地波指发射天线辐射出去后沿近地表面传播的电波，如地表面波、地面直达波、地面绕射波等。天波指发射天线发出的电波，在高空被电离层反射后到达接收点。电离层位于距地面 60~1000km 的大气层，从低到高划分为 D 层、E 层、F_1 层和 F_2 层。地波信号传播稳定，定时精度可达 0.1ms，但用户只能在距离短波发射台 100km 范围内使用。这是因为地波信号随频率的升高急剧衰减，其传播距离不超过几十千米，因此天波是短波的主要传播途径。

天波传播主要依靠电离层一次或多次反射实现。电离层的复杂多变导致天波传播的不稳定度，限制了短波定时校频的精度。天波经电离层多次反射可以实现远距离传播，但在传播过程中也会出现一些信号覆盖不到的“寂静区”。短波授时最大的不足是多路径干扰。由于天线的宽波束特点，电离层各分层及其非镜面反射和电离层中不均匀体对电波的反射作用，使得短波传播呈现多路径传输，到达接收点的电波除沿大圆路径传输外，还来自其他方向。由于反射电离层高度的变化，电子密度随时间的变化和自然条件变化对电离层的扰动影响，使得多路径传播时延及其衰减呈现相应的随机变化。短波多路径效应、多普勒频移等都会造成短波信号传播时延值增大，这些因素限制了短波频率比对精度约为 $\pm1\times10^{-9}$，时号接收精度为 500~1000μs。

尽管短波授时具有上述不足，但是其覆盖范围广，授时和接收设备简单，是最早提供授时服务的手段，至今仍有广泛的应用。

3. 毫秒级电话授时技术

电话授时是一种利用公共通信系统传递标准时间信息的技术。1988 年，美国国家标准技术研究所 (NIST) 首次推出利用电话线路进行授时的计算机自动时间服务 (automated computer time service，ACTS) 系统。ACTS 系统的授时准确度优于 35ms、精度优于 5ms，可同时发送年、月、日等信息。1998 年开始，中国科学院国家授时中心面向中低精度民用用户提供公共电话授时服务系统 (蔡成林等, 2006)。这两个系统都采用字符时延测量方式，即时间信息采用 ASCII 编码，通过在服务器和用户端之间传送特定字符来测量电话信道时延。这种方式在不同汇接局间的授时精度约为 5ms，在同一端局内授时精度约为 3.5ms。

电话授时系统采用咨询方式向用户提供标准时间信号，用户以普通电话用户的身份，通过调制解调器拨打授时系统的电话，授时系统主机收到用户请求后通过授时端调制解调器将标准时间信息发送给用户，完成授时。电话授时方式具有一定的特殊性，即当电话拨号完成话音信道建立后，两点间物理连接信道就基本确定，其传播时延是固定的。通过测量信道传播时延再进行时延修正就可以得到较高的授时精度。

虽然电话授时系统的授时精度只能达到毫秒级，但是可以利用覆盖全国的公用通信网络资源，投资少、见效快、实现便捷。同时，电话授时采用实时的双向电路交换方式通信，其传输信息只限一对专用用户接收，具有较好的安全性和保密性。

4. 毫秒级低频时码授时技术

低频时码授时系统是指工作在第五频段 (30~300kHz) 的长波授时系统，该系统适用于区域性的标准时间频率传输，具有传播稳定、覆盖范围广的特点，在交通、雷达、航空运输及其他需要定时和时间同步的行业和部门都发挥了重要作用。

英国国家物理实验室早在 1950 年就采用了发播速率为 1bit/s 的时码信号，呼号 MSF，并于 1960 年开始连续 24h 不间断发播。NIST 于 1965 年利用 WWVB 低频授时台发播时码信号。德国、瑞士、法国、俄罗斯也建立了低频时码授时台。围绕低频时码的应用技术和产业化都取得了极大的发展和成功。

低频时码授时优势明显：①覆盖面积广，地波稳定覆盖半径约为 700km，一跳天波夜间传播最远可达数千公里；②地波相位非常稳定，一跳天波相位也相对稳定，适于授时；③可同时传送模拟信号和数字信号；④用户设备简单，价格低廉，可大规模产业化生产。

2007 年中国科学院国家授时中心在河南商丘建立了低频时码商丘授时台 (刘军，2002)，沿用了国家授时中心长波授时台的幅度键控调制体制，载波调制度为 90%，发射功率增加到 100kW，天线效率优于 50%，覆盖了京、津和长江三角洲等地区。

低频时码授时台由时间系统、编码调制单元、发射机单元和天线单元组成，如图 2.8 所示 (冯平，2008)。授时台将 UTC(NTSC) 秒信号和标准时间编码信息按规定程式和功率发播出去，为用户提供授时信息。

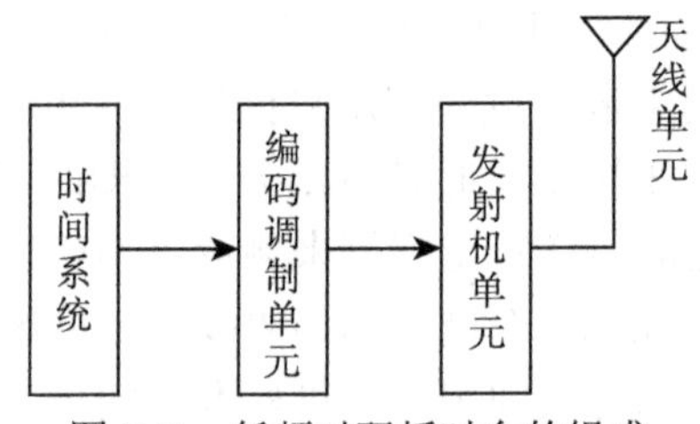

图 2.8 低频时码授时台的组成

低频时码授时系统是一个载频为 68.5kHz 的调幅无线电发播系统，调幅脉冲下降沿的起始点为 UTC(NTSC) 秒的开始时刻。调幅脉冲的宽度按规定的传输协议给出日历和时间的数字编码信息，调制速率为 1bit/s。图 2.9 为低频时码载波调制波形示意图，低频时码信号采用了幅度与脉宽同时调制的方式。在每秒 (除第 59 秒外) 开始时刻，载波幅度下跌为原波幅的 90%，下跌脉冲不同的持续时间代表不同的数据信息，第 59 秒的缺省意味着下 1min 的开始。低频时码信号是以 1s 为单位变化的，在 1s 中包含了信号的秒脉冲信息和时间编码信息。

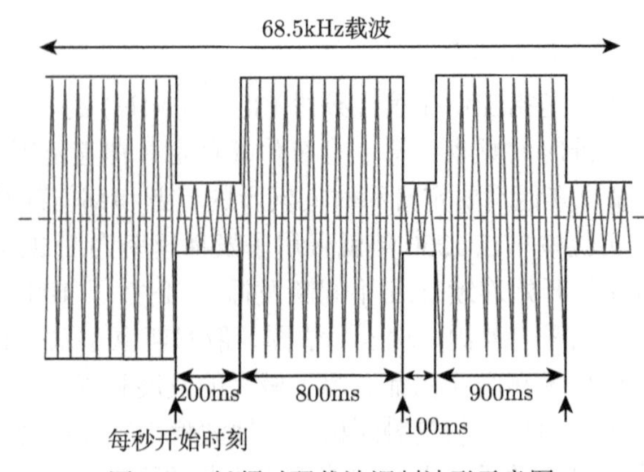

图 2.9 低频时码载波调制波形示意图

低频时码授时技术在各个领域发挥了重要作用。在工程方面，它广泛应用于远距离可靠通信、标准时间频率传递、精确导航和水下与地下通信等业务。在物理方面，低频无线电波用于地球物理和空间物理的探测研究，并在不断地开发新的研究方法和手段。低频时码面向广大民用用户研制出了各种挂钟、手表，定时精度在毫秒量级，使用光动能电池作为电源，实现了“永不充电，永不对时”，使用极其方便。

5. 微秒级电视授时技术

电视系统是二十世纪人类最伟大的发明之一，是现代无线电广播系统之一，利用电视系统进行时间频率发播的研究也由来已久。1967 年，Tolman 提出利用电视行同步脉冲进行时间比对的方法，由于精度高、成本低、使用方便，该方法很快被广泛采用。该方法的缺点在于需要比对各方交换数据，无法实时完成时间同步，因此该方法称为“无源电视比对法”。1970 年，Davis 提出“有源电视同步法”，在电视垂直消隐期间的空行插入标准时间频率信号。该方法既保留了无源电视比对法的优点，又能实现实时时间同步，对电视信号本身不产生任何影响。

中国科学院国家授时中心在国内最早开展电视授时技术研究。早在 1974 年，我国陕西、北京、上海、云南天文台就开始使用无源电视比对法进行时间比对。1983 年，国家授时中心利用有源电视比对法在陕西电视台进行发播实验并获得成功。基于以上成果，国家授时中心于 1985 年为太原卫星发射中心研制了有源电视时间同步系统，利用有源电视系统解决了太原卫星发射中心场区高精度时间同步问题。1986 年，中国广播电影电视部、中国科学院国家授时中心和中国计量科学研究院共同制定了利用电视插播标准时间频率信号的国家标准。随后，我国在中央电视台 1、2、4 台实现授时信号发播。

随着数字广播技术新标准的出台及推广，旧的模拟电视广播系统已逐渐被取代，2005 年底我国全面停止了模拟卫星电视信号的发播，相应的卫星电视授时服务随之终止。近年来，国家授时中心一直致力于基于数字电视信号体制的授时新技术研究，深入研究了 DVB-S 数字电视标准和数字电视信道，提出了一种不影响已有广播电视正常播出的基于 DVB-S 标准的数字电视授时方法 (华宇等，2017)。

数字卫星电视授时系统的组成如图 2.10 所示，基本思想是在数字卫星电视传输流 (transport stream，TS) 中插入授时关键标志位，接收端利用锁相环锁定数字卫星电视下行链路载波频率和 TS 码流速率，准确提取出授时标志内容，并精确记录该标志位到达接收端的时间。扣除上行时延、下行几何路径时延、电离层延迟等，完成数字卫星电视授时的过程 (王善和等，2021)。

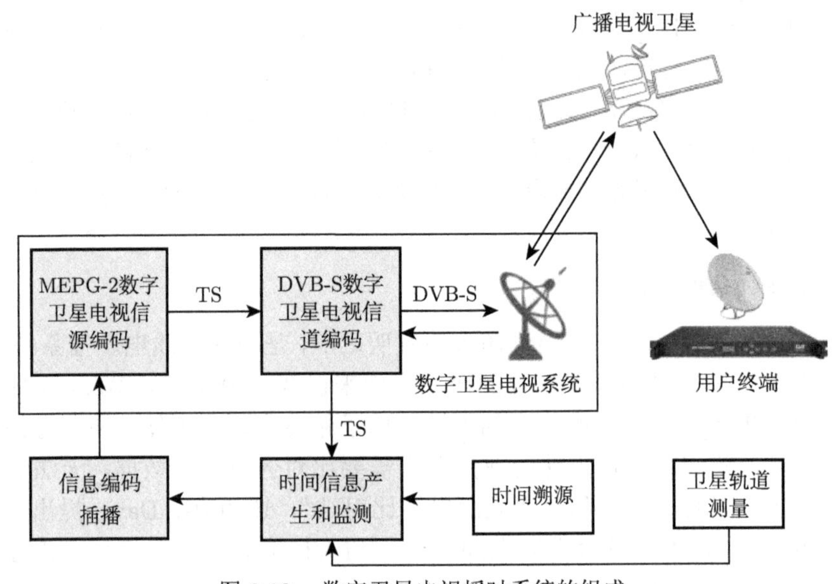

图 2.10　数字卫星电视授时系统的组成

数字电视卫星具有覆盖广、用户多的特点，使用数字电视卫星单向链路进行高精度时间频率传递，可满足多种行业的时间频率使用需求，具有系统建设周期短、成本低、用户设备简单、使用方便等特点，具有一定的社会经济价值。数字卫星广播电视系统为国家重要基础设施，利用卫星广播电视信号进行授时服务，覆盖范围远优于传统地面无线电授时系统。同时，作为一种民用广播服务，数字卫星电视授时可作为 GNSS 卫星导航授时的有效备份。

6. 微秒级长波授时技术

长波指波长为 1~10km，频率为 30~300kHz 的无线电波段。该波段属于低频，波长较长，信号传输损耗小，适于远距离传输，信号强度、传输速度和相位比较稳定。长波信号的定时精度为微秒量级，校频精度为 1×10^{-12} 量级。目前世界上主要的长波授时系统有俄罗斯的恰卡系统、美国的罗兰-C 系统、我国的长河二号和 BPL 长波授时系统。

与短波信号和卫星信号相比，长波信号在室内接收良好，这是长波信号的突出优势。我国对长波授时技术的研究工作早在 20 世纪 60 年代初就已开始，BPL 长波授时系统是我国建成的第一个采用罗兰-C 信号体制的陆基无线电授时服务系统。从 1983 年建成至今，BPL 长波授时系统一直承担我国标准时间、标准频率发播任务，并为我国空间发射任务提供授时服务保障。

BPL 长波授时系统发播脉冲编码信号，中心频率为 100kHz，脉冲组重复周期为 60ms，发射机脉冲峰值有效功率约 2000kW，天线辐射脉冲有效功率大于

1000kW。地波信号的作用距离在 1000~2000km，电导率较高的海面比陆地更有利于信号的传播。天波信号依靠大气电离层的反射进行传播，天波比地波传播更远，作用距离达 2000~3000km。天地波结合长波授时信号的作用半径可覆盖我国陆地和近海海域。地波信号授时准确度优于 1μs，天波信号授时准确度优于 2.8μs，使我国的陆基无线电授时性能达到国际先进水平。

我国除拥有 BPL 长波授时系统外，还建成了长河二号授时系统。该系统由海军运行并维护，其信号体制与 BPL 系统完全一致。1979 年正式确定在我国建设罗兰-C 导航系统，即长河二号工程，目的是建设一种独立、自主、可控的远程无线电导航系统，以满足军事用户的导航定位需求。工程分两期实施。一期工程南海台链于 1988 年完成。从美国引进了先进的全固态发射机，建立了自动台链监测控制系统，具有完备的故障监测和快速恢复功能，系统设备及其性能都达到了国际罗兰-C 系统的先进水平。二期工程包括东海台链和北海台链，采用全套国产固态发射设备，1994 年东海台链投入使用。长河二号工程的 6 个地面发射台相互联接，构成 3 个台链，覆盖范围北起日本海，东至西太平洋，南达南沙群岛，在我国沿海形成了比较完整的罗兰-C 系统覆盖网。从 2006 年开始，长河二号也逐渐增加了授时功能。

增强型罗兰授时技术由罗兰-C 授时技术演变而来，是低频远程无线电导航授时技术的前沿发展成果，可以提供精度为百纳秒量级的时间频率信号。采用差分技术后增强型罗兰的定位精度可达 20m，授时精度可达几十纳秒。2017 年 6 月，美国国会通过海岸警卫队授权法案 *Coast Guard Authorization Act of 2017*，明确采用地基增强型罗兰系统作为 GPS 的补充和备份，以提高定位和授时的安全性和可靠性。“十三五” 期间，我国筹建的国家重大科技基础设施项目采用增强型罗兰授时技术，在我国西部增建 3 个增强型罗兰授时台，与长波授时系统结合，基本实现了长波信号的全国土覆盖，作为北斗卫星导航系统 (简称 “北斗”) 的有效补充和备份。

7. 几十纳秒到纳秒级卫星授时技术

1940 ~ 2020 年 NIST 研制的铯原子基准频率不确定度的指标统计如图 2.11 所示，可以看出随着时钟技术的发展，原子钟的频率不确定度平均每十年会有一个数量级的提高。近年来光学原子钟的频率不确定度已经达到了 10^{-18} 量级，高精度的时间基准，必然要求更高精度的时间传递手段。

上述介绍的短波授时、低频时码授时、长波授时技术等属于陆基无线电授时手段，授时精度在 1ms~1μs，这些授时系统的发射台位于地面，信号覆盖范围有限。

星基授时是指以人造卫星为媒介的无线电授时方法，按照卫星运行所在轨道面距离地球表面的高度可以分为低轨 (200~2000km)、中轨 (2000~20000km) 和

高轨 (20000km 以上) 卫星。低轨卫星、空间站、中轨 GNSS 导航卫星和高轨地球静止卫星，如用于空间环境监测的地球静止轨道环境业务卫星 (geostationary operational environmental satellite, GOES) 和星基增强系统的静止地球轨道 (geostationary earth orbit, GEO) 卫星等，都可以成为星基授时的信号源。

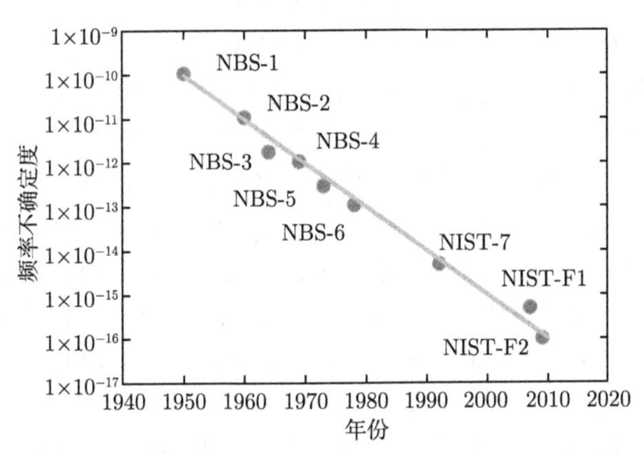

图 2.11　NIST 研制的铯原子基准频率不确定度曲线

相比陆基授时方法，星基授时具有两个明显的优势。一是信号覆盖范围广，相对任一陆基授时系统来说可以较为容易地实现更大区域内的时间频率传递。二是与单一陆基授时系统中地面站间的时延相比，星基授时系统中卫星到地面接收机的路径时延更稳定，并且可以更为准确地通过建模消除。第二点优势非常重要，因为任何时频传递手段的准确度几乎都是受限于补偿信号路径时延所用方法的不确定度。

GNSS 不仅能提供准确的位置服务，同时还是目前精度较高的授时手段。导航卫星上搭载有 3~4 台原子钟，可以连续地发播时间和位置信息。地面接收机通过接收至少 4 颗不同卫星的信号就可以解算位置和时间信息。解算位置信息的准确度通常为几米，时间信息的准确度为几十纳秒。对于位置已知的定时用户来说，只需要接收 1 颗卫星的信号就可以获得时间信息。

GNSS 星基授时广泛应用于通信系统、移动电话和电力系统的时间同步，为金融系统提供时间戳服务，同时还是 BIPM 利用导航系统建立与保持协调世界时的主要手段。基于导航卫星获取时间的方法主要有以下五种。

1)GNSS 单向授时

基于导航系统获取时间的最简单、最直接的方式是直接使用导航卫星广播的信号。每颗卫星的导航电文中含有轨道参数、卫星钟相对于系统时间的时差参数及导航系统时间相对于 UTC(k) 的溯源偏差模型参数。导航系统地面主控站定期更新这些预报参数，上传至卫星广播。

用户接收机测量信号从卫星端发出到接收所用的时差，利用导航电文中的轨道参数、电离层模型参数等改正传输路径中的各项时延，获得用户本地时间相对于卫星钟的时差。再利用卫星钟差模型参数将该时差改正到导航系统的系统时间。最后，利用溯源偏差模型参数获得用户本地时间相对于 UTC(k) 的时差，图 2.12 给出了 GNSS 单向授时的时差改正过程。

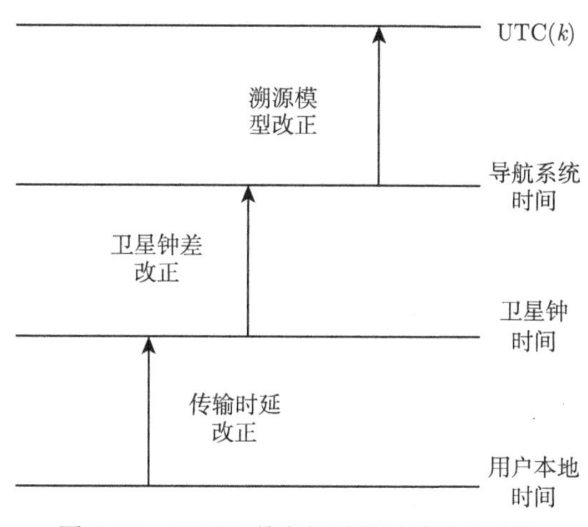

图 2.12　GNSS 单向授时的时差改正过程

在 2000 年 GPS 系统选择可用性 (selective availability, SA) 政策取消后，GPS 民用授时准确度有很大程度的提高，催生了一种基于单向授时的商业化可驯振荡器产品。可驯振荡器由性能优良的晶振或原子钟和多通道接收机组成。内部时钟相位锁定到外部 GNSS 广播信号时间，可以输入已知的位置信息，也可以动态定位。由于导航信号的短期噪声比内部时钟大，通常要进行长时间的平均，平均时间取决于内部时钟的性能，时钟性能越好需要平均的时间越长，最终结果越好。可驯振荡器可提供准确度为 50~100ns 的时间信息。精确扣除电缆时延后，短期内可将时差保持在 ±50ns 的范围，经过 24h 平均后准确度提高到 20ns，稳定度达到 2ns。NIST 提供的频率测量与分析服务 (frequency measurement and analysis service,FMAS) 也是基于 GNSS 单向授时实现的。

2)GNSS 共视

GNSS 单向授时只需要一台接收机，GNSS 共视需要两台接收机同时接收卫星导航信号。每台接收机均测量本地钟与导航系统的时间差，然后通过事后交换共同卫星的观测数据，获得两地之间的时间比对结果。

GNSS 共视有很多优势。首先，可以完全抵消卫星钟误差的影响，包括人为实施的 SA，部分抵消星历误差和电离层延迟误差的影响。GNSS 共视精度取决于比对双方的基线长度，几千公里的共视精度优于单向授时。共视是国际守时实验室之间进行时间比对的主要手段，用于协调世界时的计算已有近四十年。其次，共视比对设备更易校准，因为不需要测定设备的绝对时延，只需要测量相对时延，利用一套流动校准设备即可实现校准。此外，短基线下的共视结果会部分抵消未建模的电离层延迟和卫星位置误差的影响。

GNSS 共视也存在很多问题。首先，共视要求比对双方同时观测相同的卫星，需要制定跟踪时刻表，比对双方接收机严格按照跟踪时刻表观测卫星。受事后数据交换的限制，共视时间比对不是一种实时的时间同步手段。其次，共视只能抵消影响比对双方的共同误差源，对于非共同的误差源无法抵消，如接收机内部时延、多路径效应等。最后，共视结果与比对两站基线长度有关，随着基线长度的增加，比对双方共同可视的卫星数目减小，特别是高度角值较大的卫星。当基线长度小于 3000km 时，基于 L1 C/A 码的 GPS 共视准确度和稳定度比基于 GPS L1 C/A 码的单向授时精度提高约 1 倍，24h 平均的共视准确度为几纳秒。对于中国境内的两个共视站点，天稳定度约为 1ns，当基线继续增长至洲际距离时，天稳定度约为 2ns。当共视基线长度在几万公里时，共视与单向授时的性能相当。

有多家守时实验室和国家计量机构可以提供基于共视技术的时间频率校准服务。例如，中国科学院国家授时中心的远程时间复现系统，在国家授时中心和用户本地之间进行共视比对，基于共视比对数据驾驭用户本地钟，为用户提供与 UTC(NTSC) 误差在一定范围内的时间频率信号，具体内容见本书第 5 章。

3)GNSS 全视

20 世纪 80 年代以来，共视技术一直是时间传递的主要手段，90 年代开始，国际 GNSS 服务 (international GNSS service, IGS) 组织可以提供卫星导航系统的精密轨道产品。2004 年 3 月，IGS 组织建立了短期稳定度优于 GPS 系统时间 (GPS system time,GPST) 的 IGS 系统时间 (IGS system time, IGST)，自此 IGS 组织可以提供以 IGST 为参考的精密钟差产品，产品精度较之前有显著提高。至此，限制事后时间传递的主要误差源已经不再是星钟误差和星历误差，变为接收机本身及周围观测环境的影响。通过对所有可见星观测数据进行长时间的平均可以明显降低这些误差的影响。因此，在 2006 年 9 月召开的国际时间频率咨询会 (consultative committee for time and frequency, CCTF) 上，国际原子时 (international atomic time,TAI) 工作组决定将 GNSS 全视技术作为国际原子时计算的主要时间比对手段。

与共视相比，全视时间比对方法利用比对两地所有可视卫星的观测数据，实现比对站点之间本地时间的比对，使用轨道产品和精密钟差精确改正星历误差和星钟误差。相比共视比对，全视比对的优势主要体现在两方面，一方面丰富的观测量使得全视比对的短期稳定度较优，可以在较短时间内反映出比对两地钟的噪声。图 2.13 所示为 2007 年 5~7 月 UTC(ONRJ)_UTC(NIST) CV、全视 (all in view, AV) 比对链路时间稳定度曲线，两个守时实验室相距约 8600km(Lombardi et al., 2007)。从图中可以看出，在相同取样间隔下，短期内全视比对的时间稳定度优于共视。

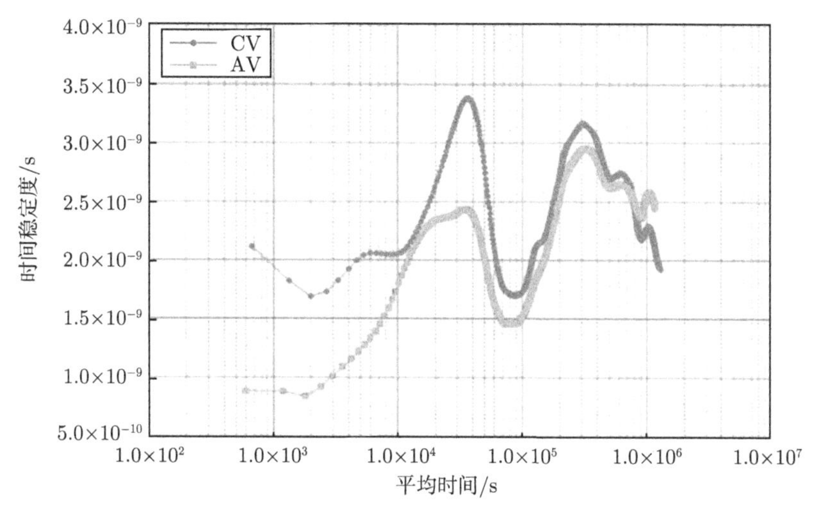

图 2.13　2007 年 5~7 月 UTC(ONRJ)_UTC(NIST) CV、AV 比对链路时间稳定度曲线

以比对两地间的卫星双向时间传递和精密单点定位 (precise point positioning, PPP) 结果为参考，比较了 GPS 全视、共视比对随基线长度的变化情况，如表 2.3 所示。表 2.3 中第 3~6 列分别给出了全视、共视相对于双向 (TW) 和 PPP 链路的标准偏差值。全视和共视结果均是基于 GPS 单频多通道伪随机码观测量得到的，观测时段为 2005 年 10 月 ~2006 年 2 月，约 5 个月。从表中数据可以看出，当基线小于 1000km 时，全视与共视时间比对的性能相当。随着基线长度的增加，全视的优势逐渐突显，不同基线长度下全视比对相比共视比对精度提高 10%~50%，这是全视较共视的另一方面优势。

表 2.3　GPS 全视与共视比对随基线长度的变化 (标准偏差)

基线	基线长度/km	TW-AV/ns	TW-CV/ns	PPP-AV/ns	PPP-CV/ns
NPL-PTB	700	1.550	1.538	1.340	1.320
USNO-PTB	7000	1.552	1.710	1.870	1.888
KRIS-AUS	7000	2.118	2.967	—	—
NICT-PTB	10600	1.857	2.086	2.082	2.333

全视比对精度与基线长度无关，不要求比对两站同时观测相同卫星，每站观测的卫星数越多越好。观测数据越多，比对结果的短期时间稳定度越好，可

以更快地接近比对两站时钟的稳定度水平。全视比对需要使用 IGS 精密产品改正卫星钟差和轨道，因此全视也是一种滞后的时间比对方法，且滞后的时长取决于精密星钟和轨道产品的更新周期。相比共视来说，全视比对结果滞后更久，适用于事后数据处理，如 TAI 的计算。与共视类似，全视比对的两站也需要进行数据交换。

由于使用 IGS 精密产品事后精确改正星钟误差和星历误差，这两项误差对全视比对的影响在 0.2ns 以内。使用双频接收机可以精确测定电离层延迟，通过几小时的平均可以将电离层延迟改正误差的影响控制在亚纳秒量级。另外，影响全视性能的还有伪随机码多路径和对流层延迟改正误差，其中伪随机码多路径是限制基于码观测量进行时间传递的终极误差。接收机测量噪声也是影响全视结果的因素之一，经几小时的平均可以将测量噪声降到 1ns 以内。

4) GNSS 载波相位时间传递

前面提到的三种时间传递技术都是基于伪随机码观测量，时间传递精度在纳秒量级。载波相位观测量的精度比伪随机码观测量高两个数量级。人们早就认识到通过载波频率观测量与扩频码的组合可以实现对很多参数的精确估计。1990 年，Schildknecht 等提出了利用 GPS 伪距和载波相位组合观测量进行时间传递的设想。然而，历经多年的发展，喷气推进实验室 (Jet Propulsion Laboratory,JPL) 等机构才开发出相应的软件，实现了基于载波相位观测量的参数最优估计及伪随机码与载波固有模糊度的确定，进而实现了基于伪随机码和载波相位观测量的卫星轨道和钟差的精确估计。

载波频率周期是 600~800ps，一个伪随机码比特位的码长是 0.9766μs，因此，载波频率的周期是伪随机码的 1000 倍，是 P 码的 100 倍，这是载波相位观测量的优势。载波相位观测量受多路径和测量噪声的影响较小，载波相位存在固有的整周模糊度问题，在使用前必须先确定模糊度。

2006 年，CCTF 建议采用 GPS 载波相位时间传递技术进行国际原子时的计算试验。为响应 CCTF 的建议，BIPM 在 2008 年提出 TAIPPP 计划，根据 PPP 时间传递结果计算国际原子时。2005 年，Ray 和 Senior 在进行了大量的数据试验后得出 GPS 载波相位时间传递精度可达 0.1ns 的结论。

5) 卫星双向时间频率传递

与前面几种时间比对方法不同，卫星双向时间频率传递 (two-way satellite time and frequency transfer, TWSTFT) 使用通信卫星进行时间频率传递，而非导航卫星。20 世纪 70 年代到 80 年代初，人们开始了基于通信卫星的 TWSTFT 试验。其中，比较成功的是使用 1 号应用技术卫星 (application technology satellite, ATS-1) 在日本鹿岛和美国莫哈韦之间进行的 ATS-1 试验，该试验采用扩频技术获得了优于 1ns 的时间传递结果，同时验证了 Sagnac 效应的存在。

图 2.14 为 TWSTFT 的原理示意图，A、B 为要进行双向时间传递的两地面站，每个地面站通过卫星向对方发送信号。两站均测量对方信号的到达时刻，根据两站的测量结果可以进一步得到两站钟之间的时间偏差。

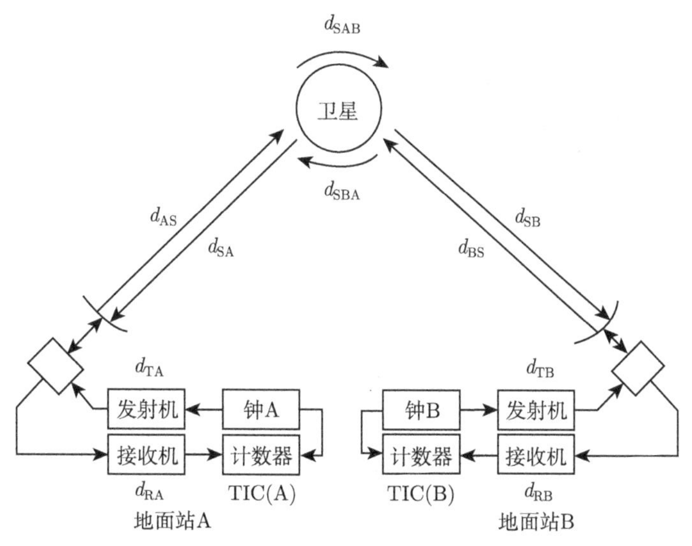

图 2.14　TWSTFT 的原理示意图

图 2.14 中，TIC (A)、TIC (B) 分别为 A、B 两站计数器的测量值；d_{RA}、d_{TA}、d_{RB}、d_{TB} 分别为 A、B 两站收发设备时延；d_{AS}、d_{SA} 分别为信号在 A 站的上行、下行时延；d_{BS}、d_{SB} 分别为信号在 B 站的上行、下行时延；d_{SBA}、d_{SAB} 分别为卫星转发器时延。假定 T_{A}、T_{B} 为两站的钟面时间，S_{A}、S_{B} 为 Sagnac 效应改正量，$S_{\mathrm{B}}=-S_{\mathrm{A}}$，则两站的测量值可以表示为

$$\mathrm{TIC(A)}=T_{\mathrm{A}}-T_{\mathrm{B}}+d_{\mathrm{TB}}+d_{\mathrm{BS}}+d_{\mathrm{SBA}}+d_{\mathrm{SA}}+d_{\mathrm{RA}}+S_{\mathrm{B}} \tag{2.4}$$

$$\mathrm{TIC(B)}=T_{\mathrm{B}}-T_{\mathrm{A}}+d_{\mathrm{TA}}+d_{\mathrm{AS}}+d_{\mathrm{SAB}}+d_{\mathrm{SB}}+d_{\mathrm{RB}}+S_{\mathrm{A}} \tag{2.5}$$

两站的时差为

$$\begin{aligned}T_{\mathrm{A}}-T_{\mathrm{B}}=\frac{1}{2}[&\mathrm{TIC(A)}-\mathrm{TIC(B)}+(d_{\mathrm{TA}}-d_{\mathrm{RA}})-(d_{\mathrm{TB}}-d_{\mathrm{RB}})\\&+(d_{\mathrm{AS}}-d_{\mathrm{SA}})-(d_{\mathrm{BS}}-d_{\mathrm{SB}})+(d_{\mathrm{SAB}}-d_{\mathrm{SBA}})]-S_{\mathrm{B}}\end{aligned} \tag{2.6}$$

式中，$d_{\mathrm{TA}}-d_{\mathrm{RA}}$、$d_{\mathrm{TB}}-d_{\mathrm{RB}}$ 分别为 A、B 两站的收发设备时延差；$d_{\mathrm{AS}}-d_{\mathrm{SA}}$、$d_{\mathrm{BS}}-d_{\mathrm{SB}}$ 为信号空间传播时延，上下行路径完全对称时可全部抵消；$d_{\mathrm{SAB}}-d_{\mathrm{SBA}}$ 为卫星转发器的通道时延差，若两站使用相同的转发器通道，则可以完全抵消该项误差。对于一条固定的 TWSTFT 链路来说，Sagnac 效应为常数。

TWSTFT 工作在 Ku 波段，其中上行频率约为 14GHz，下行频率约为 12GHz。因此，虽然两站到卫星的上行和下行几何时延相同，但因信号的上下行频率不同，受电离层的影响也不同。Ku 波段的高频载波最大限度地降低了电离层、对流层延迟的影响，电离层延迟引起的时延为 100ps 量级，对流层引起的误差可忽略不计。由地面站和卫星运动引起两条传输路径的时延不对称，称为 Sagnac 效应。Sagnac 效应的大小可由地面站和卫星的位置计算得到。影响 TWSTFT 结果的主要误差源为比对两地收发设备的时延差，双向设备校准的不确定度限制了 TWSTFT 方法的准确度。双向收发设备组成复杂，很难消除与温度有关的影响。此外，当卫星使用不同转发器向两站转发信号时，尚无有效的方法评估卫星转发器时延的对称性。

TWSTFT 方法消除了卫星、地面站位置误差的影响，信号传输路径的对称性及高频载波是实现高精度时间比对的主要因素之一。目前，利用 TWSTFT 实现时间传递的精度在亚纳秒量级，比 GPS 共视高一个数量级。另外，TWSTFT 方法具有近实时性。

TWSTFT 在提供高精度时间比对的同时，存在明显的局限性：①设备复杂。与单向授时使用的简单接收设备相比，TWSTFT 要求在每站配置复杂且成本较高的收发设备，包括甚小口径天线、功率分配放大器、低噪声放大器和上下行调制解调器。同时，为保证设备的发射和接收时延不影响比对结果，还需定期校准设备时延。②经济成本高。双向设备价格昂贵，一套设备价值上百万人民币。另外，TWSTFT 还需要租用通信卫星上的转发器资源，随着信道资源的短缺，租赁费用越来越高。③用户容量扩展有限。最初的双向设备只能实现两台站间的时间比对，后来发展出了多台站调制解调器，但是参与比对的用户数量仍然有限。

由于上述局限性，TWSTFT 主要用于国际原子时的建立、测定轨站间的时间同步、导航系统时间尺度的建立等对时间同步精度要求较高的领域。除上述几种主要的时间比对技术以外，还有微波双向时间传递、光纤时间频率传递等方法，表 2.4 汇总给出了不同时间传递方法的典型性能。

表 2.4　不同时间传递方法的典型性能 (均方根值，校准后)

时间传递方法	时间稳定度 (1000s)	时间稳定度 (24h)	时间准确度 (24h)	频率准确度 (24h)
GPS 单向 (单频)	5~10ns	2ns	3~10ns	4×10^{-14}
GPS 共视 (2500km)	5ns	1ns	1~5ns	2×10^{-14}
GPS 载波相位	20ps	0.1ns	1~3ns	2×10^{-15}
TWSTFT	<0.1ns	0.1~0.2ns	1ns	$(2\sim4)\times10^{-15}$

2.1.3　授时的一般过程

对于授时系统来说，首先需要一个标准时间，以保证发播时间信号的正确性和权威性。UTC 作为国际标准时间，是一个滞后的时间尺度，各大国都保持有 UTC 的地方物理实现 UTC(k)。授时系统发播时间要求溯源到 UTC(k)，进而实现向 UTC 的溯源。为了使用方便，通常授时系统在本地产生并保持一个时间尺度作为系统时间，该时间尺度为授时系统实际发播的时间。系统时间通过比对链路保持与标准时间的同步实现向 UTC 的溯源。授时系统根据系统时间，发射特定格式的信号，基于系统时间产生的频率得到信号的发射频率。

用户使用特定的设备接收授时系统发播的信号，测量得到信号发射时刻授时系统的时间与接收时刻用户本地时间的时差值。扣除授时信号传播路径上的各项时延，得到用户本地时间与系统时间的时差，进一步改正得到用户本地时间与标准时间的时差。用户基于得到的时差值对本地时间进行相位调整或频率校准，将本地时间与标准时间的偏差控制在一定范围内。校准后的用户本地时间经分配放大器设备将标准时间频率信号分配到其他部分。

图 2.15 所示为授时系统的一般授时过程，授时系统是标准时间从守时实验室传递到用户端的重要一环。授时系统采用的发播控制技术及传播路径时延建模改正精确程度决定了其所提供授时服务的性能，同时也决定了用户获取标准时间的性能。

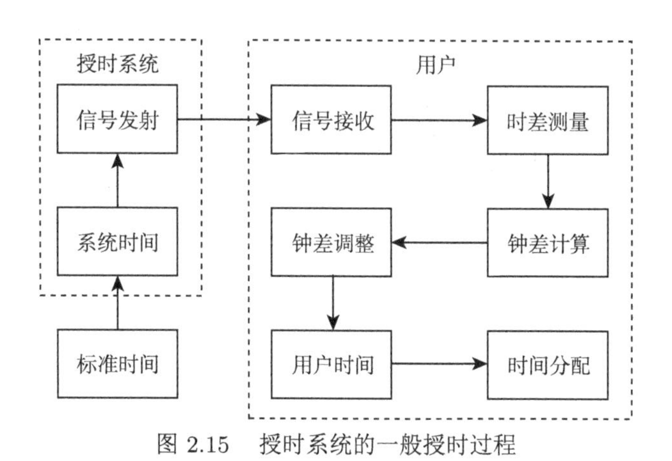

图 2.15　授时系统的一般授时过程

2.1.4　授时性能的衡量指标

简单来说，授时过程可以看成时差测量的过程，授时系统发播的标准时间信号可以看成测量的参考值，授时结果为实际测量值。一般从准确度和稳定度两方面表征授时结果，衡量授时性能。

准确度表示测量值与被测量真值之间的偏离程度，衡量系统误差。系统误差越小，准确度越高。对于时差测量结果，衡量准确度的指标有均值和均方根值 (root mean square，RMS)。

若已知时差测量结果与真值的偏差序列为 $\{\Delta x_i, i=1,2,\cdots,N\}$，则均值为

$$\text{Mean} = \frac{1}{N}\sum_{i=1}^{N}\Delta x_i \tag{2.7}$$

均方根值为

$$\text{RMS} = \sqrt{\sum_{i=1}^{N}(\Delta x_i)^2 \Big/ N} \tag{2.8}$$

稳定度表示在多次重复测量中所测数据的重复性或分散程度，衡量随机误差的大小。随机误差越小，重复测得的时差值越密集。衡量稳定度的指标有标准方差、Allan 方差、修正 Allan 方差和时间方差。

1. 标准方差

设有一时差数据序列为 $\{x_i, i=1,2,\cdots,N\}$，采样间隔为 τ_0，N 为时差数据个数，则其标准方差可表示为

$$S^2 = \frac{1}{N-1}\sum_{i=1}^{N}(x_i - \bar{x})^2 \tag{2.9}$$

式中，$\bar{x} = \frac{1}{N}\sum_{i=1}^{N}x_i$ 为时差数据序列的均值。

标准方差用于衡量服从白噪声特性的时差数据的稳定度，对于非白噪声特性占主导地位的时差数据只能使用 Allan 方差进行估计。

2. Allan 方差

Allan 方差 (Allan variance, AVAR) 是最常用的时域稳定度分析方法 (Riley et al., 2008)。对于时差数据序列 $\{x_i, i=1,2,\cdots,N\}$，Allan 方差的定义为

$$\sigma_y^2(\tau) = \frac{1}{2(N'-2)\tau^2}\sum_{i=1}^{N'-2}\left(x_{i+2m} - 2x_{i+m} + x_i\right)^2 \tag{2.10}$$

式中，σ_y 为 Allan 偏差 (ADEV)；x_i 的平滑时间为 τ，对采样间隔为 τ_0 的时差数据每隔时间 τ 取一个值；m 为平滑因子，表示间隔时间 τ 内 x_i 的数据个数；N' 为平滑时间为 τ 的时差数据个数，且 $N' = \text{int}(N/m) + 1$。

对于调频白噪声 (white frequency modulation noise，WFM)，Allan 方差与标准方差计算结果相同，但对于更低频的能量谱噪声，Allan 方差与采样个数无关，是收敛的，但不能区分调相白噪声和调相闪变噪声 (flicker phase modulation noise，FPM)。为了区分调相白噪声和调相闪变噪声的影响，引入了修正 Allan 方差。

3. 修正 Allan 方差

修正 Allan 方差 (modified Allan variance, MVAR) 是另一种常用的时域稳定度分析方法。对于时差数据序列 $\{x_i, i=1,2,\cdots,N\}$，对应的修正 Allan 方差为

$$\mathrm{Mod}\sigma_y^2(\tau)=\frac{1}{2m^2\tau^2(N-3m+1)}\sum_{j=1}^{N-3m+1}\sum_{i=j}^{j+m-1}(x_{i+2m}-2x_{i+m}+x_i)^2 \quad (2.11)$$

式中，N 为时差数据个数；平滑因子 m 一般取 $1\leqslant m\leqslant \mathrm{int}\left(\dfrac{N-1}{2}\right)$，int 表示取整。

4. 时间方差

时间方差 (time variance, TVAR) 基于修正 Allan 方差得到，定义为

$$\sigma_x^2(\tau)=\frac{\tau^2}{3}\cdot\mathrm{Mod}\sigma_y^2(\tau) \quad (2.12)$$

式中，σ_x 为时间偏差 (TDEV)。

时间方差用来表征时间发布系统、时间比对链路的波动，反映系统的稳定度。影响时间发布系统、时间比对链路的主要噪声为调相白噪声、调相闪变噪声和调相随机游走噪声。在调相白噪声情况下，时间方差与时差数据的标准方差相同。BIPM 等经常采用时间方差评估国际时间比对链路的 A 类不确定度。

2.2　卫星导航系统单向授时

卫星导航系统使得大范围内用户可以获取高精度的时间信息。目前，卫星导航系统授时是最重要的授时方法之一。卫星授时具有覆盖范围广、开放性强及可为移动用户服务的特点，单向伪码授时精度最高约为 20ns，是目前精度较高的授时方法之一。

2.2.1　单向授时原理

卫星导航系统在发展之初是专为定位与导航功能设计的，目前已经发展成为一种重要的高精度时间发布手段。以 GPS 系统为例，GPS 卫星搭载有高精度的

原子钟，为了满足定位与导航的需求，GPS 星钟时间与地面系统时间之间的偏差必须控制在一定范围内。GPS 定位准确度在米级，要将星钟误差引入的定位不确定度控制在 1m 以内，要求星钟与地面系统时间之间的偏差误差不超过 3.3ns。同时，还要保持 GPS 系统时间与 UTC(USNO) 的偏差在一定范围内，后者的偏差变化范围远小于 ±20ns，最终实现 GPS 星载钟时间与 UTC 的偏差保持在一定范围内。因此，GPS 卫星和地面主控站、监测站等共同组成的卫星导航系统也是一种高精度的授时系统。

GNSS 单向授时是指在坐标已知的 (或坐标未知但至少有四颗导航卫星可视) 站点观测一颗或多颗导航卫星来确定用户本地时钟偏差的方法，单向授时的原理如图 2.16 所示。

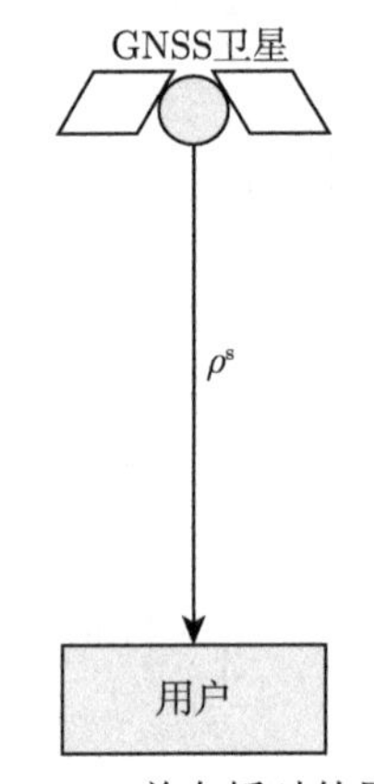

图 2.16　单向授时的原理

以接收单颗卫星的授时信号为例说明单向授时的过程，用户在坐标已知的站点使用 GNSS 定时终端接收 GNSS 信号，测得 GNSS 卫星 s 到用户的伪距观测量 ρ^{s}:

$$\rho^{\mathrm{s}} = r^{\mathrm{s}} + c \cdot (\delta t_{\mathrm{u}} - \delta t^{\mathrm{s}}) + I^{\mathrm{s}} + T^{\mathrm{s}} + D^{\mathrm{s}} + \varepsilon^{\mathrm{s}} \tag{2.13}$$

$$r^{\mathrm{s}} = \sqrt{(x^{\mathrm{s}} - x_{\mathrm{u}})^2 + (y^{\mathrm{s}} - y_{\mathrm{u}})^2 + (z^{\mathrm{s}} - z_{\mathrm{u}})^2} \tag{2.14}$$

式中，ρ^{s} 为接收机伪距观测量；r^{s} 为用户与该卫星之间的几何距离；c 为光速；δt_{u} 为接收机时钟与 GNSS 系统时间的偏差，即接收机钟差；δt^{s} 为卫星钟相对于 GNSS 系统时间的偏差；I^{s} 为电离层延迟；T^{s} 为对流层延迟；D^{s} 为包括接收机内部时延、天线电缆时延和参考电缆时延的综合硬件时延；ε^{s} 为接收机噪声、天线噪声及多路径等综合误差；$(x_{\mathrm{u}}, y_{\mathrm{u}}, z_{\mathrm{u}})$ 为用户位置；$(x^{\mathrm{s}}, y^{\mathrm{s}}, z^{\mathrm{s}})$ 为卫星位置。

GNSS 单向授时的目的是根据接收机输出的观测量，以及导航电文播发的各项时延改正参数，估计接收机时钟与 GNSS 系统时间的偏差，即 δt_{u}。因此，由

伪距观测方程式 (2.13) 可得

$$\delta t_{\mathrm{u}}=\frac{1}{c}\left(\rho^{\mathrm{s}}-r^{\mathrm{s}}-I^{\mathrm{s}}-T^{\mathrm{s}}-D^{\mathrm{s}}\right)+\delta t^{\mathrm{s}} \tag{2.15}$$

式中，ρ^{s} 为已知伪距观测量；r^{s} 根据式 (2.14) 计算得到。用户位置 $(x_{\mathrm{u}}, y_{\mathrm{u}}, z_{\mathrm{u}})$ 事先已知或通过接收四颗及四颗以上的卫星信号定位获得；发射时刻的卫星位置 $(x^{\mathrm{s}}, y^{\mathrm{s}}, z^{\mathrm{s}})$ 根据导航电文中的星历参数计算得到。对于单频用户，电离层延迟 I^{s} 利用导航电文中广播的单频电离层模型参数估计改正，双频用户还可根据双频伪距观测量计算电离层延迟改正值。对流层延迟 T^{s} 与用户位置相关，可以通过模型改正。综合硬件时延 D^{s} 主要受接收机内部时延、天线电缆时延、参考电缆时延的影响，该值需要在用户端测量并扣除。星钟偏差 δt^{s} 利用导航电文中的星钟模型参数计算改正。

若用户最终获得接收机时钟相对于 UTC 的时间偏差，还需利用导航电文中的 UTC 时间同步参数，即溯源模型参数，对式 (2.15) 进一步改正，将相对于 GNSS 系统时间的偏差改正到相对于 UTC(k) 的偏差。

从上述单向授时的过程中不难看出，单向授时的关键是精确改正传输路径中的各项时延。单向授时的误差源主要来自卫星导航系统、信号传播路径和接收终端三方面。取决于时延的改正情况，单向伪码授时的准确度在 20ns 到几百纳秒的范围变化。下面详细介绍影响单向伪码授时的各项误差。

2.2.2 单向授时误差源分析

针对式 (2.15) 对应的授时解算过程，分析 GNSS 单向授时中的各项误差源，图 2.17 所示为 GNSS 单向授时中的各项误差源，图中给出了与卫星端、传播路径及接收端相关的各项误差源的量级。

1. *卫星钟差误差*

卫星钟差定义为卫星时钟与 GNSS 系统时间的偏差。GNSS 卫星搭载有原子钟，原子钟输出的时频信号是导航信号产生与发射的参考。尽管原子钟非常稳定，相对于 GNSS 系统时间仍不可避免地存在偏差和漂移。另外，不同星载钟保持的时间也不同。因此，卫星导航系统将星载钟相对于系统时间的物理偏差控制在 1ms 以内。对于 1ms 以内的偏差，通过在导航电文中发播星钟模型参数进行数学校正。地面监测站对每颗卫星进行跟踪测量，主控站收集各监测站的观测数据，估算并预测卫星钟差，生成星钟模型参数，上行至卫星，通过导航电文播发给用户。

用户根据二阶多项式计算卫星钟差 Δt_{clk}：

$$\Delta t_{\mathrm{clk}}=a_{\mathrm{f0}}+a_{\mathrm{f1}}\left(t-t_{\mathrm{oc}}\right)+a_{\mathrm{f2}}\left(t-t_{\mathrm{oc}}\right)^{2} \tag{2.16}$$

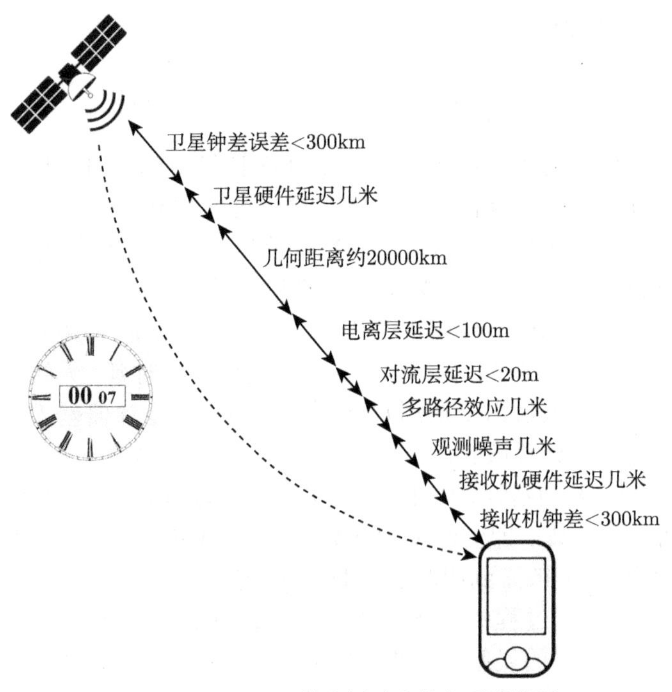

图 2.17 GNSS 单向授时中的各项误差源

式中，a_{f0} 为钟差偏移，单位 s；a_{f1} 为钟差漂移，单位 s/s；a_{f2} 为钟差的频率漂移率，单位 s/s^2；t_{oc} 为钟差模型参考时刻，单位 s；t 为用户使用历元时刻，单位 s。

用户端进行卫星钟差改正时，还需要考虑相对论效应、不同频点间及不同类型码之间卫星硬件时延的影响：

$$\delta t^{s} = \Delta t_{clk} + \Delta t_{r} - kT_{GD} + ISC \tag{2.17}$$

式中，Δt_{r} 为卫星钟差的相对论效应校正值，单位 s；T_{GD} 为不同频点间卫星硬件群时延校正值，即不同频率信号从星载原子钟输出至发射天线相位中心过程中的硬件时延差，不同导航系统不同导航信号校准卫星硬件群时延的方法略有不同；k 为 T_{GD} 系数，可为 0，可为 1，可为双频载波的比值平方；ISC 为不同码信号间的群时延校正值。

预报的卫星钟差参数必然存在误差，未能改正的部分称为卫星钟差误差，简称“星钟误差”。该误差的大小与卫星钟类型、钟差参数的更新频率、使用时刻距钟差模型参考时刻的时长有关。可以通过提高星钟模型参数上注频次，提高地面主控站钟差估计质量，精化降低各项模型误差等减小卫星钟差误差。

根据 2013 年的 GNSS 广播星历，以 IGS、多 GNSS 实验和试点项目 (multi-GNSS experiment and pilot project, MGEX) 的精密钟差产品为参考，分析了

GPS、格洛纳斯卫星导航系统 (globalnaya navigatsionnaya sputnikovaya sistema, GLONASS)、北斗卫星导航系统 (beidou navigation satellite system, BDS)、Galileo 四大导航系统的星钟误差，结果如表 2.5 所示。GPS IIA 卫星的星钟误差 RMS 值为 1.10m。由于使用了最新一代的铷钟，GPS IIF 卫星的星钟误差 RMS 值仅为 0.28m。随着 GPS 卫星的升级更新，总体星座的星钟误差还会降低。GLONASS 的星钟误差 RMS 值为 1.90m，主要是由 GLONASS 星载铯钟的不稳定度引起的。Galileo 卫星的星钟误差 RMS 值为 1.62m，2013 年 Galileo 系统尚在建设中，可用卫星数目较少，较大的星钟误差主要是由地面监测站网络规模较小引起的。Galileo 星载钟为被动型氢钟，性能非常稳定，目前 Galileo 卫星的星钟误差已优于 GPS IIF 卫星的星钟指标。北斗卫星导航系统的星钟误差 RMS 值为 1.06m，与 GPS IIA 卫星的水平相当 (Montenbruck et al., 2018)。

表 2.5　GNSS 星钟误差的 RMS 值　(单位：m)

GPS				GLONASS	Galileo	BDS	
ALL	IIA	IIR	IIF			ALL	MEO+IGSO
0.69	1.10	0.52	0.28	1.90	1.62	1.06	0.87

2. 卫星星历误差

GNSS 导航电文中的星历参数是根据地面主控站的估计值进行建模预报得到的，与卫星实际位置存在偏差，即卫星位置误差。卫星位置误差是指实际卫星位置到由广播星历计算的卫星位置的矢量，图 2.18 所示为卫星位置误差与卫星星历误差示意图，$\Delta\vec{r}$ 表示卫星位置误差，a 表示地心到卫星的距离，R 为地球半径，$\vec{e}_0$ 为地心指向卫星的单位矢量，P_1 、P_2 为图中球冠底圆上的两点，$\vec{e}_1$ 表示 P_1 指向卫星的单位矢量，$\vec{e}_2$ 表示 P_2 指向卫星的单位矢量，β 为 $\vec{e}_0$ 与 $\vec{e}_2\left(\vec{e}_1\right)$ 之间的夹角，$\beta=\arcsin(R/a)$。

一般情况下，图 2.18 中卫星位置误差 $\Delta\vec{r}$ 的幅值在 0.1~10m。卫星位置误差在卫星到用户连线方向的投影为卫星星历误差，星历误差直接影响伪距观测量和载波相位观测量。

对于某颗导航卫星，在地球上可视的区域为图 2.18 中的浅灰色球冠。理想情况下，位于球冠区域的用户都能接收到该卫星的信号。该卫星位置误差对不同区域用户引入的星历误差不同，大小取决于卫星位置误差矢量与卫星—用户连线方向的夹角大小。延长卫星位置误差矢量，如果其与地球表面相交，则相交点即为最大星历误差对应的用户位置；如果不相交，则最大星历误差对应的用户位置位于图中所示的球冠底圆，如图中的 P_1、P_2 点。卫星位置误差 $\Delta\vec{r}$ 对应的最大星

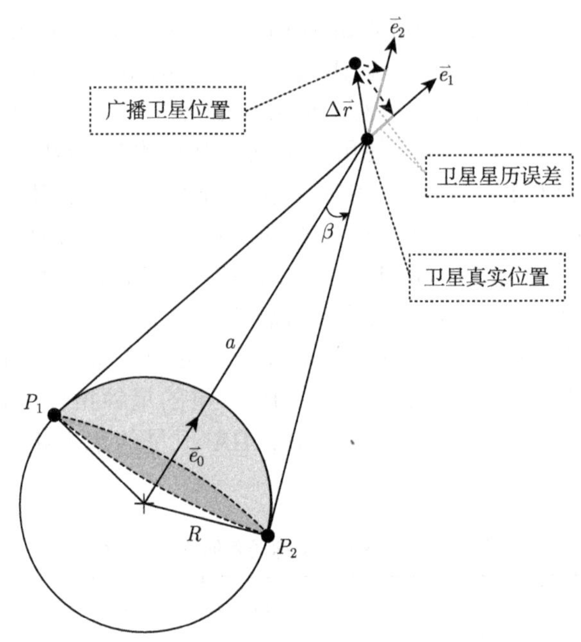

图 2.18　卫星位置误差与卫星星历误差示意图

历误差值为

$$\max(\delta_{\text{eph}}) = \begin{cases} +|\Delta\vec{r}|, & \angle\left(\vec{e}_0, \Delta\vec{r}\right) < \beta \\ -|\Delta\vec{r}|, & \angle\left(\vec{e}_0, \Delta\vec{r}\right) > \pi - \beta \\ \Delta\vec{r}\cdot\vec{e}_1, & \left|\Delta\vec{r}\cdot\vec{e}_1\right| \geqslant \left|\Delta\vec{r}\cdot\vec{e}_2\right| \\ \Delta\vec{r}\cdot\vec{e}_2, & \left|\Delta\vec{r}\cdot\vec{e}_1\right| < \left|\Delta\vec{r}\cdot\vec{e}_2\right| \end{cases} \tag{2.18}$$

从上述过程不难看出，影响用户测距值的是卫星位置误差的径向分量，影响量的大小取决于卫星位置误差在卫星—用户连线方向的投影量。由于地面监测站位于地球表面，不能很好地监测切向和法向的位置误差分量，因此卫星位置误差的法向和切向分量比径向分量大。对于同样位于地球表面的用户来说，这两个方向的误差对用户测距值的影响非常小。

卫星钟差误差和卫星星历误差反映一个导航系统空中信号的性能水平，代表导航系统提供导航、定位和授时服务的能力。GPS 每年发布服务性能监测评估报告，从空中信号的准确性、完好性、可用性和连续性等方面综合评估系统全年的运行情况。2020 年 7 月 31 日北斗三号全球卫星导航系统正式开通运行，北斗卫星导航系统官方网站定期发布北斗星座的监测信息。

用户测距误差 (user range error, URE) 用于衡量导航系统空中信号的准确性，定义为由导航电文预报的卫星位置、钟差与精密卫星位置、钟差的差值在卫星—用户连线方向的分量，瞬时 URE 可用式 (2.19) 描述：

$$\mathrm{URE}=\sqrt{(c\times\delta_{\mathrm{T}})^2+(w_{\mathrm{R}}\times\delta_{\mathrm{R}})^2+w_{\mathrm{A,C}}^2\times(\delta_{\mathrm{A}}^2+\delta_{\mathrm{C}}^2)-2w_{\mathrm{R}}^2\times c\times\delta_{\mathrm{T}}\times\delta_{\mathrm{R}}} \tag{2.19}$$

式中，c 为光在真空中的传播速度；δ_{T} 为卫星钟差误差；δ_{R}、δ_{A} 和 δ_{C} 分别为卫星位置误差的径向分量、切向分量和法向分量；w_{R}、$w_{\mathrm{A,C}}$ 分别为径向、切向和法向分量的权重系数，权重值的大小取决于卫星运行轨道面的高度。不同 GNSS 卫星对应的 w_{R} 值接近一致，$w_{\mathrm{A,C}}$ 与卫星轨道高度有关，表 2.6 给出了 GNSS 导航系统对应的 URE 权重系数。

表 2.6　GNSS 导航系统对应的 URE 权重系数

导航系统	w_{R}^2	$w_{\mathrm{A,C}}^2$
GPS	0.98	1/49
GLONASS	0.98	1/45
Galileo	0.98	1/61
QZSS	0.99	1/126
BDS(MEO)	0.98	1/54
BDS(IGSO/GEO)	0.99	1/126

注: QZSS-准天顶卫星系统 (quasi-zenith satellite system)。

单独考虑星历误差时，其对 URE 的影响可用式 (2.20) 计算，星钟误差对 URE 的影响可以用式 (2.21) 计算。

$$\mathrm{URE_{eph}}=\sqrt{(w_{\mathrm{R}}\times\delta_{\mathrm{R}})^2+w_{\mathrm{A,C}}^2\times(\delta_{\mathrm{A}}^2+\delta_{\mathrm{C}}^2)} \tag{2.20}$$

$$\mathrm{URE_{clk}}=|c\times\delta_{\mathrm{T}}| \tag{2.21}$$

系统 URE 通过统计瞬时 URE 序列的均方根值得到，URE 是导航系统评估广播星历、星钟参数准确度的外符合手段。在导航系统的内部，主控站使用测距偏差估计值 (estimated range deviation, ERD) 和零数据龄期 (zero age-of-data, ZAOD)URE(ZAOD-URE) 监测星历和星钟参数的性能。ERD、URE 与 ZAOD-URE 三个指标的定义和相互关系如图 2.19 所示 (Dieter et al., 2003)。

ERD 定义为主控站估计的卫星位置、钟差与导航电文广播值之间的差值。地面主控站通过监测 ERD，实现对导航信号准确性的近实时监测。虽然不是导航信号误差的最优估计，但 ERD 反映了地面主控站生成导航电文预报参数的最优水平。

ZAOD-URE 定义为主控站估计的卫星位置、钟差与精密卫星位置、钟差的差值。导航电文中的星历和星钟参数与参考时刻对应，且只在一定的时间范围内有效，形象地将这一有效范围称为龄期。在参数龄期内，随着使用时间与参考时刻的增长，基于模型参数得到的预报值性能逐渐下降。ZAOD-URE 直接评估主控站估计的卫星位置和钟差的准确性，不考虑参数建模误差、导航电文发播时延及使用时刻的影响，反映了导航系统地面主控站广播空中信号的最高水平。

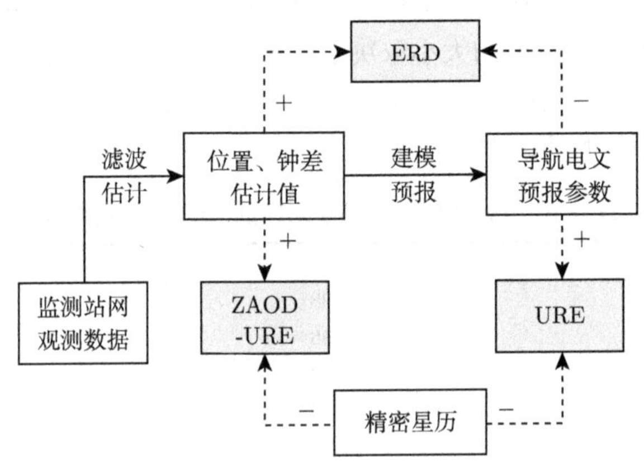

图 2.19　ERD、URE 与 ZAOD-URE 三个指标的定义和相互关系

3. 电离层延迟误差

电波在介质中的传播速度与介质的折射率有关，折射率定义为电波在自由空间中的传播速度与在介质中的传播速度之比。若传播速度是电波频率的函数，则为色散介质。电离层是一种色散介质，位于地球表面以上 70～1000km 大气层，太阳紫外线使得部分气体分子电离释放出自由电子，影响无线电信号的传播。

根据无线电信号在电离层中传播的折射率，且忽略二阶以上的高阶项，则可用式 (2.22) 表示伪随机码观测量的电离层延迟，式 (2.23) 表示载波相位观测量的电离层延迟，两者大小相等，符号相反。该延迟的大小与卫星到用户路径中的总电子含量 (total electron content, TEC) 和信号频率 f 有关。

$$\Delta S_{\mathrm{p}} = \frac{-40.3 * \mathrm{TEC}}{f^2} \tag{2.22}$$

$$\Delta S_{\mathrm{g}} = \frac{40.3 * \mathrm{TEC}}{f^2} \tag{2.23}$$

式 (2.22)、式 (2.23) 估计的是卫星—用户连线与电离层薄层穿刺点处垂直方向 (观测卫星仰角为 90°) 的电离层延迟。对于其他仰角，还需要乘以倾斜因子，映射到卫星到用户的连线方向，式 (2.24) 是一种较为常用的倾斜因子：

$$F=\left[1-\left(\frac{R_{\mathrm{e}}\cos\phi}{R_{\mathrm{e}}+h}\right)^2\right]^{-0.5} \tag{2.24}$$

式中，R_{e} 为地球平均半径；h 为假定的电离层薄层的高度；ϕ 为用户可视卫星的仰角。它们之间的关系详见图 2.20。

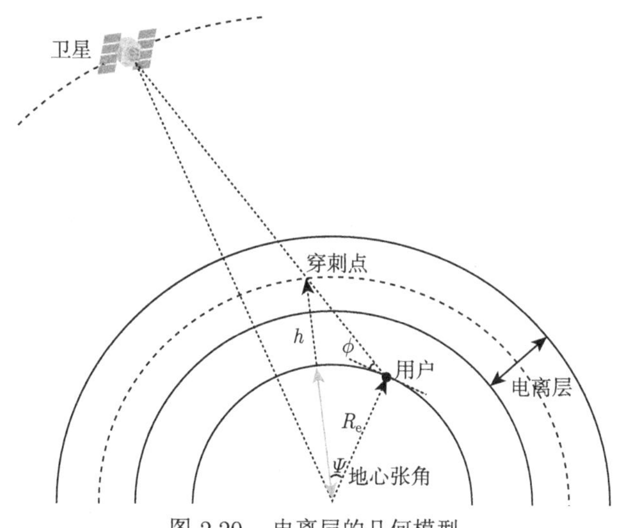

图 2.20　电离层的几何模型

电离层延迟是影响 GNSS 服务性能的主要误差源之一，电离层延迟改正方法主要有三种，第一种是采用经验模型改正，如 Klobuchar、NeQuick 等，单频用户可以实时使用 GNSS 导航电文发播的模型参数改正电离层延迟。第二种是双频组合改正，双频接收机用户可以直接利用两个频点的伪距观测量确定电离层延迟。第三种是利用第三方机构发布的电离层产品，事后精确改正电离层延迟，这种方法具有滞后性，滞后时长取决于电离层产品的更新周期。

1) 单频电离层模型

对于单频用户来说，使用广播电离层模型是削弱电离层延迟的主要方式。GPS 系统采用基于经验算法的 Klobuchar 模型，在全球范围内的延迟改正率约为 50%，适用于中纬度地区。Klobuchar 模型默认电离层延迟最大值出现在当地 14:00 时，夜间电离层延迟值恒为 5ns。该模型假定电子都集中在距地面 350km 处的电离层薄壳上，认为电离层是理想化的平稳介质。北斗卫星导航系统也采用了 Klobuchar 模型，在导航电文中播发 Klobuchar 8 参数，但其在参数估计策略、更新频率、适用范围、改正效率等方面与 GPS Klobuchar 模型均不同。在 2017 年 12 月发布的“北斗卫星导航系统空间信号接口控制文件公开服务信号 B1C、B2a (1.0 版)” 中明确使用 BDGIM 模型改正北斗单频电离层延迟，基于球谐函数的 BDGIM 模型预期可在全球范围内达到平均优于 75%的延迟改正率。Galileo 系统发播 NeQuickG 模型参数，该模型将电离层分层按三维分布建模，可以计算空中任意两点间的电离层延迟，同时播发电离层风暴标识，设计电离层延迟改正率优于 70%或残留电离层误差小于 20TECU (1TECU 定义为每平方米上的电子数乘以 10^{16})。GLONASS 系统计划在未来的码分多址导航电文中播发三个单频电离层参数，供用户改正电离层延迟。

基于对 GPS、BDS-2、BDS-3 和 Galileo 系统单频电离层模型的比较分析，BDS-3 的 BDGIM 模型较 BDS-2 有较大的性能提升，解决了 BDS-2 Klobuchar 模型存在相邻参数更新引起的电离层延迟跳变问题，并且 BDGIM 模型性能优于 GPS Klobuchar 模型。基于目前北斗地面监测站的分布，除南北半球高纬度地区外，BDGIM 模型均优于 Galileo 系统的 NeQuickG 模型。随着未来中俄合作的展开，北斗地面监测站数据量的增加，估计的 BDGIM 模型参数将更加精确，在高纬度地区的改正效果还会有进一步的提升 (许龙霞, 2020)。

2) 双频观测量组合

电离层延迟的大小与导航信号的载波频率有关，根据两个频点的伪距或载波相位观测量就可以确定电离层延迟的大小。若要精确确定电离层延迟的大小，还需要考虑影响观测量的与频率相关的其他因素，如硬件频间偏差。考虑卫星和接收机端的硬件频间偏差、忽略电离层高阶项的影响，利用双频伪距观测量确定电离层延迟。

根据式 (2.22) 可知，f_1、f_2 频点的伪距观测量 ρ_1、ρ_2 对应的电离层延迟为

$$\Delta S_{\mathrm{p},f_1} = -F \times \frac{40.3 \times \mathrm{VTEC}}{f_1^2}, \quad \Delta S_{\mathrm{p},f_2} = -F \times \frac{40.3 \times \mathrm{VTEC}}{f_2^2} \tag{2.25}$$

式中，F 为倾斜因子；VTEC 为垂直方向的总电子含量。

定义 $A = -F \times 40.3 \times \mathrm{VTEC}$，则

$$\begin{cases} \rho_1 = \rho_0 + \dfrac{A}{f_1^2} + c \cdot (b_{1\mathrm{r}} - b_{1\mathrm{s}}) \\ \rho_2 = \rho_0 + \dfrac{A}{f_2^2} + c \cdot (b_{2\mathrm{r}} - b_{2\mathrm{s}}) \end{cases}, \quad \begin{cases} \mathrm{DCB_r} = b_{1\mathrm{r}} - b_{2\mathrm{r}} \\ \mathrm{DCB_s} = b_{1\mathrm{s}} - b_{2\mathrm{s}} \end{cases} \tag{2.26}$$

式中，$b_{i\mathrm{r}}$、$b_{i\mathrm{s}} (i = 1, 2)$ 分别为接收机和卫星端内部硬件时延；$\mathrm{DCB_r}$、$\mathrm{DCB_s}$ 为接收机和卫星端内部硬件频间时延偏差。f_1 频点的双频组合电离层改正量为

$$\Delta S_{\mathrm{p},f_1} = \frac{\rho_1 - \rho_2 - c \cdot (\mathrm{DCB_r} - \mathrm{DCB_s})}{f_2^2 - f_1^2} \cdot f_2^2 \tag{2.27}$$

则无电离层延迟伪距为

$$\rho_{\mathrm{IF}}=\frac{1}{f_1^2-f_2^2}\left[f_1^2\rho_1-f_2^2\rho_2-c\cdot f_2^2\cdot(\mathrm{DCB_r}-\mathrm{DCB_s})\right] \tag{2.28}$$

类似地，利用双频载波相位观测量确定电离层延迟，可以消除约 90%的电离层延迟。使用不同频点、不同分量的伪距观测量组合改正电离层延迟时，根据不同导航系统的频间偏差等硬件延迟参数的定义参考点不同，具体的组合改正公式稍有不同。

3) 基于全球电离层图产品改正

全球电离层图 (global ionosphere map, GIM) 是将全球范围按照经度和纬度划分成网格，定期提供每个网格点的电离层电子含量，主要用于事后精确改正电离层延迟，满足高精度导航和定位用户的需求。

目前，国内外有多家数据处理中心发布 GIM 产品，如国外的 CODE、ESA、JPL、UPC 和国内的 CAS 等。IGS 综合了国际上 200 多家数据分析中心的产品，定期提供综合的 GIM 产品，全球 GNSS 监测评估系统 (international GNSS monitoring and assessment system，iGMAS) 提供了国内的综合 GIM 产品，其中包括最终 (final) 和快速 (rapid) 两类。IGS 最终 GIM 产品滞后 9~16 天发布，精度 2~8TECU；快速 GIM 产品滞后 1~2 天发布，精度 2~9TECU。

用户根据电离层穿刺点的位置，对 GIM 网格点的垂直总电子含量 (vertical total electron content, VTEC) 值进行空间内插和时间内插，通过两次线性内插得到电离层穿刺点处的 VTEC 值，再根据式 (2.25) 求解观测时刻信号到用户传播路径方向的电离层延迟。

采用精度最高的时间旋转拟合模型计算各网点电子含量值，在此过程中需要补偿电离层电子含量与太阳位置的强相关性误差，即在经度方向上进行补偿，使原来的格网点经度 λ 变为 λ':

$$\lambda'=\lambda+(t-T_i) \tag{2.29}$$

根据变化后的 λ' 计算格网点值：

$$E(\beta,\lambda,t)=\frac{T_{i+1}-t}{T_{i+1}-T_i}E_i(\beta,\lambda_i')+\frac{t-T_i}{T_{i+1}-T_i}E_{i+1}\left(\beta,\lambda_{i+1}'\right) \tag{2.30}$$

式中，λ、β 为电离层格网点的经、纬度；$T_i\leqslant t\leqslant T_{i+1}$，$T_i$、$T_{i+1}$ 为 GIM 产品提供的电子含量 E 的时刻；t 为内插时刻。

4. 对流层延迟误差

对流层是位于距离地球表面 0~40km 的大气层，对于高达 15GHz 的微波频率信号来说对流层是非色散的。因此，GNSS 信号的载波和伪随机码穿透该层大气时均出现同等延迟。延迟量随对流层折射率变化而变化，折射率主要受温度、相对湿度和压力的影响。位于海平面标准大气条件下的用户，天顶方向的对流层延迟约为 2.3m，卫星仰角 5° 对应的对流层延迟约为 25m。

对流层延迟由干分量延迟和湿分量延迟组成。干分量由干燥空气引起，约占 90%的对流层延迟，可以精确预测。湿分量由水蒸气引起，由于其分布的不确定而较难预测。对于对流层延迟，可以使用经验模型改正，也可以将天顶方向的对流层延迟等作为未知参数与接收机位置和钟差一起精确估计，还可以使用 IGS、iGMAS 等机构发布的对流层产品改正，精度为 1~2cm。

信号经对流层产生的延迟大小与其经过的路径长度有关，可以表示为卫星天顶方向的对流层延迟量与投影函数的乘积。较为常用的计算对流层延迟的模型有 Saastamoinen、Hopfield 及 EGNOS，在标准气象参数下，几种模型天顶方向的平均对流层延迟改正精度均优于 10cm，Hopfield 模型稍差。

在标准气象参数条件下使用 Saastamoinen 模型计算对流层延迟如下：

$$T_{\mathrm{r}} = \frac{0.002277}{\cos z}\left[p + \left(\frac{1255}{T} + 0.05\right)e - \tan^2 z\right] \tag{2.31}$$

式中，z 为天顶角，$z = \frac{\pi}{2} - \mathrm{Elv}$，Elv 为卫星高度角；$p$ 为地面气压，单位 hPa，$p = 1013.25 \times \left(1 - 2.2557 \times 10^{-5} h\right)^{5.2568}$，$h$ 为海平面以上的大地高度；T 为大气的热力学温度，单位 K，$T = 15 - 6.5 \times 10^{-3} h + 273.15$；$e$ 为地面水气压，单位 hPa，$e = 6.108 \times \exp\left(\frac{17.15T - 4684}{T - 38.45}\right) \times \frac{h_{\mathrm{rel}}}{100}$，$h_{\mathrm{rel}}$ 为相对湿度。由式 (2.31) 计算得到的对流层延迟的单位为 m。

5. 相对论效应

存在相对运动或所处重力势不同的两个节点间进行时钟同步时需要考虑相对论效应的影响。基于卫星导航系统的信号设计和接收测量原理可以精确地确定与地面存在相对运动的物体，如船只、空间飞行器、低轨卫星的时间位置信息。对卫星导航系统产生的不可忽略的相对论效应主要有三方面 (Thomas, 2003)，下面以 GPS 卫星为例进行阐述。

1) 相对论效应引起的星载钟频率偏差

由广义相对论可知，相对于位于大地水准面的原子钟而言，GNSS 星载钟处在较高的重力势。重力势的差别导致从地面看 GNSS 星载原子钟振荡器运行变快。增加的频率偏差为

$$\frac{\Delta\omega}{\omega} = \frac{\phi_1 - \phi_2}{c^2} \tag{2.32}$$

对 GPS 卫星来说，增加的频率偏差值约为 5.28×10^{-10}，即 GPS 星载钟每天比地面钟快约 45μs，也就是重力红移。

除重力红移外，GPS 卫星还在以约 3.87km/s 的速度相对地面运行，即卫星与接收机之间存在相对运动，因此会出现多普勒频移。从惯性坐标系来看星载原子钟表现为运行变慢，即时间膨胀效应。根据狭义相对论，时间膨胀效应可描述为

$$\Delta t=\frac{\Delta t'}{\sqrt{1-\left(\frac{v}{c}\right)^2}},\quad \Delta t-\Delta t'=\frac{1-\sqrt{1-\left(\frac{v}{c}\right)^2}}{\sqrt{1-\left(\frac{v}{c}\right)^2}}\Delta t'=(\gamma-1)\times\Delta t' \tag{2.33}$$

式中，Δt 为地心惯性 (earth centered inertial, ECI) 坐标系中地面钟的时间间隔；v 为卫星相对地面的运行速度；$\Delta t'$ 为 ECI 坐标系中 GPS 星载钟的时间间隔；γ 为洛伦兹因子；对于 GPS 卫星 $\gamma-1\approx8.33\times10^{-11}$，相对于 ECI 坐标系的坐标时，时间膨胀效应使得卫星钟每天比地面钟变慢了约 7μs。

在时间膨胀和重力红移的综合影响下，GPS 星载钟比地面钟每天快约 38μs，导致 GPS 星载振荡器频率出现 $\delta_0(4.460963\times10^{-10})$ 的频率偏差。GPS 星载时频以 10.23MHz 作为基准频率信号产生载波，为消除时间膨胀和重力红移的影响，GPS 星载钟在发射前都需要预先进行频率预偏，将卫星实际输出的基准频率调整为 $(1-\delta_0)\times10.23$MHz，即 10.22999999543MHz。经过频率预偏的星载钟在正常运行状态下近似保持 ECI 坐标系的坐标时。

2) 微偏心轨道引起的星钟改正

GNSS 卫星的运行轨道并不是理想的圆形，而是运行在微偏心轨道上。轨道偏心率使得卫星的速度相对于 ECI 坐标系的坐标时出现周期性的加速和减速，同时卫星的重力势也出现周期变化，其大小与卫星运行时所处的位置有关。接收机端的补偿公式为

$$\Delta t_{\mathrm{r}}=-\frac{2}{c^2}\sqrt{GMae}\sin E \tag{2.34}$$

式中，G 为牛顿引力常数；M 为地球质量；a 为卫星轨道半长轴；e 为卫星轨道偏心率；E 为卫星轨道偏近点角。当偏心率取典型上限值 0.01 时，对应 Δt_{r} 约为 −23ns。

3) 地球自转效应改正

卫星导航系统在地心地固 (earth-centered earth-fixed, ECEF) 坐标系中描述卫星和接收机的位置。接收机测得的伪距观测量是根据卫星信号发出时刻与接收机接收时刻之间的时差得到的。问题在于，从信号发出到接收的时间间隔 (τ) 内地球在自转，而卫星并没有跟随地球同步自转，这使得卫星和接收机之间发生了

相对运动，图 2.21 所示为几何距离与地球自转效应改正示意图。因此，必须对发射时刻 (t)ECEF 坐标系中的卫星位置进行地球自转效应改正，得到信号接收时刻 $(t+\tau)$ECEF 坐标系中的卫星位置，才能得到正确的几何距离。

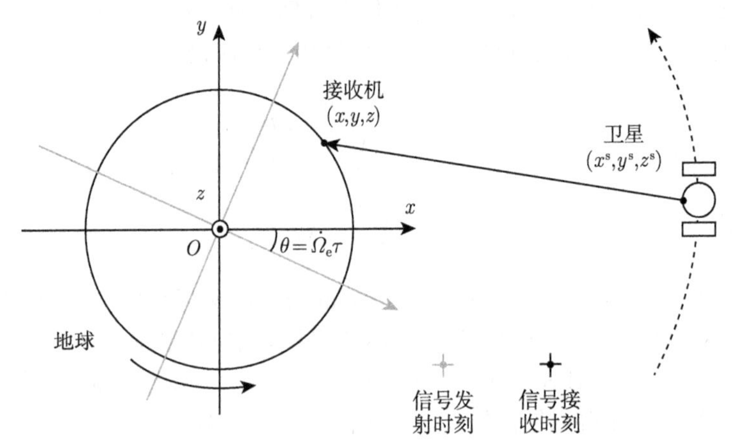

图 2.21　几何距离与地球自转效应改正示意图

由地球自转引起的几何距离误差约为几十米，常用的改正方法有两种。第一种普遍使用的方法是将发射时刻 ECEF 坐标系中的卫星位置 $(x^{\mathrm{s}},y^{\mathrm{s}},z^{\mathrm{s}})$ 进行旋转变换得到接收时刻 ECEF 坐标系中的卫星位置 $\left(x^{(\mathrm{n})},y^{(\mathrm{n})},z^{(\mathrm{n})}\right)$，旋转的角度 θ 为地球在时间间隔 τ 内转过的角度，$\dot{\Omega}_{\mathrm{e}}$ 为地球自转角速度，即

$$\begin{bmatrix} x^{(\mathrm{n})} \\ y^{(\mathrm{n})} \\ z^{(\mathrm{n})} \end{bmatrix} = \begin{bmatrix} \cos\theta & \sin\theta & 0 \\ -\sin\theta & \cos\theta & 0 \\ 0 & 0 & 1 \end{bmatrix} \begin{bmatrix} x^{\mathrm{s}} \\ y^{\mathrm{s}} \\ z^{\mathrm{s}} \end{bmatrix} \tag{2.35}$$

$$\theta = \dot{\Omega}_{\mathrm{e}}\tau \tag{2.36}$$

设 $t+\tau$ 时刻接收机的位置为 (x,y,z)，则地球自转效应改正后接收机至卫星的几何距离为

$$r = \sqrt{\left(x^{(\mathrm{n})}-x\right)^2+\left(y^{(\mathrm{n})}-y\right)^2+\left(z^{(\mathrm{n})}-z\right)^2} \tag{2.37}$$

第二种改正方法相对简便，不需要计算经地球自转效应修正后的卫星位置，直接计算旋转前后卫星位置矢量差在星地几何距离方向的投影，投影值的大小即为地球自转效应改正量。

经过地球自转效应校正后的几何距离为

$$r \approx \sqrt{\left(x^{\mathrm{s}}-x\right)^2+\left(y^{\mathrm{s}}-y\right)^2+\left(z^{\mathrm{s}}-z\right)^2} + \frac{\dot{\Omega}_{\mathrm{e}}}{c}\left(x^{\mathrm{s}}y-y^{\mathrm{s}}x\right) \tag{2.38}$$

上述两种改正方法中，都需要求解发射时刻 ECEF 坐标系中的卫星位置，可以通过迭代的方式求解。将伪距观测量作为传播时间 τ 的初始估计值，重新求解卫星位置，根据更新的卫星位置再次计算 τ，直至前后两次的 τ 值非常接近。据此可以确定卫星信号的发射时刻，计算发射时刻的卫星位置。

6. 接收机端误差

接收机端误差体现在天线和接收机，主要包括天线相位中心误差、观测误差、接收机钟误差及接收机噪声等。

1) 天线相位中心误差

在卫星导航系统的测量中，观测量参考到接收机的天线相位中心。由于每颗卫星发射信号的强度和方向不同，因此天线相位中心随信号强度和方向的变化而变化，即相位中心的瞬时位置与理论位置存在偏差，该偏差表现在接收机端称为天线相位中心误差。

不同类型接收机的天线相位中心误差不同，一般在毫米级。部分性能稍差的天线，天线相位中心误差可达数厘米。实际中如果使用同一型号的天线，可通过安装多个天线进行零基线比对，来消弱天线相位中心误差的影响。

2) 观测误差

观测误差是指接收机跟踪信号获取的观测值与真实值之间的偏差，由于不同类型接收机的性能存在差异，且受温度、噪声、电磁环境等因素影响，必然存在观测误差且无法估计。观测误差主要表现为伪距测量误差和载波相位测量误差。

接收机通过本地复现伪随机码与接收信号的伪随机码进行相关，实现伪距测量，忽略多路径效应的影响，接收机测量误差主要体现在跟踪环路中。跟踪环路由载波跟踪环 (简称“载波环”) 和码跟踪环 (简称“码环”) 组成，一般选用载波环与码环组合的方案，环路系数的选择应综合考虑噪声性能和动态性能两个方面。目前相关软硬件资源丰富且较为成熟，很多接收机能采用多个跟踪环路同时跟踪每一颗卫星，一方面确保在不同动态应力下维持对信号的锁定，另一方面确保有尽可能多的时间实现精确测量。

3) 接收机钟误差

一般接收机配有石英晶振，其日频率稳定度约为 $1\times10^{-6}\sim1\times10^{-8}$。部分性能较优的接收机配有高稳晶振，其日频率稳定度能达到 1×10^{-11}，但长期频率稳定度较差，钟漂、噪声、温度、时钟老化等因素都会对时钟性能产生影响，尤其是对载波相位观测量的影响较明显。

目前市场上的接收机大部分具有可外接时钟参考的功能，即通过外接高精度的频标 (如原子钟) 提高接收机时钟的稳定度。虽然原子钟稳定度较高，但也会出现钟漂现象，如果不控制原子钟，接收机时钟在外接参考时也会发生钟漂，引入测量误差。用户可利用一台具有 1PPS 输出信号的接收机驯服外接频标，通过调整钟漂参数将外参考时间驾驭到 GNSS 系统时间。

4) 接收机噪声

接收机噪声不仅包括接收端放大器、滤波器及各部分电子器件的热噪声，还包括信号间的互相关性、观测量算法误差、信号量化误差等。接收机噪声具有随机性，其正负、大小很难确定，目前尚未有相应的数学模型。

采用卫星信号包络 (二进制伪随机序列) 的标准非相干延迟跟踪流程，其噪声误差包括跟踪环路热噪声和动态应力误差，可表征为

$$\sigma = \tau_{\xi}\left[B_{\mathrm{t}}\Big/(P/N_0) + B_{\mathrm{t}}B_{\mathrm{r}}\Big/(P/N_0)^2\right] \tag{2.39}$$

式中，τ_{ξ} 为测距码的基本符号长度；B_{t} 为闭合通道单向带宽；B_{r} 为中高频通道单向带宽；P/N_0 为输入信号的信噪比。

通常不同接收机的噪声不具有相关性，同一接收机的噪声在时间上也不相关，表现为快速变化的随机噪声。有研究成果表明，接收机噪声可以通过仪器测量获得，一般在 10ns 以内，通过多次采样平滑差分处理后，接收机噪声引起的伪距测量误差可减小到 1m 内，载波相位测量误差约为几毫米。

2.2.3　单向授时特点分析

对于授时系统而言，授时定义为通过广播的方式发播标准时间信号。对于用户来说，接收授时信号获得用户本地时间与标准时间偏差的过程为定时。卫星导航系统直接发播以卫星钟为参考的时间信号，通过钟差改正得到 GNSS 系统时间，进一步通过溯源模型参数 (UTCO 参数) 改正获得标准时间 UTC(k)。

GNSS 单向授时是从卫星导航系统获取时间信息的最简单直接的方式。尽管基于导航卫星的单向伪码授时精度最高只有几十纳秒，但是使用简便，授时信号覆盖范围广，接收终端成本低。此外，用户只需被动接收授时信号即可，广播式授时信号可以同时为多个用户提供服务，系统服务容量不受限。若要获得精确的授时信息，用户需要精确校准接收终端时延。

随着导航卫星数量的增多、导航信号频点的增加，有越来越多资源可用，有助于提高 GNSS 单向授时精度。例如，对于单向授时中的主要误差源——电离层延迟改正误差，可以利用双频观测量组合确定。

GPS 公开服务性能标准中给出 GPS 时间传递 (相对于 UTC(USNO)) 准确度优于 40ns (95%)。Galileo 系统的 UTC 时间传递准确度优于 30ns (95%)，在 2017 年 5 月公布的系统性能评估报告中 UTC 时间传递准确度优于 11.7ns。我国

2021 年发布的“北斗卫星导航系统公开服务性能规范”中指出北斗卫星导航系统的单双频授时精度 (相对于北斗时 (BDS system time, BDT)) 优于 20ns (95%)。

2.3　基于导航卫星的共视时间比对

最早基于卫星导航系统的共视时间比对是基于伪随机码技术实现的，后来发展出了基于载波相位观测量的共视时间比对技术。本节主要介绍基于伪随机码的共视比对技术。

2.3.1　基于 GNSS 卫星的共视时间比对原理

1980 年美国国家标准技术研究所提出利用导航卫星共视进行时间比对的方法，1983 年该方法被用于国际守时实验室原子钟之间的时差测量，多采用单通道 GPS C/A 码共视接收机。BIPM 每半年更新发布一次共视时刻表，参与共视比对的站点根据共视时刻表同时接收导航卫星的信号，事后通过数据交换实现两站原子钟之间的测量比对。

图 2.22 为 GNSS 卫星共视时间比对原理图。设 A、B 两站接收机在同一时刻观测到同一颗卫星的伪距分别为 $\rho_{\mathrm{A}}^{\mathrm{s}}$ 和 $\rho_{\mathrm{B}}^{\mathrm{s}}$；$(x_{\mathrm{A}}, y_{\mathrm{A}}, z_{\mathrm{A}})$、$(x_{\mathrm{B}}, y_{\mathrm{B}}, z_{\mathrm{B}})$ 分别为两站位置；$(x^{\mathrm{s}}, y^{\mathrm{s}}, z^{\mathrm{s}})$ 为发射时刻的卫星位置；I_i^{s}、$T_i^{\mathrm{s}}(i = \mathrm{A,B})$ 分别为两站的电离层延迟改正值和对流层延迟改正值；δt^{s} 为卫星钟差改正值；D_{A}、D_{B} 分别为两站接收机硬件时延；c 为光速。从两站伪距观测量中扣除星钟改正量、电离层和对流层延迟改正值，得到 A、B 两站的接收机钟差 $\delta t_{\mathrm{A}}^{\mathrm{s}}$ 和 $\delta t_{\mathrm{B}}^{\mathrm{s}}$：

$$c\cdot\delta t_{\mathrm{A}}^{\mathrm{s}} = \rho_{\mathrm{A}}^{\mathrm{s}} - \sqrt{(x^{\mathrm{s}} - x_{\mathrm{A}})^2 + (y^{\mathrm{s}} - y_{\mathrm{A}})^2 + (z^{\mathrm{s}} - z_{\mathrm{A}})^2} + c\cdot\delta t^{\mathrm{s}} - I_{\mathrm{A}}^{\mathrm{s}} - T_{\mathrm{A}}^{\mathrm{s}} - D_{\mathrm{A}} \tag{2.40}$$

$$c\cdot\delta t_{\mathrm{B}}^{\mathrm{s}} = \rho_{\mathrm{B}}^{\mathrm{s}} - \sqrt{(x^{\mathrm{s}} - x_{\mathrm{B}})^2 + (y^{\mathrm{s}} - y_{\mathrm{B}})^2 + (z^{\mathrm{s}} - z_{\mathrm{B}})^2} + c\cdot\delta t^{\mathrm{s}} - I_{\mathrm{B}}^{\mathrm{s}} - T_{\mathrm{B}}^{\mathrm{s}} - D_{\mathrm{B}} \tag{2.41}$$

事后两站通过网络等方式交换观测数据，得到基于 GNSS 卫星的共视时间比对结果：

$$\begin{aligned}\delta t_{\mathrm{A,B}}^{\mathrm{s}} &= \delta t_{\mathrm{A}}^{\mathrm{s}} - \delta t_{\mathrm{B}}^{\mathrm{s}} \\ &= \frac{1}{c}\left[\rho_{\mathrm{A}}^{\mathrm{s}} - \rho_{\mathrm{B}}^{\mathrm{s}} - (r_{\mathrm{A}}^{\mathrm{s}} - r_{\mathrm{B}}^{\mathrm{s}}) - (I_{\mathrm{A}}^{\mathrm{s}} - I_{\mathrm{B}}^{\mathrm{s}}) - (T_{\mathrm{A}}^{\mathrm{s}} - T_{\mathrm{B}}^{\mathrm{s}}) - (D_{\mathrm{A}} - D_{\mathrm{B}})\right]\end{aligned} \tag{2.42}$$

式中，$r_i^{\mathrm{s}} = \sqrt{(x^{\mathrm{s}} - x_i)^2 + (y^{\mathrm{s}} - y_i)^2 + (z^{\mathrm{s}} - z_i)^2}$，$i = \mathrm{A}, \mathrm{B}$。

由式 (2.42) 可以看出，由于两站在相同时刻观测同一颗卫星，因此星钟误差被完全抵消。当两站相距 1000km 以内时，共视可以抵消绝大部分的星历误差。此外，共视还可以部分抵消电离层延迟和对流层延迟误差。

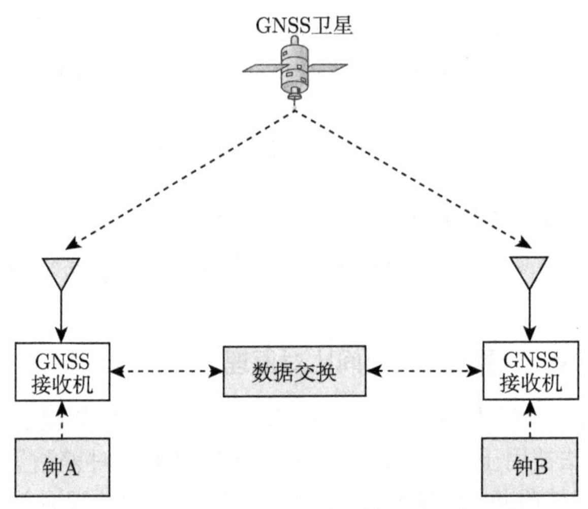

图 2.22　GNSS 卫星共视时间比对原理图

使用简单的单通道伪随机码共视接收机，即可保证实现 A、B 两站优于 5ns (1σ，一天平均) 的时间比对精度。当 A、B 两站的基线长度不大于 100km 时，两站可以实现优于 2ns 的时间比对精度。基于共视时间比对的优势，BIPM 将共视作为全球 80 多个守时实验室之间开展时间比对的主要手段之一。

2.3.2 共视时间比对标准

共视时间比对标准用于规范伪距数据的分析流程及结果的保存格式，由 GPS 时间传递标准工作组 (group on GPS time transfer standards，GGTTS) 于 1984 年首次定义给出。为适应卫星导航系统、接收机和 GLONASS 的发展，1998 年修改了该标准的名称和格式，记为通用 GPS、GLONASS 时间传递标准 (common GPS GLONASS time transfer standard，CGGTTS) V02 版本 (Azoubib et al., 1998)，兼容了 GLONASS 时间比对数据。随着 Galileo、北斗、日本 QZSS 等卫星导航系统的建成，GNSS 时间传递工作组对标准又做了进一步的扩展，制定了全球卫星导航系统通用时间传输标准 CGGTTS V2E 版本 (Defraigne et al., 2015)。

早期用于共视时间比对的接收机大部分为单通道，一次只能跟踪观测一颗卫星，当切换观测卫星后，接收机需要 12.5min 才能完整地接收星历电文，因此最初的观测周期定为 13min。随着原子钟频率标准准确度和稳定度的不断提高，时间频率比对方法在算法和硬件方面都取得了重要进展。首先，多通道接收机的使用增加了观测卫星的数目，降低了噪声对比对结果的影响。对于高精度的时间比对，如 TAI 的计算，还可以使用 IGS 发布的精密星历和钟差产品对共视结果进一步改正。电离层使用 IGS 分析中心提供的 IONEX 格式的电

离层产品精确改正 (Schaer et al., 1998)。其次，双频 P 码接收机的使用促进了 CGGTTS 标准的再次升级。双频测量值可以消除一阶电离层延迟的影响，使洲际时间比对链路的精度提高了 2 倍。短基线下，与单频时间比对结果比较，无电离层组合引入的噪声比使用单频电离层模型或 IONEX 电离层产品的残留电离层误差大。短基线比对时两站接收导航信号路径中受电离层延迟的影响几乎是相同的。国际时间工作组织更倾向使用无电离层组合方法改正电离层延迟，这样可以方便地使用 CGGTTS 标准，不需要考虑参与比对站点间的距离。

CGGTTS V02 版本只适用于 GPS、GLONASS 观测量，考虑到 Galileo、北斗和 QZSS 等导航系统的出现，GNSS 时间传递工作组于 2015 年提出该标准的 V2E 版本。新版本可灵活扩展观测对象，兼容所有卫星导航系统。算法和数据格式与 GGTTS V01、CGGTTS V02 版本兼容，保持 16min 的数据间隔不变，文件头中新增了时延校准信息。

众所周知，基于 PPP 技术的 GNSS 时间传递方法可以实现更高精度、更优稳定度的时间传递。目前，在 BIPM 计算综合原子时中，基于伪随机码和载波相位的 PPP 技术已逐渐代替基于 CGGTTS 标准的时间比对。大部分有 GPS 观测数据的比对链路使用 PPP 时间传递技术，少数基于 GLONASS 观测数据的比对链路仍使用标准共视比对技术。然而，一般的工业和商业终端用户仍采用 CGGTTS 标准实现钟比对和时间传递设备时延校准。CGGTTS 标准非常适合用于远程钟之间的时间比对，而 PPP 技术用于时间传递需要具备一定的专业知识验证数据后处理结果。基于上述两方面的考虑，国际时间频率咨询委员会 GNSS 时间传递工作组决定维持并扩展 CGGTTS 标准。

最初确定的共视观测时刻表采用 13min 观测周期，该周期与每天提前 4min 的开始观测时刻之间没有对应关系，与卫星每天在特定地点开始可视也没有对应关系，这导致如果不事先手动将共视观测时刻表输入接收机，就无法参与共视比对。因此，更新后的共视观测时刻表将共视时间间隔定为 16min，其中 13min 为一个完整的跟踪时长，2min 用于接收机锁定卫星信号，1min 用于数据处理和跟踪下一时刻的卫星。CGGTTS V01 规定用第一个观测量产生的 UTC 时刻 (天、小时、分钟和秒) 标记一个跟踪时长的起始时刻。导航卫星的两个运动周期为一个恒星日，即 23h56min4s。因此，跟踪历元的起始时刻每天提前 4min，共视观测时刻表每 4 天重复 1 次。共视观测时刻表与卫星的运行周期自动同步，因此每天共视卫星的几何分布都是相同的。

共视观测时刻表的日参考为 UTC 1997 年 10 月 1 日，对应约化儒略日 (modified julian day, MJD) 为 50722。在 MJD 50722 这天，13min 跟踪时长的开始时刻由下式确定：

$$\text{Time\_ref}(i) = 00\text{h}02\text{m}00\text{s} + (i-1)\cdot 16\,\text{min}, \quad i = 1 \sim 89 \tag{2.43}$$

在其他任意一天，13min 跟踪时长的开始时刻用下式计算：

$$\text{Time}(i) = \text{Time\_ref}(i) - 4\cdot(\text{MJD} - 50722)\,\text{min}, \quad i = 1 \sim 89 \tag{2.44}$$

对于采样率为 1s 的接收机，正常情况下 13min 跟踪时长内就有 780 组原始测量数据。按照 CGGTTS V01 标准，将 780s 观测数据划分为 52 组，每 15s 1 组。对每组 15s 的数据利用二次多项式进行平滑，得到每组数据中间时刻的值，如图 2.23 中第 7 秒，第 22 秒，……，第 772 秒处的平滑值，一个 13min 跟踪时长内可以得到 52 个数据点。基于最小二乘原则对 52 个数据点进行线性拟合，得到 13min 跟踪时长中间时刻的拟合值作为该跟踪周期的最终结果。

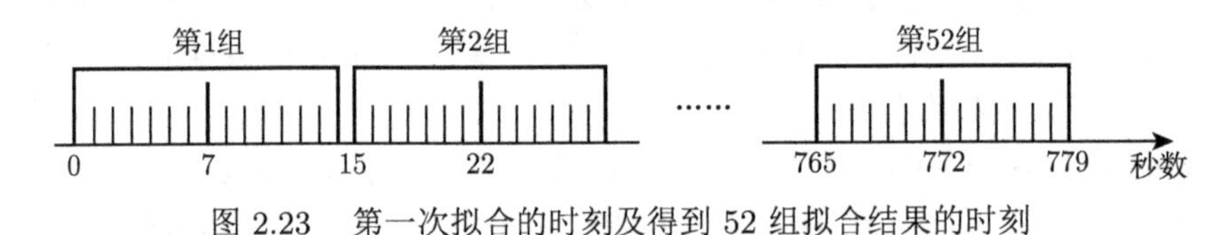

图 2.23　第一次拟合的时刻及得到 52 组拟合结果的时刻

上述共视数据的处理方法并不是最优的。Defraigne 等提出直接使用 30s 采样率的原始数据，这样每个 13min 跟踪时长内有 26 个数据点，再对 26 个数据点进行线性拟合得到跟踪时长中间时刻的平滑值 (Defraigne et al., 2015)。这种处理方法得到的共视结果与按照 CGGTTS 标准的处理结果只有 0.1ns 的偏差，远小于 CGGTTS 标准处理结果的噪声水平。

另外，接收机观测数据在短期内 (几秒) 主要受相位白噪声的影响，任何可以平滑该噪声的方法都可以使用。超过几秒或更长时间内的观测数据具有确定的变化趋势，利用共视标准中的二次或线性拟合方法未必可以很好地建模，因为这些拟合不一定是最小二乘无偏估计，在 SA 未取消之前尤其是这样，因为 SA 引起的时钟抖动可以看成一个随机函数，它不能用任何关于时间的多项式函数来描述。在 SA 取消后该结论也是成立的。例如，多路径效应或接收机天线位置误差会引起观测量中出现系统性变化。系统性变化与标准拟合程序之间相互影响，非常复杂，卫星的位置和速度，或者多路径反射分量的幅度和相位都是影响因素。

随着接收机硬件技术的发展，目前接收机多为多通道，且由接收机引入的测量噪声也有所降低。因此，13min 已经不是最优的跟踪时长，但是很多实验室和计量机构仍在沿用。

2.3.3　共视时间比对事后数据处理

共视时间比对结果受比对链路噪声、测量设备等误差的影响，不能准确反映比对两地钟之间的偏差。因此，需要对共视比对结果滤波，尽可能消除测量误差的影响。根据共视时间比对结果难以确定两地钟比对时差的拟合函数，因此，如果简单地使用曲线拟合平滑观测结果，很可能在消除测量随机误差的同时也滤掉了比对结果中的有用信息。

因此，对于共视比对结果一般采用 Vondrak 滤波和 Kalman 滤波。Vondrak 滤波是 1969 年由捷克天文学家 Vondrak 提出的，该方法在尚未掌握观测数据的变化规律，拟合函数未知的情况下，能够对观测数据进行有效的平滑，广泛应用于天文数据处理。

对于某一测量值序列 (x_i, y_i)，$i = 1, 2, \cdots, n$，x_i 为测量时刻，y_i 为对应时刻的测量值。Vondrak 滤波就是在观测数据的绝对拟合和绝对平滑之间选择一条折中的曲线：

$$Q = F + \lambda^2 S = \sum_{i=1}^{n} p_i \left(y_i - y_i'\right)^2 + \lambda^2 \sum_{i=1}^{n-3} \left(\Delta^3 y_i'\right)^2 \tag{2.45}$$

$$\varepsilon = 1/\lambda^2 \tag{2.46}$$

式中，Q 为 Vondrak 滤波函数；y_i' 为平滑值；p_i 为测量值的权值；F 为拟合度；λ 为正常数；S 为平滑度；ε 为平滑因子。

1976 年 Vondrak 对式 (2.45) 和式 (2.46) 进行了改进，将式 (2.45) 中的拟合度 F 和平滑度 S 分别用它们的平均值代替：

$$Q = F + \lambda^2 S = \frac{1}{n} \sum_{i=1}^{n} p_i \left(y_i - y_i'\right)^2 + \frac{\lambda^2}{n-3} \sum_{i=1}^{n-3} \left(\Delta^3 y_i'\right)^2 \tag{2.47}$$

Vondrak 滤波对观测数据的绝对拟合和绝对平滑程度取决于平滑因子 ε 的选取。在 $\varepsilon \to \infty$ 时，要使 Q 取得最小值，则平滑结果 $y_i' \to y_i$，即对原始测量值不进行平滑。在 $\varepsilon \to 0$ 时，要使 Q 取得最小值，需同时满足 $S = 0$ 及 F 最小两个条件，此时平滑结果为一条光滑的二次抛物线。由此可见，平滑因子的大小决定了曲线的平滑程度。

平滑因子的选取方法主要有观测误差法、频率响应法、交叉认证法等。对于共视结果的平滑处理，通常选用观测误差法。首先，选取不同的平滑因子对观测数据进行 Vondrak 平滑，得到平滑值 y_i'，根据式 (2.48) 计算平滑值的均方根误差。

$$\sigma\left(\varepsilon_k\right) = \sqrt{\frac{\sum_{i=1}^{n} p_i \left(y_i' - y_i\right)^2}{n-3}} \tag{2.48}$$

选取 $\sigma(\varepsilon_k)$ 中与已知共视结果的观测误差最为接近的平滑因子作为最终确定的平滑因子。在无法确切估计观测误差时，可以以 ε 为 x 轴，$\sigma(\varepsilon_k)$ 为 y 轴绘制平滑因子与均方根误差的曲线，根据曲线的变化趋势，选取使 $\sigma(\varepsilon_k)$ 取得最小值的平滑因子作为最佳平滑因子。

从频域的角度来看，Vondrak 滤波实际上为一个低通滤波的过程。平滑因子越小，滤波后的信号周期越长，即频率越低。基于 GNSS 伪随机码共视或全视的时间比对链路，链路引入的测量噪声主要为调相白噪声。对于共视比对结果来说，合适的平滑因子对应的滤波周期应恰好位于比对链路噪声占主导地位的时段与比对钟自身噪声占主导地位的时段之间。

以国际原子时 (TAI) 的计算为例，说明 Vondrak 平滑因子的选取。TAI 是基于分布在世界 80 多个守时实验室、约 500 台原子钟和 90 条比对链路数据计算得到的。根据采用的比对技术不同，比对链路主要为 GPS 单通道、GPS C/A 码多通道、GLONASS L1C 多通道、GPS P3、卫星双向时间频率传递及 GPS PPP。不同链路的比对结果经 Vondrak 滤波后参与 TAI 的计算。

不同链路比对结果受链路噪声的影响不同，对应选取的平滑因子大小也不同。链路噪声越小，滤波值应越逼近测量值，平滑因子应越大。反之，链路噪声越大，需对测量值进行较强程度的平滑，平滑因子应越小。在 TAI 计算中，GPS 单通道结果的平滑因子选为 10^3，GPS C/A 码多通道及 GLONASS L1C 多通道的平滑因子取值为 10^4，GPS P3 和卫星双向时间频率传递的平滑因子为 10^5，GPS PPP 的平滑因子为 10^9 (Jiang et al., 2011)。

2.3.4 共视时间比对误差源分析

由共视时间比对的原理可知，参与比对的站点首先通过观测获得本地时间与 GNSS 系统时间的偏差，再通过事后交换两站数据，实现两个共视站点本地时间之间的比对。共视时间比对可以消除或削弱比对两站中的大部分共同误差，不受星钟误差的影响，部分削弱星历和电离层延迟误差。下面分析影响共视时间比对结果的主要误差源。

1. *星历误差*

星历误差是一项与空间相关的误差源，其对共视时间比对结果的影响取决于比对两站的基线长度、卫星的位置及卫星位置误差的大小 (Imae et al., 2004)。图 2.24 为星历误差对共视时间比对的影响几何示意图。

图 2.24 中，S 点为由广播星历参数确定的卫星位置；S' 点为卫星的真实位置；$\vec{\varepsilon}_S$ 为卫星位置误差矢量；$\vec{d}_{\mathrm{AB}}$ 为比对两站 A、B 之间的基线向量；$\vec{r}_{\mathrm{A}}$ 和 $\vec{r}\,'_{\mathrm{A}}$ 分别为 A 站到 S 点和 S' 点的矢量；$\vec{r}_{\mathrm{B}}$ 和 $\vec{r}\,'_{\mathrm{B}}$ 分别为 B 站到 S 点和 S' 点的矢量。设 e_{A}、e_{B}、e'_{A}、e'_{B} 分别为 $\vec{r}_{\mathrm{A}}$、$\vec{r}_{\mathrm{B}}$、$\vec{r}\,'_{\mathrm{A}}$、$\vec{r}\,'_{\mathrm{B}}$ 方向的单位矢量。

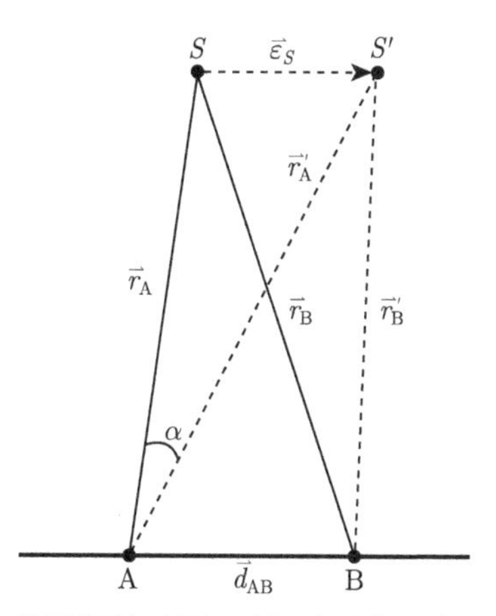

图 2.24　星历误差对共视时间比对的影响几何示意图

GNSS MEO 卫星距离地面高度约为 3.2 个地球半径，根据导航卫星广播星历的精度，卫星的位置误差一般在米级。因此，e_A、e'_A 之间的夹角 α 非常小，对 $\cos\alpha$ 做泰勒级数展开：

$$e_A \cdot e'_A = \cos\alpha = 1 - \frac{\alpha^2}{2} + \cdots \approx 1 \tag{2.49}$$

忽略一阶以上的高阶项，有

$$r_A = e_A \cdot \vec{r}_A, \quad r_B = e_B \cdot \vec{r}_B \tag{2.50}$$

$$r'_A = e'_A \cdot \vec{r}\,'_A = e_A \cdot (\vec{r}_A + \vec{\varepsilon}_S), \quad r'_B = e'_B \cdot \vec{r}\,'_B = e_B \cdot \left(\vec{r}_B + \vec{\varepsilon}_S\right) \tag{2.51}$$

考虑卫星到 A、B 两站距离近似相等，设均为 r，则由星历误差引起的共视时间比对误差为

$$\begin{aligned} \mathrm{d}\delta t^{\mathrm{s}}_{\mathrm{s,AB}} &= [(r'_B - r_B) - (r'_A - r_A)]/c = (e_B - e_A) \cdot \vec{\varepsilon}_S \big/ c \\ &= \frac{1}{c} \cdot \left(\frac{\vec{r}_B}{r_B} - \frac{\vec{r}_A}{r_A}\right) \cdot \vec{\varepsilon}_S = \frac{1}{c} \cdot \frac{\vec{d}_{AB}}{r} \cdot \vec{\varepsilon}_S \\ &\leqslant \frac{1}{c} \cdot \frac{\left|\vec{d}_{AB}\right|}{r} \cdot \left|\vec{\varepsilon}_S\right| \end{aligned} \tag{2.52}$$

从式 (2.52) 中可以得出，星历误差对共视时间比对的影响与比对两站间的基线长度及卫星位置误差成正比，与用户到卫星的距离成反比。令

$$K_{AB} = \left|\vec{d}_{AB}\right| \big/ r \tag{2.53}$$

则 K_{AB} 可以看成卫星位置误差对共视时间比对的影响因子。从理论上说，当 A、B 两站观测卫星的高度角相等且值均在 15° 以上，两站间的基线长度为 2000km 时，影响因子 K_{AB} 的值为 0.1。此时，卫星位置误差对共视时间比对的影响不超过其大小的十分之一。当两站观测卫星的高度角不等，且比对两站基线长度不超过 5000km 时，K_{AB} 随两站观测卫星高度角的差值变化不明显。

2. 接收机位置误差

接收机位置误差也是影响共视时间比对的主要误差源之一，尤其在无法精确获得接收机天线坐标时。在共视接收机中输入含有位置误差的坐标会导致从伪距中扣除的星地几何距离不准确，影响本地生成的时差值，数据交换后将直接影响共视时间比对结果。

对式 (2.42) 中的 $\delta t^{\mathrm{s}}_{\mathrm{A,B}}$ 分别关于比对两站 A、B 的位置求导，并忽略 Sagnac 效应，在 $\vec{r}_{\mathrm{A}} \approx \vec{r}_{\mathrm{B}} = \vec{r}$ 近似下有

$$\begin{aligned} \mathrm{d}\delta t^{\mathrm{s}}_{\mathrm{r,AB}} &= \frac{1}{c} \cdot \left(\frac{\vec{r}_{\mathrm{A}}}{r_{\mathrm{A}}} \mathrm{d}\vec{X}_{\mathrm{A}} - \frac{\vec{r}_{\mathrm{B}}}{r_{\mathrm{B}}} \mathrm{d}\vec{X}_{\mathrm{B}} \right) \\ &\approx \frac{1}{c} \cdot \frac{\vec{r}}{r} \left(\mathrm{d}\vec{X}_{\mathrm{A}} - \mathrm{d}\vec{X}_{\mathrm{B}} \right) \end{aligned} \tag{2.54}$$

式中，$\mathrm{d}\vec{X}_{\mathrm{A}} = (\mathrm{d}x_{\mathrm{A}}, \mathrm{d}y_{\mathrm{A}}, \mathrm{d}z_{\mathrm{A}})$ 为 A 站位置矢量；$\mathrm{d}\vec{X}_{\mathrm{B}} = (\mathrm{d}x_{\mathrm{B}}, \mathrm{d}y_{\mathrm{B}}, \mathrm{d}z_{\mathrm{B}})$ 为 B 站位置矢量。进一步有

$$\left| \mathrm{d}\delta t^{\mathrm{s}}_{\mathrm{r,AB}} \right| \leqslant \frac{1}{c} \cdot \frac{\left| \vec{r} \right|}{r} \cdot \left| \Delta \mathrm{d}\vec{X}_{\mathrm{A,B}} \right| \tag{2.55}$$

式中，$\Delta \mathrm{d}\vec{X}_{\mathrm{A,B}} = \mathrm{d}\vec{X}_{\mathrm{A}} - \mathrm{d}\vec{X}_{\mathrm{B}}$ 为 A、B 两站间相对位置误差矢量，该误差对共视比对结果的影响为其在星地视线方向的投影。

由式 (2.55) 可知，共视时间比对受比对两站接收机相对位置误差的影响，要实现准确度优于 1ns 的共视时间比对，要求两站接收机相对位置误差不超过 0.3m。

3. 电离层延迟误差

电离层延迟的大小与时间和空间密切相关，具有较强的局部相关性。电离层延迟对共视时间比对结果的影响取决于比对两站的电离层延迟的时空相关程度。一般地，电离层延迟随时间变化缓慢，通常以一天为变化周期。电离层延迟在当地时间的夜间达到最小，夜间电离层延迟变化平稳。在当地时间 14:00 左右电离层延迟达到最大。中纬度地区垂直电离层延迟随时间的变化率一般不超过 8cm/min。

电离层延迟与空间相关的特性表现突出，电子密度在垂直和水平方向均呈现梯度变化。在正常无扰动情况下，电子密度变化导致垂直方向电离层延迟在 100km 基线的差异为 0.2~0.5m。当出现扰动时，差异值大于 4m。表 2.7 为基线长度与电离层延迟的空间相关性。由于电子含量与地球磁场、太阳活动密切相关，因此纬度对电离层延迟变化的影响明显，电子含量沿经向表现出明显的水平梯度，尤其是在低纬度地区。因此，标准相关 (相关系数 0.7) 对应的东西相关基线长度 (3000km) 大约是南北相关基线长度 (1800km) 的两倍。

表 2.7　基线长度与电离层延迟的空间相关性

距离	100~400km	400~1500km	1500~3000km	3000~5000km
相关系数	0.95	0.87	0.7	0.5
相关程度	极强相关	强相关	标准相关	弱相关

根据电离层的空间相关特性，对于基线长度在一定范围内 (200km) 的比对两站，共视后的电离层延迟残差可以近似用式 (2.56) 估计 (袁运斌, 2002)：

$$\mathrm{d}\delta t_{\mathrm{I,AB}}^{\mathrm{s}} = \frac{\mathrm{VTEC_{AB}}}{R_{\mathrm{e}} \cos Z_{\max}} \cdot \frac{40.3}{f^2} \cdot \left| \vec{d}_{\mathrm{AB}} \right| \tag{2.56}$$

式中，$\mathrm{d}\delta t_{\mathrm{I,AB}}^{\mathrm{s}}$ 为两站共视后的电离层延迟残差，单位 m；$\mathrm{VTEC_{AB}}$ 为比对两站 A、B 上空的平均垂直总电子含量；$Z_{\max}$ 为最大天顶距；R_{e} 为地球半径；f 为观测信号载波频率。

可以看出，共视两站基线越长，观测卫星仰角越小，共视后电离层延迟残差越大。式 (2.56) 是在假设垂直总电子含量为均匀分布，且只考虑了两站观测卫星仰角和基线影响下的电离层延迟误差。实际中，由于总电子含量变化复杂，无法精确估计两站共视后的电离层延迟残差。

当比对两站基线小于 200km 时，无须从两站观测量中扣除单频电离层延迟，直接基于两站的观测量实施共视，即可基本消除电离层延迟对共视比对的影响。当基线长度大于 200km 时，需要对两站观测量分别扣除单频 (或双频组合) 电离层延迟后再进行共视。

4. 对流层延迟误差

由 2.2.2 小节可知，采用常用的对流层改正模型就可以实现天顶方向优于 10cm 的对流层延迟改正精度。随着观测卫星仰角的变小，残留的对流层延迟变大，如对于 45° 仰角，残留对流层延迟误差将被放大 1.4 倍。若要尽可能控制对流层延迟误差对共视时间比对的影响，则要求共视两站观测卫星的仰角均至少在 10° 以上。

5. 设备时延误差

在开展共视比对之前，需要确定天线电缆时延 (cable delay, CABDLY)、参考电缆时延 (reference delay, REFDLY) 及接收机内部时延 (initial delay, INTDLY) 3 个参数。在守时实验室环境条件下，CABDLY、REFDLY 的测量精度约为 0.1ns。

对于 INTDLY 一般采用零基线共钟的方式测量。将待校准接收机与一台时延已知的参考接收机近零基线配置，相距几米或几十米，两者以同源的时间频率信号为参考。考虑到接收机内部时延的变化，每次校准时长至少为 10 天 (240h)。要求校准数据无奇异值，无信号中断，设备干扰等情况出现，且校准结果的天稳定度优于 1ns，同时满足上述条件的校准结果才是有效的。

6. 多路径误差

多路径引起的瞬时定时误差可达几十纳秒。标准共视结果计算过程中采用的 13min 平滑处理削弱了多路径误差的影响。单星共视结果受多路径误差的影响较为明显，且容易受到相位突跳的影响。通过对多颗卫星共视结果进行平均，可以进一步减小多路径误差的影响。

此外，为获得更优的共视比对结果，比对两站尽可能使用相同类型的天线，最好选择具有遏制多路径反射功能的天线。天线所处的环境尽量开阔，半径几十米范围内无遮挡、无射频干扰。

7. 共视比对不确定度分析

共视时间比对的过程实际为时差测量的过程，上述影响共视比对结果的各项误差均是时差测量不确定度的来源。共视比对不确定度取决于卫星到两站传输路径的时延之差。相对于单向授时，共视比对的幅度和波动非常小且容易估计。

根据国际标准化组织 (International Organization for Standardization, ISO) 发布的测量标准，式 (2.57) 中合成不确定度 U_C 受 A 类不确定度 U_A 和 B 类不确定度 U_B 的综合影响，k 为扩展因子。

$$U_\mathrm{C} = k\sqrt{U_\mathrm{A}^2 + U_\mathrm{B}^2} \tag{2.57}$$

对 A 类不确定度的评估通常采用时间偏差 (time deviation, TDEV) 表征。以 BIPM 评估 GNSS 多通道伪随机码共视的 A 类不确定度为例，首先选择相同基线更高精度 (至少优于 3 倍) 链路的比对结果作为参考，如 TW、PPP 或两者的组合 TWPPP；其次计算多通道共视结果相对参考链路时差的时间方差；再次绘制 TDEV 关于取样间隔 (τ) 的对数曲线，如图 2.25 所示；最后在曲线上找到调相闪变噪声与调频白噪声斜率变化转折点，该点即为估计的 A 类不确定度 U_A 的参考点。

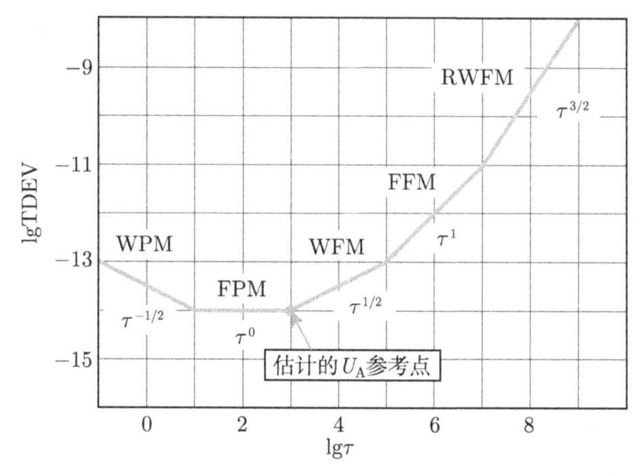

图 2.25　共视时间比对的 A 类不确定度的估计

WPM-调相白噪声 (white phase modulation noise)；RWFM-调频随机游走噪声 (random walk frequency modulation noise)；FFM-调频闪烁噪声 (flicker frequency modulation noise)

共视比对结果在短期内主要受调相白噪声的影响，随着取样间隔的增大，逐渐表现出调相闪变噪声特性。从方差的变化范围看，随着取样间隔的增大，时间方差越来越大，曲线开始发散，逐渐表现出比对两地钟的噪声特性。因此，图 2.25 中 U_A 参考点可以看成共视比对链路噪声与比对两地钟噪声占主导地位的分界点。2011 年 BIPM 采用该方法对参与 TAI 计算的 67 条比对链路的 A 类不确定度重新进行了评估 (Jiang et al., 2011)。

影响共视比对的 B 类不确定度因素主要有以下六类。

(1) 接收机时延误差：如前所述，相对时延校准结果在几纳秒的范围内变化，典型值为 2ns。

(2) 接收机位置误差：为降低该误差的影响，可事先精确测定接收机坐标。接收机自主测定坐标精度优于 1m 时，引入的系统误差不超过 3ns。

(3) 环境误差：环境因素的变化会导致接收机时延、天线时延、天线电缆时延发生变化。温度的突然变化会引起接收机时延发生几纳秒的变化。此外，电压、振动、湿度等都可能引起接收机时延的变化。一般环境中该项误差典型值为 3ns。

(4) 多路径误差：即使将天线放置在开阔、四周无遮挡的环境下，仍然无法避免多路径误差的影响，该项误差典型值为 2ns。

(5) 电离层延迟误差：在共视比对中可以采用单频电离层模型或双频组合实时改正电离层延迟。单频电离层模型改正精度典型值为 2ns，采用双频组合改正的精度更高。

(6) 其他误差：数据处理软件分辨率等引入不确定度，合计为 1ns。

因此，共视时间比对的 B 类不确定度为

$$U_{\mathrm{B}}=\sqrt{2^2+3^2+3^2+2^2+2^2+1^2}\approx 5.6(\mathrm{ns}) \tag{2.58}$$

合成不确定度为

$$U_{\mathrm{C}}=2\times\sqrt{1.5^2+5.6^2}\approx 11.6(\mathrm{ns}) \tag{2.59}$$

因此，共视时间比对不确定度的典型值为 11.6ns，随着比对基线和环境因素的变化，实际结果的不确定度可能优于该值，也可能比该值差。

2.3.5　共视时间比对技术特点分析

就共视时间比对方法本身来说，共视受比对两站基线长度的影响，只能在一定范围内使用。随着基线长度的增加，比对两站共同可视卫星数目变小，高仰角观测数据量减少，共视比对结果受星历、电离层延迟、对流层延迟等误差的影响明显。

与单向授时方法相比，共视利用了信号从卫星到两站传播路径中误差的相关性，通过共视抵消了共同误差的影响，精度优于单向授时方法。同时，共视受 16min 比对间隔的限制，只能实现事后的时间比对。此外，比对站点之间还需要有数据传输网络以支撑数据交换。因此，共视时间比对不具有实时性，限制了同时比对站点数量。

第 3 章　利用共视比对提高单向授时精度

本章将介绍一种基于共视原理的卫星导航系统单向授时方法，从概念上分析共视与授时的含义及关系，详细阐述如何利用共视时间比对原理提高卫星导航系统的单向授时性能。在此基础上，介绍国家授时中心基于共视提高单向授时性能的原理验证系统。最后，对共视授时方法进行验证，分析影响共视授时的主要误差源及该方法存在的问题。

3.1　基于共视的授时方法

卫星导航系统的单向授时可以提供精度几十纳秒的授时服务，满足了大部分用户对时间的需求。但是，对于通信、电力及高精密的基础科学研究领域，几十纳秒的授时精度显然不能满足需求。此外，高精度的时间需求用户群正在逐渐增加，如基于 5G 基站的定位要求基站之间的时间同步精度达到纳秒量级。尽管时间传递方法的精度已达到亚纳秒量级，但是适用于多数用户且精度在纳秒量级的授时方法屈指可数。

3.1.1　共视与授时的区别

时间传递可以理解为多个站点共享同一精确参考时间源的方法，有多种远距离的时间传递技术可以实现将参考时间从一点传递到另外一点。时间同步是一个与时间传递较易混淆的概念。时间同步可以理解为在获得两站点之间的时差后，根据时差值对两地钟的相位或频率等参数进行驾驭，使两地钟之间的物理偏差控制在一定范围内。例如，GPST 每天向 UTC(USNO) 的驾驭即为时间同步。相比时间同步，时间传递侧重于精确时间源向目的地的传递，不涉及时间源与目的地之间的同步。

时间传递的实现方式主要有单向、双向和共视三种 (Allan et al., 1980)。单向时间传递是指一端利用某种通信方式向多个接收终端实时发送标准时间信息。单向的优势在于实现技术简单，可同时服务多个用户，缺点是信号路径传播时延的补偿精度低，导致单向时间传递的精度低。长、短波及卫星导航系统的单向授时等均属于单向时间传递手段。

双向时间传递是指本地和远程站点之间通过同时发送和接收信号来确定两者间的时差值。双向的特点是本地和远程站点均是主动的，可以发射和接收信号或

信息 (Levine, 2008)。正因为如此，相对于单向设备来说，双向设备较为复杂且成本高。一般双向时间传递不支持随意或无计划的信息交换，双方需要事先规定数据交换格式、制定交换计划。此外，双方还须投入一定的内部资源以支持信息交换。基于通信卫星的双向时间频率传递、网络授时和电话授时均属于双向时间传递方式。

共视时间传递是指两个站点接收同一信号源发出的信号，每个站点测量信号到达本地的时间，站点之间交换观测量实现时间传递。在信号源到比对双方路径时延相等的情况下，决定共视时间传递性能的不是信号源的准确度，也不是信号源到比对站点单向传播路径时延的大小，而是双方传播路径时延的波动抵消程度。实际应用中，很难满足信号源到比对双方路径时延相等的条件，会出现以下两种结果：

(1) 双方路径传播时延存在差异。该差异是时间传递结果中的一阶误差，可以通过测量双方时延的差异或建模削弱其影响，最终的误差源为双方路径传播时延的波动及路径时延差的估计误差。

(2) 双方收到的是信号源在不同时刻发出的信号。比对时差值受信号源时钟在两次发射时间间隔内的稳定度影响。如果信号源是移动的 (如 GNSS 卫星)，那么发射时刻的差异就转化为信号源在不同发射时刻的位置差异。因此，所有引起信号源位置变化的不确定性因素均会对比对结果产生影响。相反地，如果信号源在同一时刻发出的信号被双方在不同时刻接收到，那么比对结果主要受比对两地时钟频率偏差及该偏差的稳定度影响。在共视时间传递中，需要把测量时刻统一到相同的发射时刻或者相同的接收时刻。一般地，对于多通道接收机而言，统一到相同的接收时刻较易实施，这样可以同时处理多颗卫星的数据。

授时定义为用无线电波发播标准时间信号，供多个用户使用的方式，侧重提供的时间为标准时间信号，且以广播的形式提供，不限制用户的数量。广义上来说，共视与授时均为时间传递手段，共视约束双方同时观测相同的信号源，基于共视只能实现有限站点间的时间比对，不具备实时性，且服务用户数量有限。

从功能上说，共视实现的只是两地间的时间比对，不能代替授时同时为多个用户提供标准时间信号。从性能上说，对于 GNSS 卫星单向授时，由于信号在传播过程中受到各种误差的影响，其授时精度最高只有十几纳秒。以 GNSS 卫星作为共视参考源的共视时间传递，可削弱单向授时中的主要相关误差源，可以实现纳秒级的时间传递。

可见，共视与授时虽然同为时间传递手段，但两者有本质区别。共视有自身的局限性，但是不可否认其时间传递精度较单向授时高。因此，如果能将共视中的误差源消除方法应用到单向授时中，就能将卫星导航系统的授时精度提高一个数量级，达到纳秒级。这不但能极大减小用户负担，而且能将标准时间传递至用户，对于科学研究、卫星导航、守时、原子钟研制等高精密应用具有重要的现实意义。

3.1.2　共视应用于授时的难点

根据 3.1.1 小节的分析，共视时间传递精度高，但存在滞后性、服务容量有限的问题，单向授时精度虽低，但可以实时为多数用户提供服务。考虑到两者的特点，结合两者的优势，要将共视时间比对原理应用于授时，实现纳秒级的授时，需要解决以下两方面的问题。

1) 事后共视向实时授时的转换

在共视比对中，双方须按照共视时刻表同时观测卫星 (全国北斗卫星导航标准化技术委员会, 2020)，一次跟踪完成后通过网络交换数据，才完成一次完整的测量，因此共视是滞后的。授时要求为用户提供实时的物理授时信号或偏差改正信息。因此，要解决共视存在的滞后性问题，可以从实时的物理信号和偏差改正信息两个方面考虑。无论是单向授时还是共视比对，授时信号均来自导航卫星。也就是说，在授时信号方面两者是一致的，没有区别。在偏差改正信息方面，共视双方事后数据交换的过程可以看成是对双方观测量的偏差改正过程。因此，事后共视转化到实时授时的关键是实时偏差改正信息的提供，具体包括两方面的要求，一是要保证提供的偏差改正信息的实时性，二是要求服务的用户数量不受限。

为保证偏差改正信息的实时性，采用类似卫星导航系统的广播星历、卫星钟差参数的处理方式，即提供偏差改正信息的预报模型参数。选取合适的模型拟合偏差改正信息的历史值，建立精确的预报模型，生成偏差改正信息模型参数，用户根据模型参数实时估计偏差改正信息值。

服务用户的数量受限于偏差改正信息的提供方式，要实现用户容量不受限，宜采用 “广播” 式的信息发布方式，如通信卫星、互联网、卫星导航系统电文均为可选的方式。

2) 时间比对向标准时间信息发播的转化

共视时间传递旨在确定比对双方本地时钟之间的偏差，不关心双方本地保持的时间是否为标准时间。授时要求发播国家标准时间，需要具有一定的权威性。因此，从共视时间比对转化到发播标准时间信息是需要解决的另外一个问题。

共视时间传递是一种时间比对方法，共视双方可以为任意用户。考虑到发播标准时间信息的要求，将共视时间比对中的一方固定为保持国家标准时间的守时实验室，为方便描述后面将其称为共视主站，共视的另一方为用户端。共视主站接收授时信号，实现伪距测量，测得标准时间与 GNSS 系统时间的时差值，基于该时差值生成改正参数，作为标准时间信息进行广播，这样就实现了共视比对时差向标准时间信息的转化。

共视主站可以是一个，也可以是本地时间与国家标准时间保持同步或时间偏差精确已知的多个站点。为降低外部参考信号对观测数据的影响，尽可能反映授时信号传播路径时延的变化，共视主站需配备频率稳定度较优的铯原子钟或氢原子钟。

3.1.3 共视授时方法的原理

共视授时方法的原理如图 3.1 所示，共视主站与保持国家标准时间的守时实验室并址，可以直接获取国家标准时间频率信号。如无特殊说明，均以国家授时中心的守时实验室为例阐述。在共视主站配备 GNSS 共视型接收机接收 GNSS 导航信号，获得伪距观测量。下面以单颗可视卫星为例，说明共视授时方法的实现原理 (许龙霞，2012)。

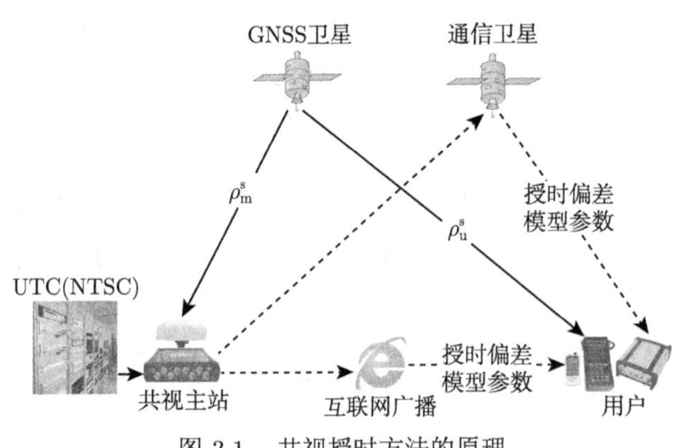

图 3.1 共视授时方法的原理

设共视主站观测某颗 GNSS 卫星获得的伪距观测量为 $\rho_{\mathrm{m}}^{\mathrm{s}}$，s 表示可视卫星，m 表示共视主站。基于式 (3.1)，共视主站根据伪距观测量及导航电文发播的星历、星钟、电离层模型等参数，得到共视主站本地时间与卫星导航系统时间的时差值 $\delta t_{\mathrm{m}}^{\mathrm{s}}$(对应共视标准中 REFGNSS 值)。

$$\delta t_{\mathrm{m}}^{\mathrm{s}}=\frac{1}{c}\left(\rho_{\mathrm{m}}^{\mathrm{s}}-r_{\mathrm{m}}^{\mathrm{s}}-I_{\mathrm{m}}^{\mathrm{s}}-T_{\mathrm{m}}^{\mathrm{s}}-S_{\mathrm{m}}^{\mathrm{s}}\right)+\delta t^{\mathrm{s}}-\mathrm{TGD}^{\mathrm{s}}-\mathrm{DLY}_{\mathrm{m}} \tag{3.1}$$

式中，c 为光在真空中的传播速度，其值为 299792458m/s；$r_{\mathrm{m}}^{\mathrm{s}}$ 为信号发射时刻的卫星位置与共视主站接收机天线相位中心之间的几何距离，发射时刻的卫星位置根据 GNSS 导航电文中的星历参数确定，共视主站接收机的坐标事先测量得到，精度在厘米级；$I_{\mathrm{m}}^{\mathrm{s}}$ 为电离层延迟改正值，单频接收机使用导航电文广播的电离层模型参数计算电离层延迟改正值，双频接收机使用双频伪距观测量组合确定相应频点的电离层延迟改正值；$S_{\rm m}^{\rm s}$ 为由地球自转引起的 Sagnac 效应改正值；$\rm TGD^s$ 为卫星硬件频间延迟偏差值；$\delta t^{\rm s}$ 为星钟偏差改正值，包含了相对论效应改正值，$S_{\rm m}^{\rm s}$、$\delta t^{\rm s}$、$\rm TGD^s$ 根据 GNSS 导航电文中的星历参数、星钟参数及 TGD 值得到；$T_{\rm m}^{\rm s}$ 为对流层延迟改正值，根据经验模型计算；$\rm DLY_m$ 为接收机内部时延 (INTDLY)、天线电缆时延 (CABDLY) 及参考电缆时延 (REFDLY) 的综合值：

$$\rm DLY_m = INTDLY + CABDLY - REFDLY \tag{3.2}$$

共视主站与国家授时中心守时实验室并址，因此共视主站本地时间为 UTC (NTSC)，此时 $\delta t_{\rm m}^{\rm s}$ 的含义为通过接收 GNSS 卫星 s 授时信号监测的 UTC(NTSC) 与 GNSS 系统时间之间的偏差值，即共视主站的单星授时偏差。该偏差值除包含 UTC(NTSC) 与 GNSS 系统时间之间的偏差外，还包含式 (3.1) 所示星历、星钟、电离层和对流层延迟改正误差。

类似地，共视主站可得到其他 GNSS 卫星的授时偏差值。此外，主站对单星授时偏差进行预处理和建模，生成卫星授时偏差模型参数，通过通信卫星或互联网的方式播发给用户。

用户观测 GNSS 卫星，实现伪距测量，根据式 (3.3) 得到用户本地时间与 GNSS 系统时间的偏差值 $\delta t_{\rm u}^{\rm s}$。进一步根据式 (3.4) 使用共视主站播发的卫星授时偏差模型参数改正 $\delta t_{\rm u}^{\rm s}$，得到用户本地时间与 UTC(NTSC) 的偏差，实现共视授时。

$$\delta t_{\rm u}^{\rm s} = \frac{1}{c}\left(\rho_{\rm u}^{\rm s} - r_{\rm u}^{\rm s} - I_{\rm u}^{\rm s} - T_{\rm u}^{\rm s} - S_{\rm u}^{\rm s}\right) + \delta t^{\rm s} - {\rm TGD^s} - {\rm DLY_u} \tag{3.3}$$

$$\begin{aligned}
\delta t_{\rm m,u}^{\rm s} &= \delta t_{\rm u}^{\rm s} - \hat{\delta} t_{\rm m}^{\rm s} = \delta t_{\rm u}^{\rm s} - \delta t_{\rm m}^{\rm s} + \varepsilon_{\rm pre} \\
&= \frac{1}{c}\left[\left(\rho_{\rm u}^{\rm s} - \rho_{\rm m}^{\rm s}\right) - \left(r_{\rm u}^{\rm s} - r_{\rm m}^{\rm s}\right) - \left(I_{\rm u}^{\rm s} - I_{\rm m}^{\rm s}\right) - \left(T_{\rm u}^{\rm s} - T_{\rm m}^{\rm s}\right)\right] + \varepsilon_{\rm pre} \\
&= \frac{1}{c}\left(\rho_{\rm u}^{\rm s} - \rho_{\rm m}^{\rm s}\right) + \delta r_{\rm m,u}^{\rm s} + \delta I_{\rm m,u}^{\rm s} + \delta T_{\rm m,u}^{\rm s} + \varepsilon_{\rm pre} \\
&= \left[t_{\rm u}^{\rm s} - {\rm UTC\,(NTSC)}\right] + \delta r_{\rm m,u}^{\rm s} + \delta I_{\rm m,u}^{\rm s} + \delta T_{\rm m,u}^{\rm s} + \varepsilon_{\rm pre}
\end{aligned} \tag{3.4}$$

式中，$\hat{\delta} t_{\rm m}^{\rm s}$ 为根据共视主站卫星授时偏差模型参数计算的预报值；$\delta t_{\rm m,u}^{\rm s}$ 为用户使用共视主站卫星授时偏差改正后的定时结果；$\delta r_{\rm m,u}^{\rm s}$、$\delta I_{\rm m,u}^{\rm s}$、$\delta T_{\rm m,u}^{\rm s}$ 分别为星历、电离层和对流层误差，与影响共视时间传递的误差一致。为保证用户应用的实时性，共视主站以模型参数的形式播发卫星授时偏差，用户根据模型参数实时预测得到所需时刻的授时偏差改正量。因此，共视授时除受共视时间传递误差源影响外，还受授时偏差改正值的预报误差影响。

图 3.2 所示为共视授时方法的时序关系，图中 t^{s} 为卫星保持的时间，t_{u} 为用户本地时间，GNSST 为全球卫星导航系统的系统时间，UTC(NTSC) 为国家授时中心守时实验室保持的国家标准时间。共视主站根据式 (3.1) 对伪距观测量进行星钟模型改正，得到相对 GNSST 的时差，进一步经几何距离、电离层、对流层延迟改正等，得到 UTC(NTSC) 与 GNSST 之间的偏差，并将该偏差广播给用户。用户使用该偏差值改正本地时间与 GNSST 的偏差，最终得到用户本地时间 t_{u} 与 UTC(NTSC) 的偏差，实现用户本地时间与国家标准时间的比对。

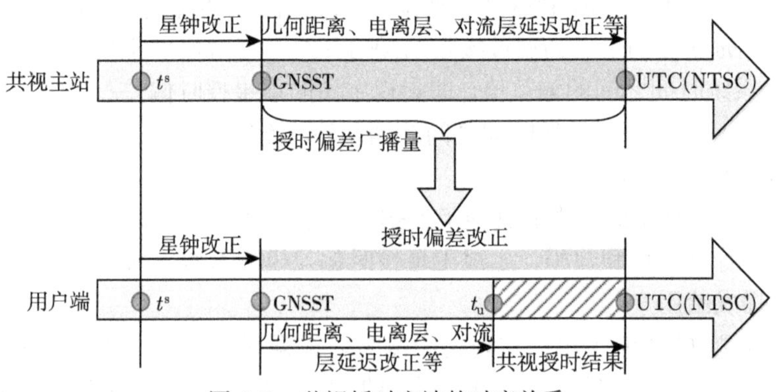

图 3.2 共视授时方法的时序关系

从上述共视授时方法的原理不难发现，基于共视原理的授时方法以广播授时偏差模型参数的方式解决了传统共视时间传递存在的滞后性和服务容量受限的问题。此外，约束共视比对的一方接入国家标准时间，不仅实现国家标准时间的发播，还利用国家标准时间的高准确度和高稳定度，降低了共视主站接收机时钟的不稳定度对跟踪结果的影响。该方法突破传统共视 16min 的观测周期，采用 1min 观测周期。用户端只需使用传统的单向定时设备即可实现与共视时间传递相当的定时精度。

3.1.4 共视授时优势分析

基于共视时间传递原理的共视授时方法，其本质为伪距差分，差分对象由定位中的伪距差转换为授时中的时差。采用卫星—共视主站路径中的授时偏差改正卫星—用户路径中的时差，实现授时精度优于 GNSS 单向授时方法。该方法与 GNSS 单向授时和共视时间传递相比，存在以下四方面的优势。

(1) 提高 GNSS 单向伪码授时的精度，实现精度优于 5ns 的授时。

GNSS 共视时间传递的精度为 3~5ns，共视授时方法采用共视时间传递原理，消除了星钟误差、星历误差、电离层延迟改正误差等单向授时中的误差源。尤其当用户与共视主站的距离较近时，电离层延迟改正误差的差异较小，使用共视授时方法可以获得较高的定时精度，约为 GNSS 单向伪码授时精度的 4~10 倍。

(2) 避开接收机时延绝对校准的难题，只需要相对校准。

接收机时延绝对校准是一项国际难题，精确测量内部时延需要使用信号模拟源，依托特定的测试环境和专业的测试平台，测试步骤繁琐且测试设备昂贵，而接收机时延校准不确定度约为 1.5ns(1σ)(Zhu et al., 2020)。对于共视授时方法，只需要进行接收机相对时延校准即可。对于共视授时来说，影响用户端定时结果的系统误差主要源于共视主站接收机和用户接收机时延的偏差。该偏差可以通过分别测量共视主站接收机和用户接收机的绝对时延确定，也可以选定一台时延稳定已知的参考接收机，分别测量共视主站接收机、用户接收机与参考接收机的相对时延，确定共视主站接收机与用户接收机的相对时延偏差。因此，对于共视授时的用户，只需进行相对容易且精度与绝对校准相当的相对时延校准即可 (Uhrich et al., 2010)，避开了接收机绝对时延测量的难题。

接收机时延校准设备主要包含参考接收机 (含天线)、时间间隔计数器，以及外围辅助设备，如显示器、键盘等，将这些设备组装在一个移动架上，就组成一套可移动的接收机相对时延校准设备。

相对时延的测量一般采用零基线共钟的方式，图 3.3 为接收机相对时延测量的设备连接示意图。待校准接收机与参考接收机通过功分器共用同一天线接收的射频信号，以相同参考源输出的时间频率信号作为输入，观测相同卫星，测量两台接收机时钟与参考时间的时差。

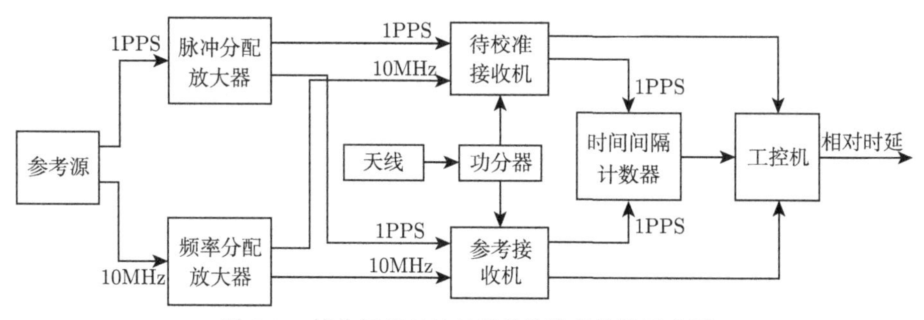

图 3.3　接收机相对时延测量的设备连接示意图

两台接收机伪距观测量受卫星至接收机传播路径中各项误差的影响相同，不同的是接收机端硬件时延和观测噪声对测量值的影响。一般认为，接收机观测噪声表现为白噪声特性，可以通过长时间平滑降低其影响。因此，通过对一段时间内相同卫星在相同时刻的伪距差分值进行平均，来确定待校准接收机与参考接收机之间的相对延迟值。

受环境温度等因素的影响，参考接收机时延随时间会发生缓慢变化，为避免对校准结果的影响，在校准测试开始前首先测量参考接收机相对于性能稳定的守时实验室接收机的相对时延。在校准测试的最后，再次测量参考接收机与该守时实验室接收机的相对时延。根据前后两次的相对时延测量值，分析参考接收机的时延在校准期间是否发生变化。需要注意的是，卫星导航系统不同码和载波对应的接收机时延不同，在实施相对校准时，需要分别考虑。

(3) 利用其他国家的卫星导航系统，实现我国标准时间的广播。

我国建设有长波、短波和低频时码等陆基无线电授时系统，实现在地面发播我国的标准时间信号。随着北斗卫星导航系统的逐步建成，北斗已成为我国主用的星基授时系统，可以在全球范围内提供导航定位与授时服务。

共视授时方法借助导航卫星实现标准时间的广播，除了我国的北斗卫星导航系统，美国 GPS、俄罗斯 GLONASS 及欧洲 Galileo 系统均可以作为发播我国标准时间的媒介。该方法可靠性高，可以避免单一导航系统发生异常时引起授时中断。

(4) 可同时提高用户定位精度，无须考虑系统时间偏差即可实现多系统组合定位。

接收机在实现定位过程中需要从观测量中扣除卫星钟差项，从而将测得的以卫星钟为基准的观测量改正到卫星导航系统的系统时间，这样只需要求解位置和接收机钟差 4 个未知数。忽略其他误差的影响，经星钟改正后的伪距观测量可以看成导航系统的系统时间与接收机本地时间的偏差对应的距离值。

共视主站播发卫星导航系统时间与标准时间 UTC(NTSC) 的偏差，使用该偏差值改正伪距，就可以将相对于 GNSS 系统时间的伪距进一步改正到同一参考时间——国家标准时间 UTC(NTSC)。定位用户使用此改正数相当于进行了伪距差分改正。

假设用户观测到 4 颗卫星，且 4 颗卫星分别来自不同的卫星导航系统，则有如下定位方程：

$$\begin{cases} P^{\mathrm{s},1} - c\cdot\delta t^{\mathrm{s},1} = \rho^{\mathrm{s},1} + c\cdot(t_{\mathrm{u}} - \mathrm{GNSST}_1) + \varepsilon_{\mathrm{u}}^1 \\ P^{\mathrm{s},2} - c\cdot\delta t^{\mathrm{s},2} = \rho^{\mathrm{s},2} + c\cdot(t_{\mathrm{u}} - \mathrm{GNSST}_2) + \varepsilon_{\mathrm{u}}^2 \\ P^{\mathrm{s},3} - c\cdot\delta t^{\mathrm{s},3} = \rho^{\mathrm{s},3} + c\cdot(t_{\mathrm{u}} - \mathrm{GNSST}_3) + \varepsilon_{\mathrm{u}}^3 \\ P^{\mathrm{s},4} - c\cdot\delta t^{\mathrm{s},4} = \rho^{\mathrm{s},4} + c\cdot(t_{\mathrm{u}} - \mathrm{GNSST}_4) + \varepsilon_{\mathrm{u}}^4 \end{cases} \tag{3.5}$$

忽略其他误差源，式 (3.5) 为经卫星钟差改正后的伪距，式中 $P^{\mathrm{s},i}$ 表示伪距观测量 $(i=1,2,3,4)$；$\rho^{\mathrm{s},i}$ 表示星地几何距离；GNSST_i 表示每颗卫星所属导航系统的系统时间；$\varepsilon_{\mathrm{u}}^i$ 表示用户端的观测误差。

利用式 (3.6) 的授时偏差进一步修正式 (3.5) 等号左边部分，得到式 (3.7)。

$$
\begin{cases}
\delta t_{\mathrm{m}}^{\mathrm{s},1} = \mathrm{UTC(NTSC)} - \mathrm{GNSST}_1 + \varepsilon_{\mathrm{m}}^1/c \\
\delta t_{\mathrm{m}}^{\mathrm{s},2} = \mathrm{UTC(NTSC)} - \mathrm{GNSST}_2 + \varepsilon_{\mathrm{m}}^2/c \\
\delta t_{\mathrm{m}}^{\mathrm{s},3} = \mathrm{UTC(NTSC)} - \mathrm{GNSST}_3 + \varepsilon_{\mathrm{m}}^3/c \\
\delta t_{\mathrm{m}}^{\mathrm{s},4} = \mathrm{UTC(NTSC)} - \mathrm{GNSST}_4 + \varepsilon_{\mathrm{m}}^4/c
\end{cases}
\tag{3.6}
$$

$$
\begin{cases}
P^{\mathrm{s},1} - c\cdot\delta t^{\mathrm{s},1} - c\cdot\delta t_{\mathrm{m}}^{\mathrm{s},1} = \rho^{\mathrm{s},1} + c\cdot[t_{\mathrm{u}} - \mathrm{UTC(NTSC)}] + \delta_{\mathrm{u,m}}^1 \\
P^{\mathrm{s},2} - c\cdot\delta t^{\mathrm{s},2} - c\cdot\delta t_{\mathrm{m}}^{\mathrm{s},2} = \rho^{\mathrm{s},2} + c\cdot[t_{\mathrm{u}} - \mathrm{UTC(NTSC)}] + \delta_{\mathrm{u,m}}^2 \\
P^{\mathrm{s},3} - c\cdot\delta t^{\mathrm{s},3} - c\cdot\delta t_{\mathrm{m}}^{\mathrm{s},3} = \rho^{\mathrm{s},3} + c\cdot[t_{\mathrm{u}} - \mathrm{UTC(NTSC)}] + \delta_{\mathrm{u,m}}^3 \\
P^{\mathrm{s},4} - c\cdot\delta t^{\mathrm{s},4} - c\cdot\delta t_{\mathrm{m}}^{\mathrm{s},4} = \rho^{\mathrm{s},4} + c\cdot[t_{\mathrm{u}} - \mathrm{UTC(NTSC)}] + \delta_{\mathrm{u,m}}^4
\end{cases}
\tag{3.7}
$$

使用共视授时偏差改正伪距相当于对伪距进行二次修正，完全抵消了星钟误差、部分抵消了星历误差和信号传播路径误差，相当于对伪距进行了差分。改正后的伪距受各项误差的影响变小，可以进一步提高定位精度，用户与共视主站距离越近，对定位的改善效果越明显。

共视授时方法的一个明显优势为在联合使用多个卫星导航系统定位时不需要考虑系统时间偏差的影响。通常用户利用多个导航系统组合定位时，需要考虑不同导航系统间的系统时间偏差对定位的影响，多一个导航系统多一个未知数。利用共视授时偏差改正伪距观测量可以将不同的 GNSS 系统时间均改正到 UTC(NTSC)，改正后的定位方程中只有 4 个未知数，包括 3 个位置分量和 1 个用户接收机时间相对于 UTC(NTSC) 的钟差。在此过程中，GNSS 系统时间可以看成伪距测量的时间参考媒介，经共视授时偏差改正后将不同的时间参考媒介均改正到 UTC(NTSC)，此时多系统组合定位利用 4 颗卫星的观测数据即可实现。

3.2　共视授时系统的组成

本节介绍基于共视授时方法实现的共视授时系统，该系统主要实现中国区域的共视授时服务覆盖。该系统的观测对象为 GPS/GLONASS 卫星及中国科学院研制建设的转发式卫星导航试验系统卫星。

共视授时系统的组成结构如图 3.4 所示，由监测站、数据处理中心、数据通信链路和用户共 4 部分组成。每个监测站配置有高精度原子钟 (氢钟或铯钟)、GNSS 共视型接收机和数据采集传输设备。5 个监测站分别为位于西安的中国科学院国家授时中心，长春、喀什、昆明和三亚测轨站 (黄承强，2015)。长春、喀什、昆明和三亚监测站本地钟与西安监测站 UTC(NTSC) 之间通过卫星双向时间频率传递链路实现时间比对。西安监测站同时为数据处理中心，配置有数据通信设备和数据处理设备。监测站与数据处理中心之间有虚拟专用网络 (virtual private network, VPN) 数据通信链路，实现监测站数据向数据处理中心的实时传输。数据处理中心收集监测站数据计算生成卫星授时偏差模型参数，利用转发式卫星和地面通信网络将参数实时播发给用户。用户终端接收 GNSS 信号，实现单向定时，同时接收通信卫星或地面通信网络播发的授时偏差模型参数，进一步改正 GNSS 定时结果。

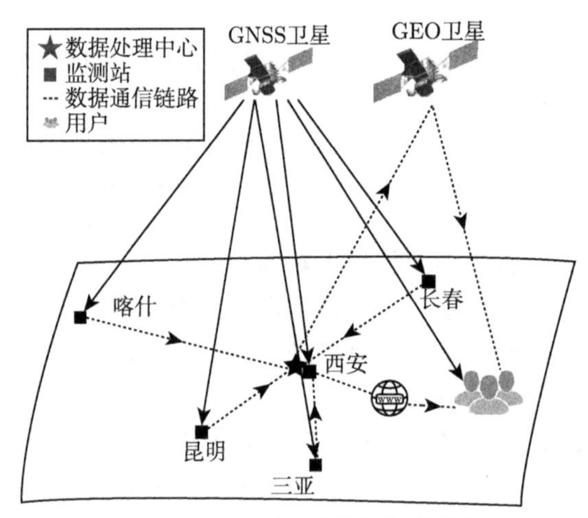

图 3.4 共视授时系统的组成结构

中国领土分布在北半球中、低纬度区域。就共视授时方法来说，要实现中国区域的服务覆盖，共视主站 (监测站) 宜采用多个。共视时间传递的作用基线长度约为 2000km，超出该距离单一监测站无法满足提供纳秒级共视授时服务的要求。具体地，首先单监测站观测卫星的时段和数量有限。假设监测站设在西安，以 GPS PRN02 卫星为例，在西安一天可视该卫星的时长为 6.75h，若西部的喀什和东部的上海同时观测，则可以获得该卫星约 8h 的观测数据。其次，单监测站观测不能全面反映中国区域的空间信号传播特性。导航信号从卫星传播至地面的过程中会受到各种误差源的影响，尤其是与空间相关的星历误差和电离层延迟误差。单监测站观测数据只能反映卫星到监测站及其附近区域空间链路的误差传播特性，随着用户与监测站距离的增加，两者的误差空间相关性降低。最后，单监测站的系统可靠性低。从可靠性的角度来说，单一监测站很难保证系统的连续稳定运行，一旦监测站出现异常，会造成整个系统无法正常运行。从上述三方面来说，共视授时系统宜采用多个监测站的模式。

3.2.1 共视授时监测站

监测站选在西安、长春、喀什、昆明和三亚，实现对 GNSS 信号的监测和观测数据的采集，监测站的选择综合考虑了以下三方面的因素。

(1) 具有性能良好的时间参考源，且能与国家标准时间建立联系。

多监测站协同观测在扩大覆盖范围的同时，要求各监测站本地时间与国家标准时间保持同步，或至少可精确预测相对于国家标准时间的偏差。要保证实现纳秒级的共视授时服务，需要将各监测站与国家标准时间的同步精度控制在 1ns 以内。这要求监测站配置性能优良且具有一定自主维持能力的时间参考源 (氢钟、铯钟或性能相当的其他时钟)。该参考源须实时与国家标准时间保持同步，或可获得相对于国家标准时间的偏差。实时时间同步需要对时间参考源进行不间断的调整，为尽可能减少对时间源的驾驭，将其与国家标准时间的偏差作为数学改正值从监测站观测数据中扣除。为实现监测站本地时间与国家标准时间的同步，还需要监测站与国家标准时间之间建立有高精度的比对链路，如卫星双向、光纤时间传递等。

(2) 监测站的分布可以满足中国区域的有效覆盖。

监测站应实现中国区域的有效覆盖，保证中国区域用户的有效使用。根据我国的东西、南北跨度及共视时间传递的有效作用基线，可以考虑在中国西北部的喀什、南部的三亚、北部的长春、东部的上海、西南部的昆明等地布设监测站。此外，在中国的中部地区 (西安) 再部署一个监测站，基本就可以实现中国领土范围的全覆盖。

(3) 减少系统建设成本，方便运行维护管理。

对于运行系统来说，后期的运行维护管理是必须考虑的问题。为保障共视授时系统的长期稳定运行，除必需的基础配套设施外，还需要人员日常维护。因此，监测站的选择最好与已有的监测站并址，这样不仅可以减少建设成本，还有利于运行维护。

综合考虑以上三方面的因素，共视授时系统的监测站选在西安、长春、三亚、昆明和喀什 5 个站点，与测轨站并址。每个站点均配置有高精度原子钟和测轨设备，在实现定轨解算的同时，也得到了各监测站本地时间与国家标准时间 UTC(NTSC) 之间的偏差。基于卫星双向测距原理实现的卫星轨道测定，保证了监测站本地时间与 UTC(NTSC) 的时间同步精度优于 1ns。

西安站基于高精度的铯原子钟组在本地保持时间尺度中国区域定位系统时间 (China area positioning system time, CAPST)，该时间与 UTC(NTSC) 通过光纤和共视的方式实时比对。西安站 CAPST 与 UTC(NTSC) 的物理信号同步偏差在 5ns 以内，结合数学模型改正后的同步精度为 0.1ns。长春站配置一台铯原子钟，喀什站、三亚站配置有氢原子钟，昆明站为铷原子钟。为满足测轨需求，不能对各站原子钟实时驾驭调整，原子钟处于自由运行状态，只有当原子钟与 UTC(NTSC) 的累积偏差超过 1ms 时，才对其进行调整。监测站设备连接如图 3.5 所示。

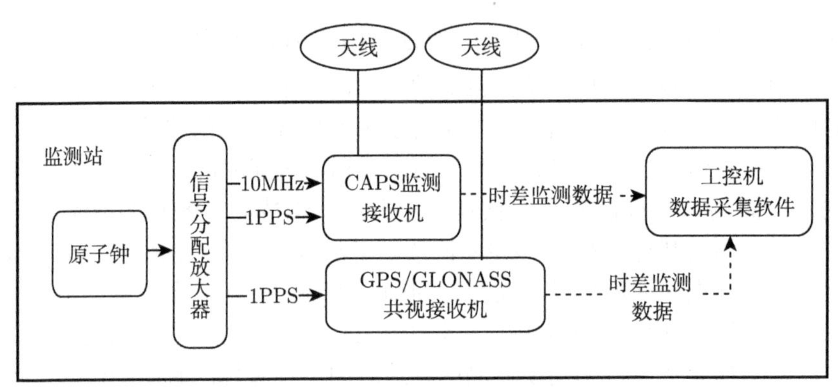

图 3.5　监测站设备连接

监测站原子钟输出的时间频率信号经频率和脉冲信号分配放大器后为接收机提供参考输入。监测站配置有 GPS/GLONASS 共视接收机和中国区域定位系统 (China area positioning system，CAPS) 监测接收机，接收机位置事先精确测定。监测站主要实现三项功能，首先，接收机通过接收导航信号，实现伪距测量。其次，通过从观测量中扣除卫星端、传播路径和接收端的各项时延，确定监测站本地时间与导航系统的系统时间的偏差，并生成符合标准共视格式 (CGGTTS) 的数据。最后，数据采集软件实现对接收机数据的采集，经预处理后通过通信链路发送到共视授时数据处理中心。

为提高比对实时性，GPS/GLONASS 共视接收机和 CAPS 监测接收机输出数据均符合标准共视格式 (CGGTTS)，不同的是一个完整的观测周期为 1min，而非 16min，图 3.6 所示为观测周期为 1min 的共视标准数据。接收机的原始采样

			hhmmss	s	.ldg	.ldg	.1ns	.1ps/s	.1ns	.1ps/s	.1ns		.1ns	.1ps/s	.1ns	.1ps/s	.1ns	.1ps/s	.1ns			
31	FF	57914	000000	47	542	382	−1957069	999	20	999	55	57	100	999	62	999	256	999	1	0	L1C	0F
26	FF	57914	000000	47	809	2188	4932764	999	−4	999	55	54	83	999	50	999	253	999	1	0	L1C	16
3	FF	57914	000000	47	318	2900	957353	999	−22	999	55	10	153	999	85	999	261	999	1	0	L1C	14
29	FF	57914	000000	47	225	628	−5965572	999	−27	999	55	76	210	999	123	999	275	999	1	0	L1C	11
22	FF	57914	000000	47	371	2579	174799	999	32	999	55	89	134	999	77	999	280	999	1	0	L1C	0E
32	FF	57914	000000	47	335	1308	4362382	999	−31	999	55	23	146	999	87	999	296	999	1	0	L1C	10
23	FF	57914	000000	47	130	3140	2132861	999	21	999	55	64	351	999	127	999	298	999	1	0	L1C	02
14	FF	57914	000000	47	557	1197	738007	999	22	999	55	97	99	999	60	999	281	999	1	0	L1C	1F
16	FF	57914	000000	47	484	2152	−346310	999	6	999	55	86	109	999	64	999	263	999	1	0	L1C	1B
31	FF	57914	000100	47	540	388	−1957065	999	18	999	53	58	101	999	62	999	257	999	1	0	L1C	08
26	FF	57914	000100	47	814	2200	4932763	999	−2	999	53	56	83	999	50	999	252	999	1	0	L1C	1C
3	FF	57914	000100	47	319	2895	957354	999	−19	999	53	11	153	999	85	999	263	999	1	0	L1C	13
29	FF	57914	000100	47	224	624	−5965569	999	−28	999	53	85	211	999	124	999	272	999	1	0	L1C	13
22	FF	57914	000100	47	370	2573	174809	999	38	999	53	93	135	999	77	999	280	999	1	0	L1C	04
32	FF	57914	000100	47	331	1311	4362390	999	−29	999	53	38	148	999	88	999	296	999	1	0	L1C	1A
23	FF	57914	000100	47	134	3140	2132869	999	31	999	53	69	342	999	126	999	299	999	1	0	L1C	07
14	FF	57914	000100	47	553	1203	738013	999	32	999	53	99	99	999	61	999	280	999	1	0	L1C	18
16	FF	57914	000100	47	488	2155	−346314	999	−1	999	53	105	108	999	64	999	262	999	1	0	L1C	03
31	FF	57914	000200	47	538	395	−1957078	999	3	999	51	58	101	999	63	999	258	999	1	0	L1C	12
26	FF	57914	000200	47	819	2213	4932747	999	−15	999	51	56	83	999	50	999	253	999	1	0	L1C	03
3	FF	57914	000200	47	319	2889	957340	999	−32	999	51	11	153	999	85	999	265	999	1	0	L1C	15
29	FF	57914	000200	47	223	619	−5965581	999	−43	999	51	85	211	999	124	999	276	999	1	0	L1C	14
22	FF	57914	000200	47	368	2568	174802	999	24	999	51	93	135	999	78	999	282	999	1	0	L1C	0D
32	FF	57914	000200	47	327	1315	4362382	999	−43	999	51	38	149	999	89	999	298	999	1	0	L1C	19
23	FF	57914	000200	47	137	3141	2132853	999	14	999	51	69	333	999	125	999	307	999	3	0	L1C	0B
14	FF	57914	000200	47	549	1209	737999	999	18	999	51	99	100	999	61	999	280	999	1	0	L1C	05
16	FF	57914	000200	47	493	2159	−346327	999	−13	999	51	105	107	999	63	999	263	999	1	0	L1C	1E

图 3.6　观测周期为 1min 的共视标准数据

频率为 1Hz，根据式 (3.1) 对每颗可视卫星每秒的伪距观测量进行时延改正，得到监测站本地时间与系统时间在每个历元的偏差值。为降低接收机噪声及多路径等误差的影响，对 1min 内 47 个历元的偏差值进行平滑处理，采用一次多项式拟合得到 UTC 整分时刻的偏差值。13s 用于数据处理和开展下一个观测周期的准备工作。最终，处理完成的数据按照 CGGTTS 格式实时输出，根据卫星号段区分不同的导航系统，其中卫星号小于 100 代表 GPS 卫星，大于 100 小于 200 为 GLONASS 卫星，大于 200 小于 300 为 CAPS 卫星。

3.2.2　共视授时数据处理中心

共视授时数据处理中心位于西安，同时接收各监测站数据，以及各监测站与西安站之间的卫星双向站间钟差数据，共视授时数据处理中心的组成如图 3.7 所示。数据处理中心主要实现监测站数据的实时接收，卫星双向站间钟差预报，接入溯源偏差数据 (CAPST-UTC(NTSC))(孟令达等, 2018)，计算以 UTC(NTSC) 为参考的授时偏差改正量，并完成授时偏差参数的生成和广播。

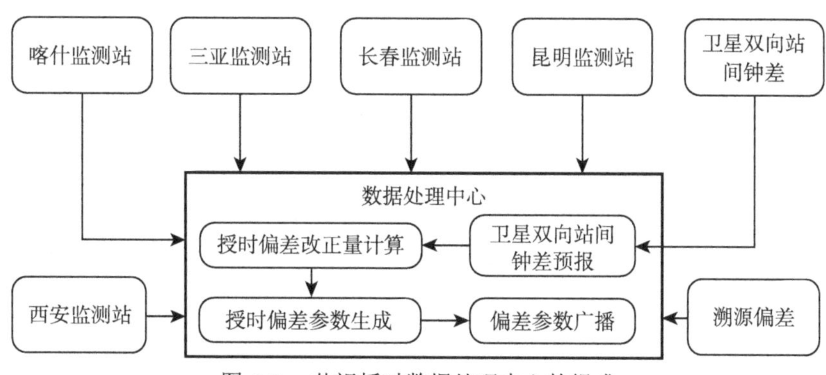

图 3.7　共视授时数据处理中心的组成

卫星双向站间钟差提供监测站本地时间与 CAPST 的时差，使用该时差可以将各监测站本地时间同步到 CAPST，再结合溯源偏差数据 (CAPST-UTC(NTSC)) 同步到国家标准时间 UTC(NTSC)，满足多监测站同步观测的需求。实际中，受限于一发多收和轮循的测轨方式 (杨旭海等，2016)，卫星双向站间钟差存在多值、间断和滞后的特点，要满足实时应用，必须解决以下三方面的问题。

一是卫星双向站间钟差的多值性。一般地，监测站使用多套地面比对设备 (包括多套天线) 同时观测不同的卫星，且不同观测设备间的时延未精确校准。不同地面站观测不同卫星得到的站间钟差存在系统差异。图 3.8 所示为 2017 年 6 月 16 日喀什—西安之间的卫星双向站间钟差，1.5h 内使用不同地面设备观测不同卫星得到双向站间钟差数据。图中最上方的曲线为使用 1 号地面设备和 1 号天线观测中星 12 得到的两地钟差数据；中间曲线为使用 1 号地面设备和 2 号天线观测亚太 7 得到的两地钟差数据；最下方曲线为使用 2 号地面设备和 1 号天线观测 IGSO 卫星得到的两地钟差数据。不难看出，上面两条曲线在相同时间段内存在二十几纳秒的系统差，观测 IGSO 卫星得到的站间钟差与上面两条曲线也存在系统差，但系统差不固定，有逐渐增大的趋势 (陈婧亚，2018)。

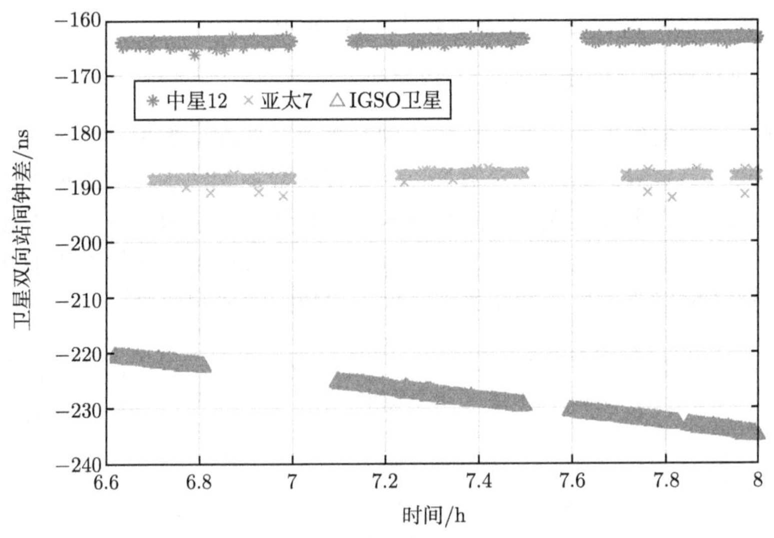

图 3.8 2017 年 6 月 16 日喀什—西安之间的卫星双向站间钟差

对于站间钟差的多值性，为尽可能保证预报的准确性，结合测轨机制，经过对多天观测数据的分析，得出观测中星 12 和中星 10 得到的站间钟差数据较为稳定，数据质量较佳，将观测这两颗卫星得到的站间钟差数据作为参考。对于各监测站，分析使用相同地面站设备观测不同卫星的站间钟差与参考数据的系统差，使用不同地面站设备观测相同卫星的站间钟差与参考数据的系统差。从来源不同的站间钟差数据中扣除对应的系统差，然后进行综合平均，得到参考统一的站间钟差数据，解决站间钟差的多值性问题。考虑到观测 IGSO 卫星得到的站间钟差与观测 GEO 卫星得到的站间钟差之间存在不规律的系统差，实际中不使用 IGSO 卫星对应的站间钟差数据。

受测轨方式的制约站间钟差数据间断可用，每次观测时长约 20min。此外，卫星双向站间钟差与卫星轨道参数作为未知数事后定轨解算得到，因此数据处理中心滞后得到卫星双向站间钟差数据。庆幸的是，监测站配置有性能优良的原子钟，原子钟处于自由运行状态。因此，站间钟差具有稳定的变化趋势，可以通过建模实现实时预报。主要处理过程为，首先使用多项式模型扣除卫星双向站间钟差数据的趋势项，其次利用中位数方法探测残差中的粗大值，剔除双向站间钟差中的粗差，最后根据监测站原子钟类型采用一次或二次多项式模型实时预测卫星双向站间钟差值。图 3.9 给出了喀什—西安、三亚—西安卫星双向站间钟差观测值和预报值，两地卫星双向站间钟差的预报误差 (均方根) 均小于 1ns。

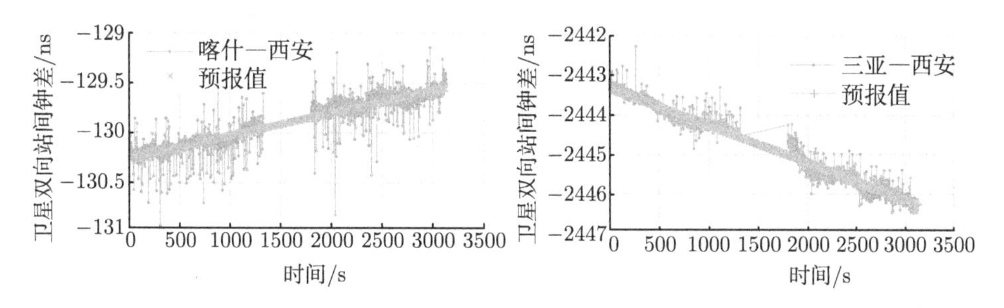

图 3.9 喀什—西安、三亚—西安卫星双向站间钟差观测值和预报值

数据处理中心根据预测的卫星双向站间钟差数据、溯源偏差数据、卫星时差监测数据、监测站接收机与校准参考接收机的相对时延值计算授时偏差改正量。最终，实现将各监测站的卫星时差监测数据改正到以国家标准时间和校准参考接收机时延为基准，得到授时偏差改正量：

$$
\begin{aligned}
\delta t_{\rm m}^{\rm s} &= \text{StaRef\_GNSST} - \text{StaRef\_CAPST} - \text{Rec\_RovDly} - \text{CAPST\_UTC(NTSC)} \\
&= (\text{UTC(NTSC)} - \text{GNSST})_{\text{RovDly}}
\end{aligned}
\tag{3.8}
$$

式中，StaRef_GNSST 为卫星时差监测值；StaRef_CAPST 为卫星双向站间钟差预报值；Rec_RovDly 为监测站接收机与校准参考接收机间的相对时延值；CAPST_UTC(NTSC) 为溯源偏差数据。利用式 (3.8) 获得 UTC(NTSC) 与 GNSST 之间的卫星授时偏差 $\delta t_{\rm m}^{\rm s}$，该偏差值包含校准参考接收机的硬件时延。

计算获得单星授时偏差值后，为满足实时应用需求，数据处理中心还需要对卫星授时偏差进行建模，生成授时偏差模型参数，并将模型参数广播给用户，相关内容在 3.3 节中详细描述。

3.2.3 共视授时系统时延标定

由前面论述可知，需要使用相对时延值将不同监测站接收机时延改正到参考接收机。此外，提供站间钟差的卫星双向设备与监测站接收机之间存在时延差，需要考虑两者之间的时延差。

1) 接收机相对时延校准

监测站接收机出站前采用 3.1.4 小节给出的相对时延测试方法标校时延，在监测站接收机安装到位后该方法已不便采用。对于远距离多站点接收机的时延校准，使用流动校准方法。首先，选定一台接收机作为流动校准接收机，测量流动校准接收机与参考接收机的相对时延。其次，将流动校准接收机搬运至各站点分别与监测站接收机进行近零基线共钟比对，测量流动校准接收机与监测站接收机的相对时延。最后，流动校准接收机再次与参考接收机进行相对时延测量。校准过程中固定流动校准接收机的组成不变，包括接收机单元、天线、天线电缆及参考电缆等。

根据流动校准接收机与参考接收机的相对时延，以及流动校准接收机与各站点待校准接收机的相对时延，可以拟合计算得到监测站接收机与参考接收机的相对时延 (陈婧亚等, 2017)。流动校准接收机与参考接收机在校准开始和结束前的相对时延测量值反映了接收机时延在整个校准过程中的变化。对于多频点、多系统接收机，校准过程中需要考虑导航系统类型、不同载波频点对校准的影响。

图 3.10 为 GPS/GLONASS 接收机零基线共钟相对时延校准结果。图中分别为基于 GPS 和 GLONASS 卫星测得的在 MJD 57126~57156 的相对时延曲线。基于 GPS 卫星测得的相对时延为 38.3ns，校准的 A 类不确定度为 1.7ns，基于 GLONASS 卫星测得的相对时延为 35.7ns，校准的 A 类不确定度为 1.8ns。

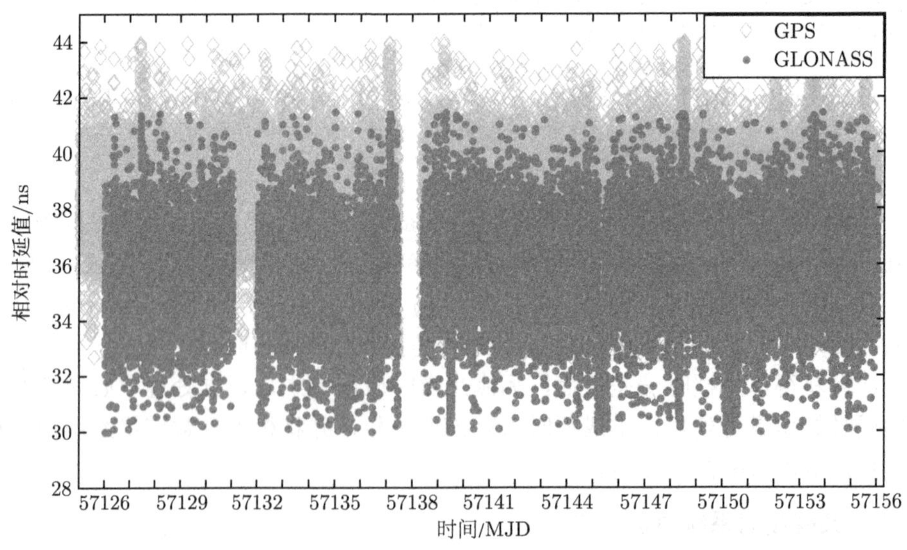

图 3.10　GPS/GLONASS 接收机零基线共钟相对时延校准结果

2) 卫星双向站间钟差与监测站接收机的时延差测量

卫星双向站间钟差数据用于将各监测站本地时间同步到西安 CAPST，由于卫星双向站间钟差包含测轨设备时延，且与监测站接收机的时间参考信号的时延不同，因此同一比对链路的卫星双向站间钟差与共视授时比对钟差之间存在系统差，需要将两套设备输入时间信号的时延归算到同一参考点，且需要测出两套设备之间的时延差，从卫星双向钟差中扣除。

考虑利用监测站 GPS/GLONASS 共视接收机观测数据和 IGS 发布的精密产品，事后处理计算监测站本地时间与西安 CAPST 的钟差。将计算的钟差数据与卫星双向站间钟差数据比较，扣除两者间的时延差，图 3.11 所示为共视授时与卫星双向站间钟差系统时延差的测量方法，详细的处理过程参见文献 (许龙霞等, 2016)。

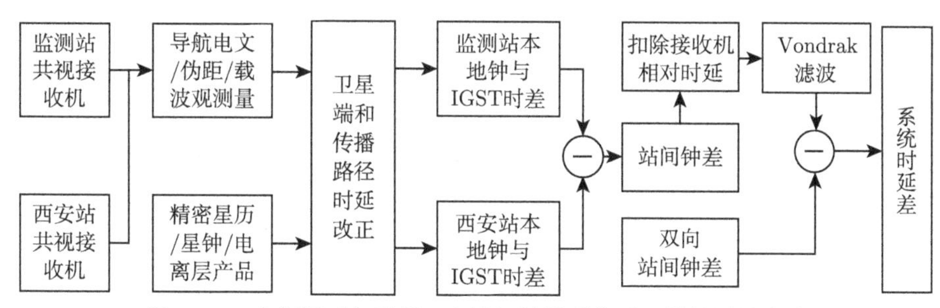

图 3.11　共视授时与卫星双向站间钟差系统时延差的测量方法

3.3　共视授时偏差参数生成与播发

数据处理中心的一项重要功能是完成共视授时偏差参数的生成与播发，本节介绍授时偏差参数的生成与播发，这两者保证了共视授时的实时性。考虑到单星授时偏差的变化特点，若直接播发授时偏差数据，无法满足实时使用需求，需要将授时偏差数据以预报模型参数的形式播发。此外，为满足广大用户的使用需求，宜采用“广播”的发播方式，还需考虑传播时延、覆盖范围及接收成本等问题。

3.3.1　共视授时偏差参数生成

卫星授时偏差包含时间偏差和噪声两部分,其中时间偏差主要为 UTC(NTSC) 与全球卫星导航系统时间 (GNSS time, GNSST) 之间的偏差，变化缓慢，具有一定的变化规律，通过分析偏差的变化特点，精确建模实现预报。噪声主要为影响单向授时的随机误差，变化很快，具有不可预测性，在对偏差的建模过程中需要尽可能降低噪声的影响。

卫星授时偏差受星历误差、星钟误差、电离层延迟误差和卫星双向站间钟差预报误差的影响。星历误差和星钟误差作为主要误差源，表现出与卫星运动周期相关的变化特性，具有约 12h 的变化周期。通常情况下，天顶方向的总电子含量变化缓慢，变化周期为 6~12h，但对于小范围内的电离层突变很难估计。此外，在单颗可视卫星的观测弧段内，受接收机测量噪声及卫星出入境时段多路径误差的影响，授时偏差表现出短期波动。卫星双向站间钟差误差除了受卫星双向时间比对误差的影响，还受实时预报误差的影响。受周日效应的影响，卫星双向站间钟差表现出周期约 12h 的慢变特性。

多项式模型是工程应用中最为简便、有效的预报方法，数据处理中心使用该模型对每颗可视卫星的授时偏差数据建模，计算授时偏差模型参数。不妨设 $\{(t_j, y_j), j = i+\tau_0, i+2\tau_0, \cdots, i+N\}$ 为某颗可视卫星的授时偏差数据序列，其中 τ_0 为采样间隔，N 为拟合时长，L 为预报时长。采用多项式模型 $f(t) = a_0 + a_1(t - t_{\mathrm{ot}}) + \cdots + a_{n-1}(t - t_{\mathrm{ot}})^{n-1} + a_n(t - t_{\mathrm{ot}})^n$ 对授时偏差建模，需要确定最优的模型系数 $a = (a_0, a_1, a_2, \cdots, a_n)$、模型参考时刻 t_{ot} 及模型阶数 n，使授时偏差的预报值与实测值差值的均方根最小。

考虑到电文播发，为尽可能降低由截断模型参数引入的误差，将模型参考时刻 t_{ot} 设在预报时长的中间时刻，即

$$t_{\mathrm{ot}} = \begin{cases} t_{i+N+m+1}, & L = 2m+1 \\ t_{i+N+m}, & L = 2m \end{cases} \tag{3.9}$$

根据式 (3.9)，有

$$H = \begin{bmatrix} 1 & t_{i+\tau_0} - t_{\mathrm{ot}} & \cdots & (t_{i+\tau_0} - t_{\mathrm{ot}})^n \\ 1 & t_{i+2\tau_0} - t_{\mathrm{ot}} & \cdots & (t_{i+2\tau_0} - t_{\mathrm{ot}})^n \\ \vdots & \vdots & & \vdots \\ 1 & t_{i+N} - t_{\mathrm{ot}} & \cdots & (t_{i+N} - t_{\mathrm{ot}})^n \end{bmatrix} \tag{3.10}$$

模型系数的最小二乘估计值为

$$\hat{a} = (H'H)^{-1} H'y \tag{3.11}$$

对应 $t_{i+N+1} \sim t_{i+N+L}$ 时段的授时偏差预报值 $\hat{y}_L$ 为

$$\hat{y}_L = \begin{bmatrix} \hat{y}_{i+N+1} \\ \hat{y}_{i+N+2} \\ \vdots \\ \hat{y}_{i+N+L} \end{bmatrix} = \begin{bmatrix} 1 & t_{i+N+1} - t_{\mathrm{ot}} & \cdots & (t_{i+N+1} - t_{\mathrm{ot}})^n \\ 1 & t_{i+N+2} - t_{\mathrm{ot}} & \cdots & (t_{i+N+2} - t_{\mathrm{ot}})^n \\ \vdots & \vdots & & \vdots \\ 1 & t_{i+N+L} - t_{\mathrm{ot}} & \cdots & (t_{i+N+L} - t_{\mathrm{ot}})^n \end{bmatrix} \cdot \hat{a} \tag{3.12}$$

统计 $t_{i+N+1} \sim t_{i+N+L}$ 时段内授时偏差实测值 y_L 与预报值 $\hat{y}_L$ 偏差的均方根 (式 (3.13))，衡量模型的预报精度。

$$\text{RMS} = \sqrt{\frac{1}{L}\sum_{k=1}^{L}\left(\hat{y}_{i+N+k} - y_{i+N+k}\right)^2} \tag{3.13}$$

考虑到工程应用和播发参数的占位要求，多项式模型的阶数不宜超过 2，此时要使式 (3.11) 具有超定解，则至少需要 3 组有效的授时偏差数据。为防止数据缺失或包含粗大值而导致拟合异常式 (3.11) 无唯一解，需要使用一段时间内的授时偏差数据求解系数。

以西安监测站共视接收机的卫星授时偏差数据作为分析对象，分析授时偏差的最优拟合参数，包括拟合时长、模型阶数、预报时长和参数更新间隔等。拟合时长的含义为使用多长时间的数据拟合历史数据的变化趋势；模型阶数指使用多项式模型的最高阶数；预报时长指在保证精度的前提下该组参数的有效使用时长，也称龄期；这些参数共同决定了其更新间隔。

此处仅以西安监测站 GPS/GLONASS 接收机观测的 GPS PRN2 号卫星在一天内可见时段的授时偏差值为例，给出拟合时长、模型阶数和预报时长等参数在不同组合下的预报精度。数据采样间隔 τ_0 为 1min，拟合时长 N 分别取 20min、30min、40min 和 60min，预报时长 L 分别取 10min、20min、30min 和 40min，图 3.12～图 3.15 分别为不同拟合时长参数下预报 10min、20min、30min 和 40min 的预报误差图，表 3.1 给出了不同预报参数下的授时偏差预报误差。

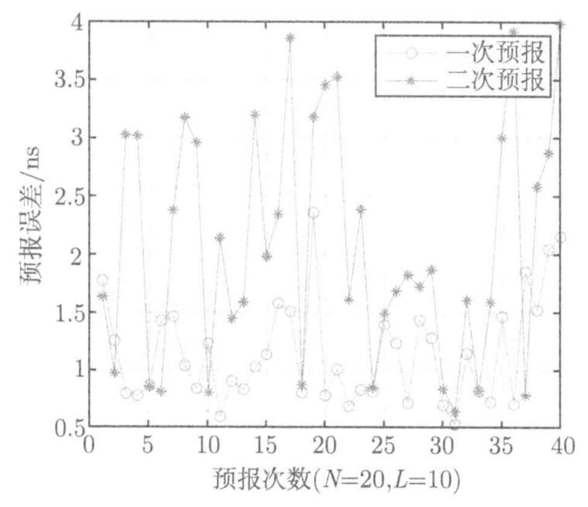

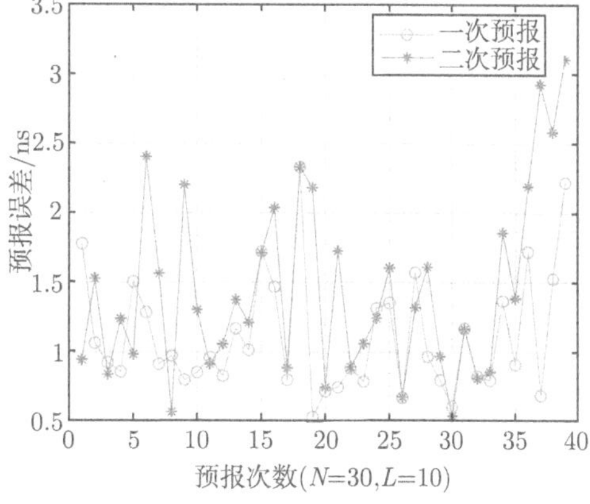

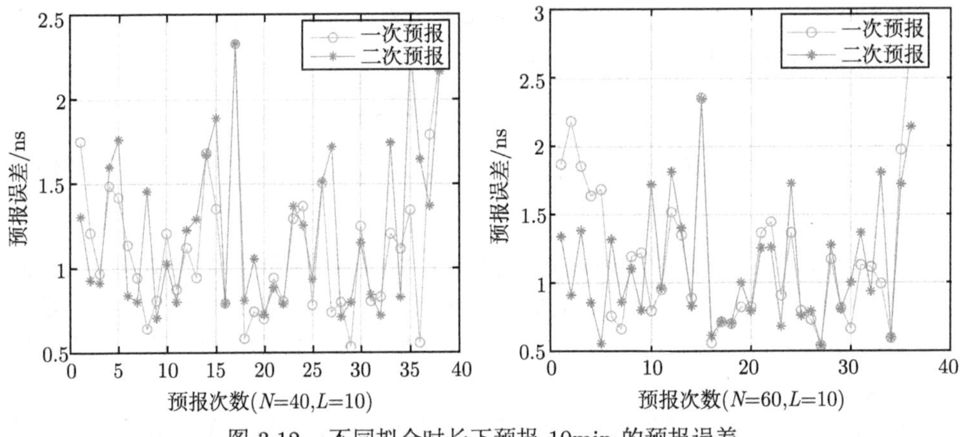

图 3.12　不同拟合时长下预报 10min 的预报误差

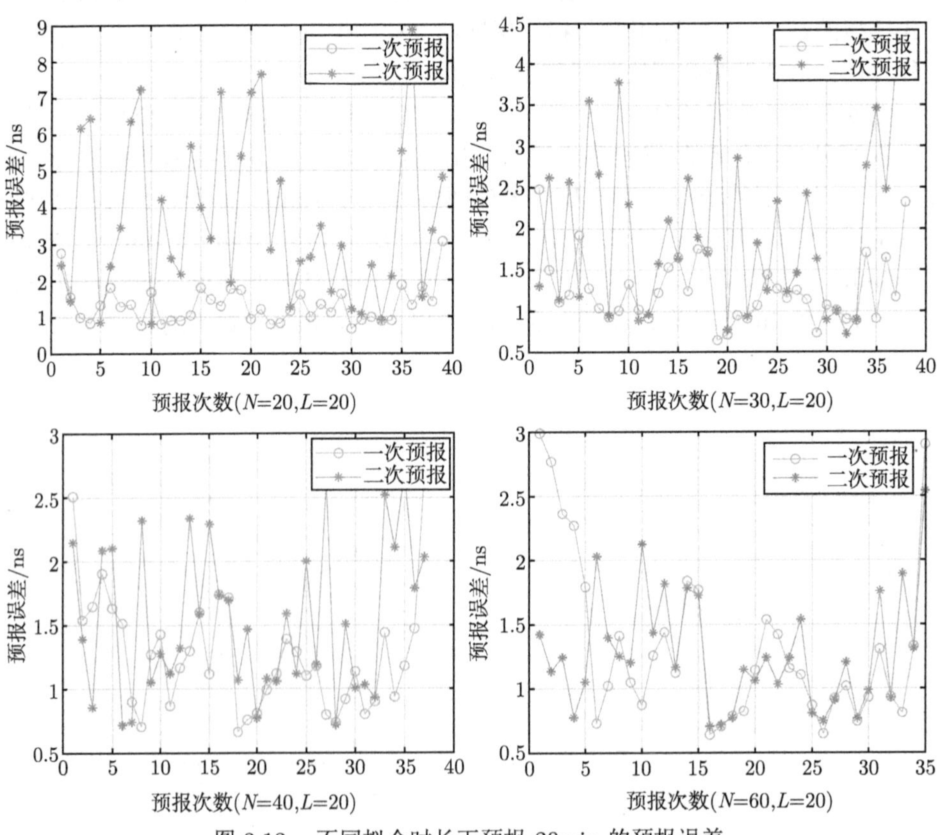

图 3.13　不同拟合时长下预报 20min 的预报误差

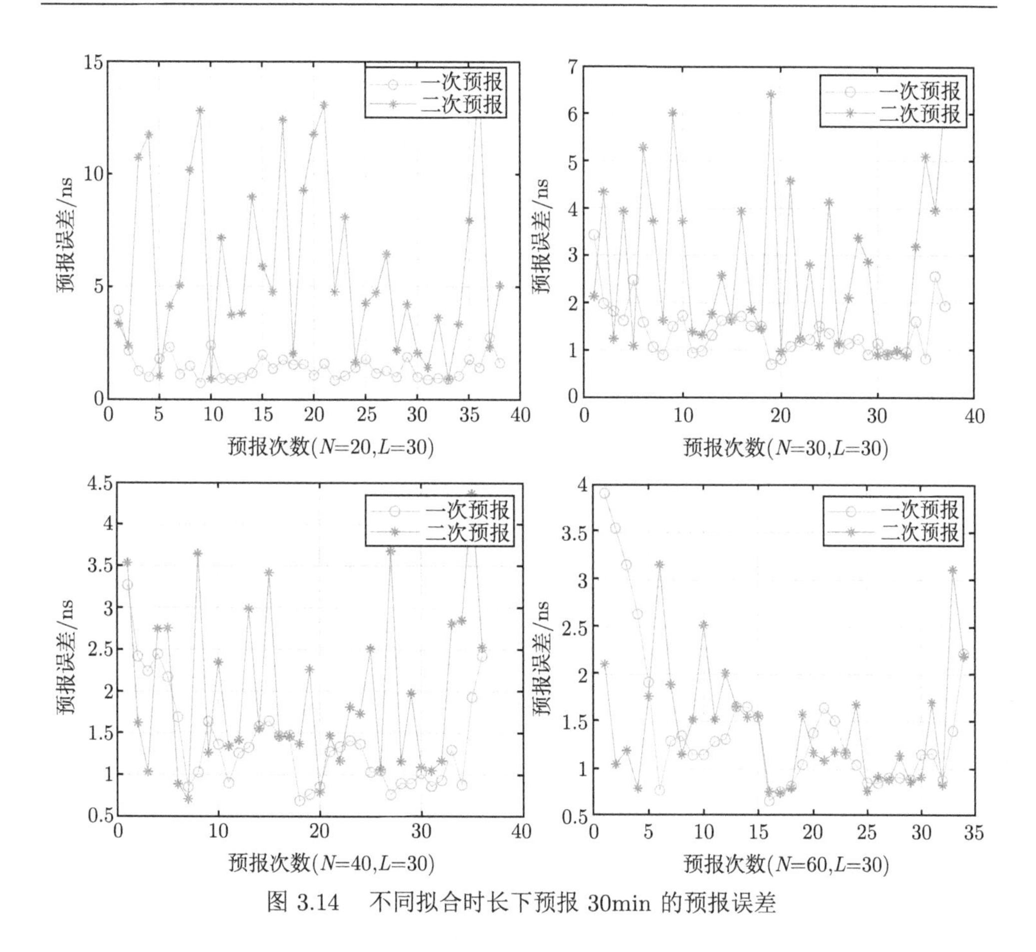

图 3.14　不同拟合时长下预报 30min 的预报误差

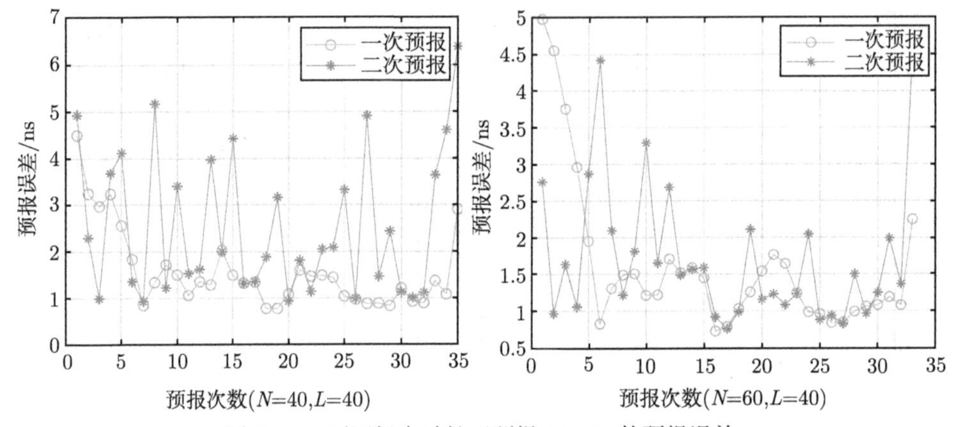

图 3.15 不同拟合时长下预报 40min 的预报误差

表 3.1 不同预报参数下的授时偏差预报误差

序号	拟合时长/min	预报时长/min	预报误差 RMS/ns	
			一阶	二阶
1	20	10	1.15	2.08
2	30	10	1.12	1.45
3	40	10	1.12	1.23
4	60	10	1.19	1.13
5	20	20	1.33	3.66
6	30	20	1.26	2.02
7	40	20	1.26	1.54
8	60	20	1.33	1.28
9	20	30	1.47	5.86
10	30	30	1.41	2.75
11	40	30	1.40	1.97
12	60	30	1.46	1.44
13	20	40	1.72	8.89
14	30	40	1.61	3.71
15	40	40	1.58	2.53
16	60	40	1.62	1.73

从表 3.1 中的数据可以看出，当预报时长一定时，要达到较高的预报精度，二阶多项式比一阶多项式预报需要更长时间的数据。无论是一阶多项式预报，还是二阶多项式预报，预报时长值越大，预报精度越低。一阶多项式预报误差的变化相较二阶多项式更平稳，预报 40min 的平均 RMS 值优于 2ns，预报 20min 的平均 RMS 值优于 1.5ns。

通过大量的数据分析，结合对其他卫星授时偏差数据的预报分析，多项式模型具有误差累积特性，预报时长值不宜过大。为保证优于 1.5ns 的预报精度，采用一阶多项式模型开展卫星授时偏差的预报较为合适，拟合时长值不小于 20min，预报时长取 20min 为宜。

实际中，用户不可能在数据处理中心解算授时偏差模型参数的同时获得模型参数，必然存在延迟。将解算授时偏差模型参数经传输链路到达用户端所需的时间称为发播延迟。用户在获取新参数之前只能使用上一组参数，因此新参数的实际有效使用时长小于预报时长。预报时长一定时，发播延迟与更新间隔之间必须满足一定的关系，才能保证发播参数的有效使用。

图 3.16 所示为预报时长、更新间隔与发播延迟参数之间的约束关系。假设系统在 t_0 时刻开始计算模型参数，该组模型参数的预报时长为 L。由于存在发播延迟 d，参数到达用户端的时刻为 t_0+d，对用户来说该参数的实际有效时长仅为 $L-d$。

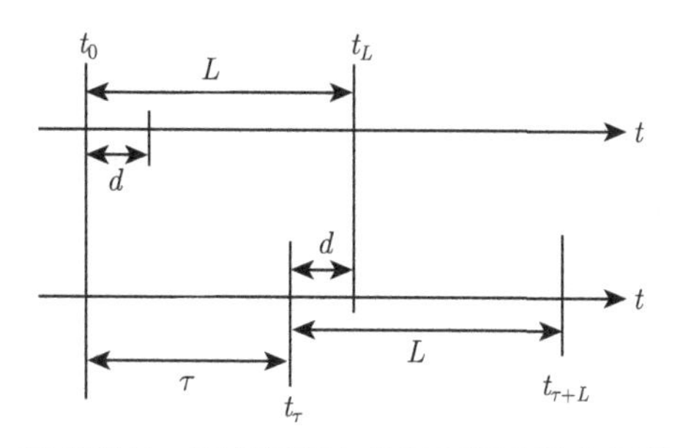

图 3.16　预报时长、更新间隔与发播延迟参数之间的约束关系

为保证用户端可以不间断地使用有效的模型参数，下一组参数至少需要在 t_τ 时刻到来之前更新。这就要求参数更新间隔 τ 必须满足如下关系：

$$\tau \leqslant L-d \tag{3.14}$$

例如，当预报时长取值 10min，发播延迟为 1min 时，更新间隔必须小于 9min。一般地，为保证系统提供服务的可靠性，建议预留一定的冗余时间，选择更小的参数更新间隔，提高更新频率。上述分析普遍适用于其他类型预报参数的播发。

3.3.2　共视授时数据播发方式

选择授时偏差模型参数的播发方式需要考虑几方面的因素，首先是数据延迟小，传输速率尽可能高，能在规定的时间内完成数据播发，确保播发的时效性。其次采用应用广泛的通信手段，且尽可能覆盖大多数用户。再次不增加用户端接收成本，尽可能不改变接收终端的内部硬件设计。最后使用现有的无线电系统或已有的数据链路，减少建设和运行成本。

根据数据播发的时效性，播发方式可分为实时性播发和事后播发两类。按照数据播发的通道，播发方式主要分为地面网络播发和空中通信网络播发。

1) 地面网络播发

地面网络播发主要指通过互联网播发，互联网具有数据传输速率高、传输距离远、方便接入和覆盖范围广等特点。基于互联网可以实现双向数据交互，也可以实现单向广播式文件发布和实时数据流发布。

文件发布多采用文件传输协议 (file transfer protocol，FTP)，如 IGS、iGMAS 等例行发布精密轨道、钟差、地球自转参数及电离层数据等产品。FTP 常用于互联网数据共享，可以为用户提供透明和可靠高效的远程数据传输。实时数据播发，如卫星导航系统的实时差分数据流以 Ntrip 协议播发，该协议通过不同的挂载点向用户提供海事无线电技术委员会 (Radio Technology Committee of Marine, RTCM) 规定格式的实时数据流服务。

利用地面网络文件发布方式实现授时偏差参数的事后发布，满足事后应用和科学研究的需求。西安数据处理中心定期生成授时偏差模型参数文件并上传至 FTP 服务器，用户通过支持 FTP 的客户机程序，连接到运行在远程主机上的 FTP 服务器，下载所需的授时偏差参数文件。数据处理中心每天更新授时偏差参数文件，当天零点 (UTC) 将前一天的参数文件上传至服务器，存放在指定的目录下。

2) 空中通信网络播发

空中通信网络播发主要指依托通信卫星，进行视频、音频和数据的传输，通信卫星可以看成空中的信号中继站。通信卫星轨道高度高，具有覆盖范围广的优势，适用于长距离、大范围的通信。通信卫星的轨道高度决定了利用其进行数据传输存在约 250ms 的延迟，这对于秒级的实时应用需求可以忽略。

中国科学院国家授时中心建设有转发式卫星导航试验系统，该系统星座由退役的通信卫星组成，具有数据通信功能。基于该平台资源，考虑将授时偏差参数通过转发式通信卫星实现实时播发。数据处理中心定期将授时偏差模型参数发送至通信卫星地面上行站，上行站将监测站、可视卫星、授时偏差参数等信息按约定的接口协议转换为二进制数，编排进通信卫星导航电文，与伪随机码一起调制到载波上，经上变频后注入卫星。卫星接收到上行信号，经功率放大，将信号频率调制到下行载波，向用户广播。该方法实现了通信与导航的有机融合，与北斗星座中的 GEO 卫星及美国广域增强系统 (wide area augmentation system, WAAS) 中的 GEO 卫星功能类似。

此外，还可以使用第三方系统播发。例如，利用短波授时系统播发 UT1 信息，借助电视音频传输网络实时动态 (real time kinematic, RTK) 改正量数据，利用罗兰-C 系统电文广播 WAAS 的 GPS 完好性信息等。未来可以考虑利用长波授时系统电文播发星地融合授时信息等。

3.3.3　共视授时播发内容

共视授时系统采用转发式通信卫星和 FTP 文件两种方式发布授时偏差参数。转发式通信卫星发布为用户实时提供授时偏差参数，FTP 文件发布满足事后分析使用需求。FTP 文件发布大小不受约束。本小节重点介绍基于转发式通信卫星的数据播发。

转发式通信卫星的导航电文数据传输速率仅为 50bit/s，信息传输能力有限，要保证尽可能小的传输时延就要求占用尽可能少的比特位播发授时偏差参数。因此，播发的内容要科学合理，播发的参数主要包括模型参考时刻、常数项和一次项系数。此外，还需给出模型参数对应的卫星编号和监测站编号。在编排导航电文时，需要确定各个参数的占位要求，不仅要保证足够的比特位容纳授时偏差参数的最大值，还要体现模型的最小分辨率，下面从这两方面展开分析。

1) 授时偏差模型的最小分辨率优于 0.1ns

对于纳秒级的共视授时，要求由模型引入的授时偏差误差不能超过 0.1ns，数字化截断模型系数引起的误差不超过 0.1ns。对于一次多项式 f：

$$f = a_0 + a_1 \cdot (t - t_{\text{ot}}) \tag{3.15}$$

以预报时长取 20min 为例，模型参考时刻定在预报时长的中间时刻，则有 $\max(t - t_{\text{ot}}) = 600\text{s}$，要求截断一次项系数引起的误差不超过 0.1ns，即

$$|a_1| \cdot \max(t - t_{\text{ot}}) = |a_1| \cdot 600 < 0.1 \tag{3.16}$$

当 a_1 的单位为 ns/s 时，a_1 至少需要精确保留到小数点后第 4 位，才能保证截断一次项系数带来的误差不超过 0.1ns。类似地，常数项 a_0 需要保留到小数点后 1 位。为便于在电文中播发，将模型参数 a_0、a_1 的单位分别取为 2^{-33}s 和 2^{-43}s/s，约相当于 10^{-10}s 和 10^{-13}s/s。

2) 授时偏差最大值不超过 1μs

国际电信联盟 (International Telecommunication Union, ITU) 要求卫星导航系统的时间、守时实验室保持的时间与 UTC 的偏差保持在 100ns 内，实际上远远优于该值。因此，约束 GNSS 系统时间与 UTC(NTSC) 偏差的绝对值不超过 1μs。

也就是说，约束授时偏差参数须满足：

$$\begin{cases} |a_0| \cdot 10^{-10} \leqslant 10^{-6} \\ |a_1| \cdot 10^{-13} \cdot \max(t - t_{\text{ot}}) \leqslant 10^{-6} \end{cases} \tag{3.17}$$

可得 $|a_0| \leqslant 10^4$，$|a_1| \leqslant 10^4$，即常数项和一次项系数的变化均为 −999~999。式 (3.17) 分别约束了常数项和一次项的大小不超过 1μs，实际中要求两项之和不超过 1μs。

表 3.2 给出了基于通信卫星电文播发的授时参数信息，模型参考时刻使用北斗周 $\mathrm{WN_{ot}}$ 和周内秒 t_{ot} 表示，常数项、一次项系数的最高位为符号位，用二进制补码表示，0 表示正数，1 表示负数。模型参考时刻共占 20bit，常数项和一次项系数共占 30bit。

表 3.2 基于通信卫星电文播发的授时参数信息

参数	参数含义	比特位数	比例因子	单位
SatNum	卫星编号	8	1	—
StaNum	监测站编号	4	1	—
$\mathrm{WN_{ot}}$	模型参考时刻周	10	1	周
t_{ot}	模型参考时刻周内秒	10	600	s
a_1	一次项系数	15*	2^{-33}	s/s
a_0	常数项	15*	2^{-43}	s

要区分 GNSS 四个系统共 118 颗卫星，卫星编号至少需要 7bit。监测站个数为 5，至少需要 3bit 才可区分不同站点。每颗可视卫星对应 1 组授时偏差参数，单站按 10 颗可见星考虑，按图 3.17 所示的结构存放参数，单个监测站播发的数据量为 380bit，5 个监测站 1 次更新的数据量为 1940bit。通信卫星的电文传输速率为 50bit/s，一次播发需要近 40s。实际中，授时偏差参数只是通信卫星电文的一部分，实际发播延迟不止 40s。

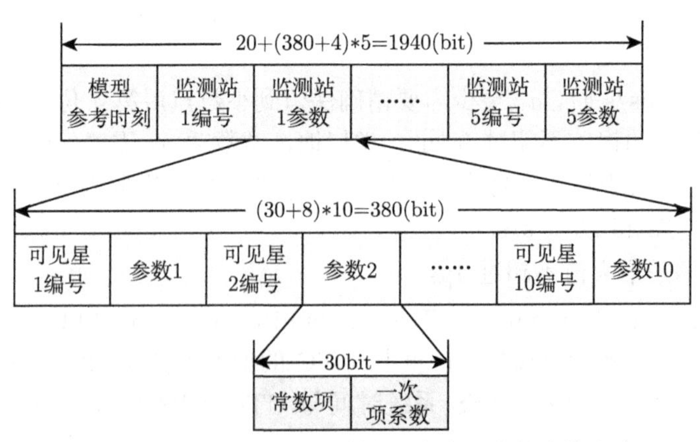

图 3.17 授时偏差模型参数在导航电文中的编排方式

考虑到授时偏差的短期变化特性，同时结合更新间隔与预报时长、发播延迟的约束关系，确定授时偏差模型参数每 10min 更新 1 组，有效预报时长为 20min，这样可以满足用户连续使用需求。

3.4　共视授时原理验证与误差分析

本节基于搭建的共视授时系统验证共视授时方法的可行性。使用 GPS/GLONASS 共视接收机搭建验证平台，根据平台的实测数据开展零基线、短基线和长基线试验，验证共视授时方法的可行性和授时精度。

3.4.1　共视授时原理验证

试验采用的接收机与监测站接收机的型号相同，以试验站点本地保持的时间信号为参考。试验站点设在西安市、渭南市蒲城县、长春市和北京市，开展不同基线长度下的试验验证。

以 GPS 系统为例，图 3.18 所示为共视授时原理试验验证系统的组成结构，西安监测站接收机与试验接收机同时观测 GPS 卫星，输出共视格式的观测数据。共视授时系统对监测站接收机的共视数据建模，生成模型参数。利用数据传输链路将卫星授时偏差模型参数发送给试验接收机。试验接收机输出共视格式的观测数据，同时根据接收到的监测站授时偏差参数改正其观测数据，获得试验接收机本地时间与 UTC(NTSC) 的时差 (Xu et al., 2012)。

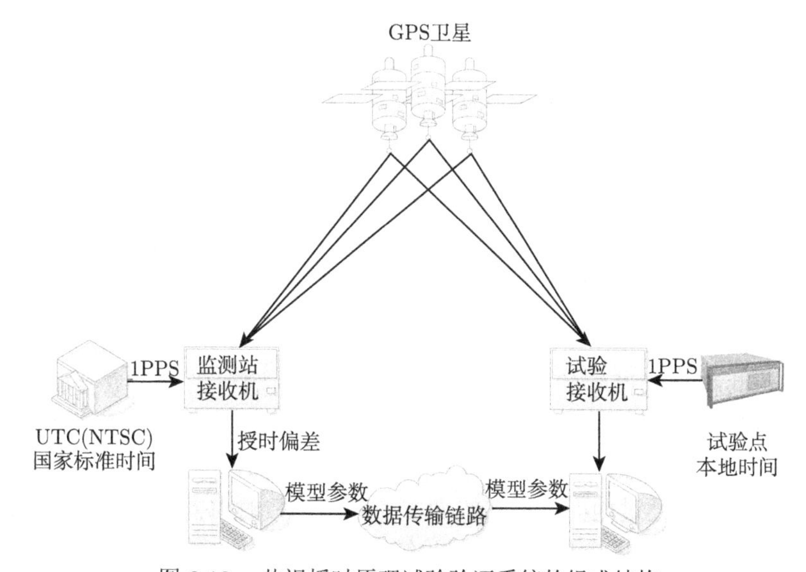

图 3.18　共视授时原理试验验证系统的组成结构

1. 零基线共视授时试验

首先采用零基线共钟的方式测试平台的性能。试验接收机与西安监测站接收机均以 UTC(NTSC) 1PPS 时间信号作为参考输入。在零基线共钟模式下，可以认为相同卫星信号到达接收机天线相位中心的路径传播时延一致，零基线共视授时试验结果主要反映的是接收机测量噪声。

图 3.19 所示为试验平台的系统误差 (MJD 55702~55705)，该时差是对同一时刻所有可视卫星综合平均后的结果。图中的数据时长为 3 天，曲线的均值为 18.10ns，反映了试验接收机相对于监测站接收机的相对时延，标准偏差 1.03ns 主要为两台接收机的测量噪声。试验接收机与监测站接收机型号相同，可以认为两台接收机的噪声水平相当，则单台接收机的噪声水平约为 1.46ns。

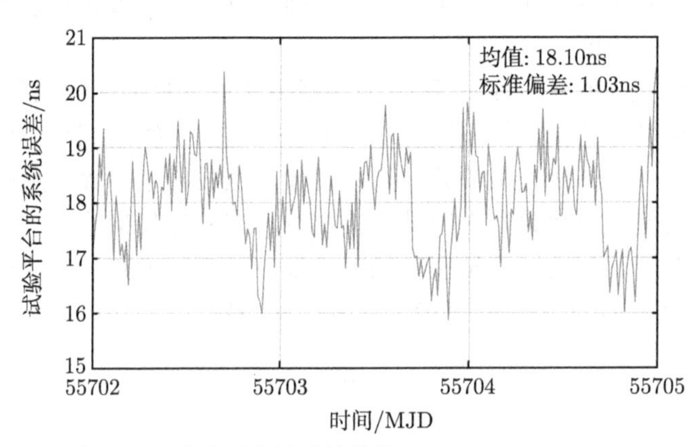

图 3.19 试验平台的系统误差 (MJD 55702~55705)

试验平台使用的接收机利用内部晶振输出的频率信号作为频率参考，内部晶振的性能直接影响其测量精度。虽然共视数据的处理流程在一定程度上降低了接收机晶振不稳定度的影响，但只能降低观测噪声的影响。

2. 短基线共视授时试验

短基线共视授时试验的站点为位于蒲城县的中国科学院国家授时中心授时部，与西安监测站的基线长度约为 70km，授时部钟房本地时间通过微波链路与 UTC(NTSC) 保持同步。试验接收机以授时部钟房的时间信号作为参考输入，采集观测数据，同时通过地面网络接收西安监测站的授时偏差参数信息。

图 3.20 所示为短基线共视授时试验结果 (MJD 56109~56112)，授时误差的波动范围为 ±5ns，标准偏差为 1.95ns。两地间存在约 0.42ns 的时延差，主要由授时部钟房本地时间与 UTC(NTSC) 的时差、试验接收机的电缆时延等引起。1.95ns 的标准偏差反映了短基线共视授时的稳定度。

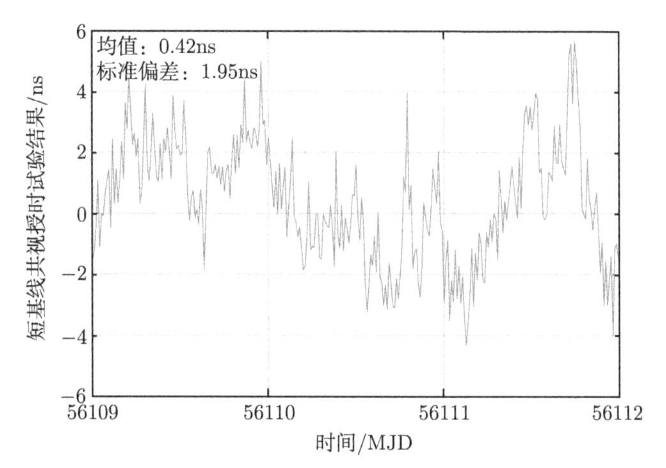

图 3.20　短基线共视授时试验结果 (MJD 56109~56112)

3. 长基线共视授时试验

长基线共视授时试验的站点为长春和北京，与西安监测站的基线长度分别约为 1770km 和 920km。长春试验站点配有铯原子钟，铯原子钟输出的时间信号为试验接收机提供参考输入，北京试验站点本地时间实时驾驭到 UTC(NTSC)。图 3.21 和图 3.22 分别为长春共视授时结果 (MJD 57336~57338) 和北京共视授时结果 (MJD 57889~57892)。

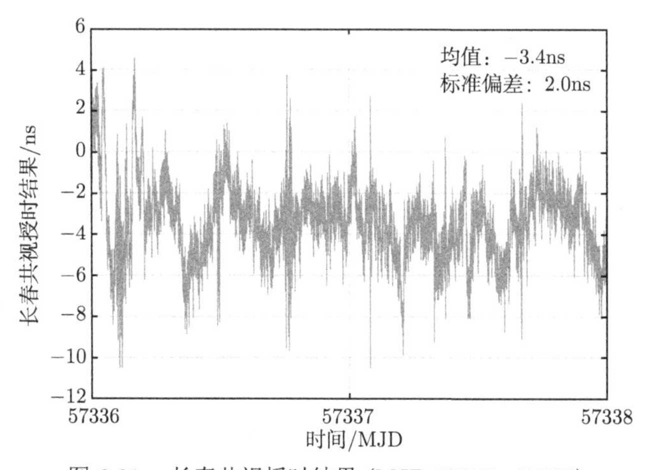

图 3.21　长春共视授时结果 (MJD 57336~57338)

由于长春本地钟与国家标准时间之间存在初始频偏，两者每天会累积十几纳秒的偏差。为分析共视授时精度，利用两地同时段的卫星双向比对数据作为参考，拟合后从共视授时数据中扣除。长春试验站点共视授时结果与相同链路的卫星双向比对结果间存在 3.4ns 的系统差，根据两天的共视授时数据统计的标准偏差为 2.0ns。北京试验站点本地时间保持与 UTC(NTSC) 的实时同步，该站点共视授时结果的标准偏差为 2.2ns，存在 0.3ns 的系统差。

在多个试验站点开展了零基线、短基线和长基线共视授时试验。试验结果表明，零基线和短基线共视授时基本不受空间信号传播路径误差的影响；长基线共视授时除受试验站点本地时间与 UTC(NTSC) 固定偏差的影响外，还受信号传播路径误差的影响。

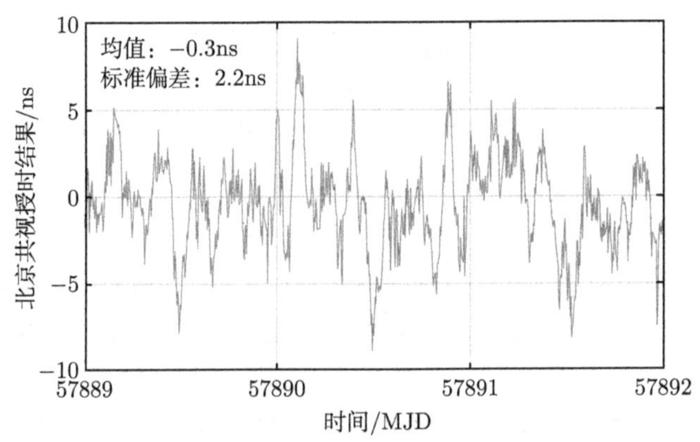

图 3.22　北京共视授时结果 (MJD 57889~57892)

3.4.2　共视授时误差分析

共视授时方法的原理为共视时间传递，因此影响共视授时精度的主要误差项与共视时间传递相同。

对于星历误差，设导航卫星的位置误差为 5m，根据卫星运行的轨道高度及用户与监测站的距离，可以粗略地估计影响共视授时的星历误差 (陈婧亚等, 2019)。以 GPS 卫星为例，其轨道高度约为 22000km，设用户与监测站的距离为 2000km，则根据式 (3.18) 得星历误差约为 0.5m。

$$\frac{\text{用户与监测站距离}}{\text{卫星与用户距离}} \times \text{卫星位置误差} = \frac{2000\text{km}}{22000\text{km}} \times 5\text{m} \approx 0.5\text{m} \tag{3.18}$$

此外，电离层延迟改正误差，以 GPS 标准定位服务电离层延迟改正误差典型值为 7m，考虑到卫星到用户和监测站两条路径的空间相关性，可以抵消大部分时延，残留的电离层延迟误差按 1m 估计。

数据处理中心根据授时偏差监测值预报生成模型参数，用户使用模型参数得到所需时刻的共视授时改正量。在此过程中引入了授时偏差预报误差。此外，模型参数量化误差也是影响精度的一项因素，该误差是由截断模型参数多余尾数引起的，约束该项误差不超过 0.1ns。

接收机端相关误差主要包括对流层延迟误差、接收机时延校准误差、接收机测量误差及多路径误差等，约为 3ns。监测站采用卫星双向比对方式实现监测站与 UTC(NTSC) 的时间同步，站间时间同步精度优于 1ns。

与 GNSS 单向授时方法相比，共视授时精度的提高体现在完全抵消了星钟误差，部分抵消了星历误差、电离层延迟误差和对流层延迟误差。同时，引入了授时偏差预报误差和站间时间同步误差，表 3.3 给出了共视授时误差源及典型值，据此有

$$\sqrt{1.5^2 + 3^2 + 2^2 + 3^2 + 1^2} \approx 5(\text{ns}) \tag{3.19}$$

因此，可以粗略估算共视授时方法的精度优于 5ns。

表 3.3　共视授时误差源及典型值

序号	误差源	1σ 典型值/ns
1	星钟误差	0
2	星历误差	1.5
3	电离层延迟误差	3
4	授时偏差预报误差	2
5	接收机端相关误差	3
6	站间时间同步误差	1

第 4 章　授时与溯源的融合

共视作为一种有效的纳秒级时间传递手段，其应用不局限于守时实验室原子钟之间的时间比对。本章探索卫星导航系统的授时与溯源的融合实现，首先介绍卫星导航系统的系统时间溯源方法，在此基础上提出改变溯源模型参数的产生方式，同时实现卫星导航系统的授时与溯源功能。在满足国际电信联盟建议卫星导航系统时间溯源至 UTC 的同时，还可以改善卫星导航系统的授时服务精度。

4.1　卫星导航系统的溯源方法

作为一种授时系统，卫星导航系统播发的时间信息必须是权威的、国际通用的协调世界时 (UTC)。UTC 是在国际原子时的基础上考虑地球自转后得到的时间尺度，它不是一个连续的时间尺度。UTC 和 TAI 都是纸面时间尺度，不同的是 UTC 具有物理实现 UTC(k)，一般由国家守时实验室或天文台等机构实现并保持。

协调世界时是 BIPM 根据分布在全球 80 多个研究机构的数百台原子钟的比对数据计算得到的，是目前世界上最稳定、准确的法定时间。ITU 建议所有时间频率基准信号的播发都应该尽可能地与 UTC 保持一致。第 15 届国际度量衡大会指出 UTC 是民用时间的基础，大多数国家已合法使用，应予以支持。原国际秒定义咨询委员会建议“覆盖全球的卫星导航系统的系统时间都尽可能地与 UTC 同步”。

严格来说，卫星导航系统的系统时间应按照 ITU 和国际度量衡大会的建议尽可能与 UTC 保持一致，包括闰秒的实施。然而，闰秒通常是通过将钟调快或调慢 1s 来实现的，对于连续提供定位服务的卫星导航系统来说，很难处理由闰秒引起的不连续性，因此，卫星导航系统的系统时间通常采用无闰秒的原子时，通过在导航电文中播发系统时间与 UTC 的闰秒值来实现系统时间与 UTC 的一致。实际中，只有 GLONASS 系统时间 (GLONASS system time, GLONASST) 引入了闰秒，与 UTC 的秒数一致，其他 GNSS 系统时间均采用了无闰秒的时间尺度。图 4.1 所示为 GNSS 系统时间、UTC 与 TAI 的整数秒差。

TAI 与 UTC、GLONASST、GPST、Galileo 系统时间 (Galileo system time, GST)、BDT 的关系如下：

$$\mathrm{TAI} = \mathrm{UTC}{+}\mathrm{leapsecond} \tag{4.1}$$

$$\text{TAI} = \text{GLONASST+leapsecond–3h} \tag{4.2}$$

$$\text{TAI} = \text{GPST+19s} \tag{4.3}$$

$$\text{TAI} = \text{GST+19s} \tag{4.4}$$

$$\text{TAI} = \text{BDT+33s} \tag{4.5}$$

式中，leapsecond 表示闰秒。

卫星导航系统是基于精确的时间实现精密测量的，系统内部时间同步是对卫星导航系统的基本要求。卫星导航系统利用原子钟组和时间尺度算法产生并保持自己的系统时间。若不对系统时间驾驭，系统时间会逐渐发散，因此从卫星导航系统自身来说，也需要将系统时间溯源到外部参考时间。实际中，卫星导航系统通过 GNSS 共视、卫星双向时间频率比对链路等实现其系统时间与 UTC 的物理实现 UTC(k) 的直接比对，获得系统时间与 UTC(k) 的偏差，将该偏差控制在 100ns 以内，实现向 UTC 的溯源。

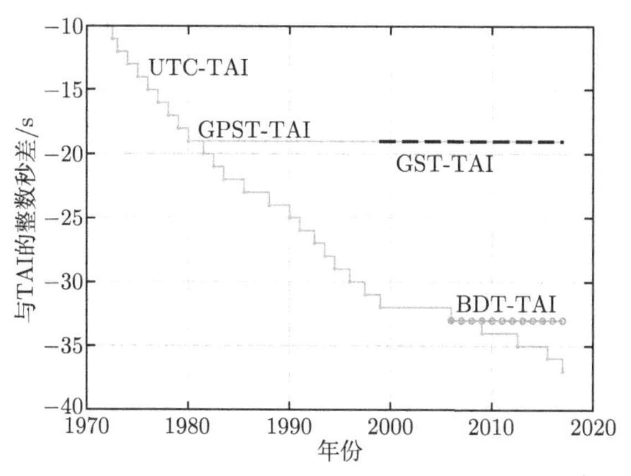

图 4.1　GNSS 系统时间、UTC 与 TAI 的整数秒差

4.1.1　GNSS 溯源原理

1. GPS 系统时间溯源

GPS 系统时间——GPST 由 GPS 系统的地面控制段建立并保持，溯源到美国海军天文台 (United States Naval Observatory, USNO) 保持的 UTC(USNO) (Matsakis et al., 2014)。GPST 起点为 UTC 时间 1980 年 1 月 6 日午夜 0 点，此刻 GPST 滞后 TAI 19s。GPST 是一个连续的时间尺度，不做闰秒调整，截至 2017 年 9 月 1 日，GPST 超前 UTC 18s。

GPST 溯源到美国海军天文台保持的协调世界时 UTC(USNO)，两者的同步偏差控制在 1μs(模 1s) 以内，实际偏差在几十纳秒以内。UTC(USNO) 与 GPS

主控站之间建立有卫星双向和共视比对链路，实现高精度时间比对，GPS 系统时间的溯源链路如图 4.2 所示。

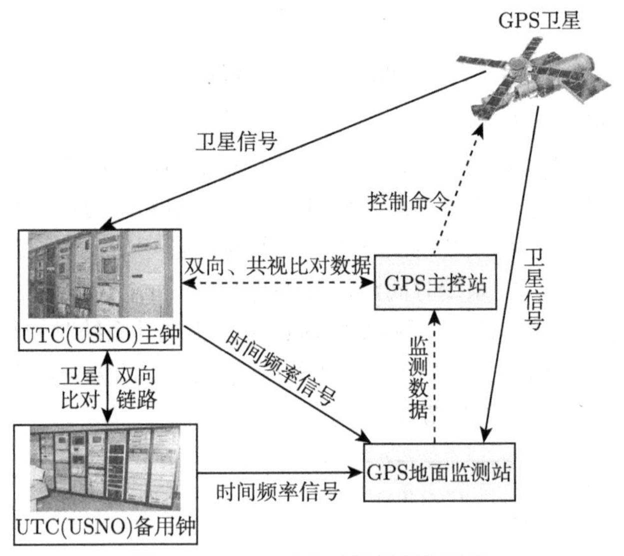

图 4.2　GPS 系统时间的溯源链路

输出 UTC(USNO) 信号的主钟位于美国华盛顿，备用钟位于美国科罗拉多州，两者相距 2374km，通过 Ku 波段卫星双向比对链路保持时间同步。GPS 主控站位于科罗拉多州的科罗拉多泉城。美国海军天文台放置有精密定位型接收机，接收机以 UTC(USNO) 信号为参考接收 GPS 空中信号，监测 GPS 卫星时间与 UTC(USNO) 的偏差。USNO 通过对多颗卫星的数据进行平均估计 UTC(USNO)_GPST 的日偏移量，通过互联网发送给 GPS 主控站。主控站采用"乒乓"技术，使用 $\pm1\times10^{-19}\text{s/s}^2$ 的相对频率速率改正量将 GPST 驾驭到 UTC(USNO) (Moudrak et al., 2004)。同时，主控站对每天的 UTC(USNO)_GPST 值建模，得到 UTC 参数，在 GPS 卫星导航电文中播发。

图 4.3 所示为 2011.01.01~2017.12.31UTC(USNO) 与 GPST 的偏差，从图中可以看出这 7 年该偏差基本保持在 ±5ns 以内。

2. GLONASS 系统时间溯源

GLONASS 卫星时间均同步到 GLONASST，GLONASST 同步到参考时间 UTC(SU)。GLONASST 是一个不连续的时间尺度，与 UTC 同步实施闰秒，因此 GLONASST 与 UTC 之间不存在整秒的时间偏差。GLONASST 与 UTC 之间存在 3h 的固定偏差，即 GLONASST=UTC(SU)+03h00min。

GLONASST 是一个“纸面时”，其产生基于中央同步器 (central synchronizers, CS) 实现。中央同步器的核心是时间频率保持设备，包括 4 台主动氢频率基准、内部比对设备和主动氢频率基准驾驭设备。根据 4 台主动氢频率基准的内部比对结果，选取准确度最优的频率基准为主用，其他为备用。中央同步器的准确度，即相对频率偏差优于 3×10^{-14}，频率稳定度优于 $2\times10^{-15}\text{d}^{-1}$。GLONASS 卫星时间与中央同步器时间周期性地保持比对，地面控制段每天两次计算并上行 GLONASS 卫星时间与 GLONASST 的偏差、GLONASST 与 UTC(SU) 的偏差 (Bogdanov et al., 2014)。

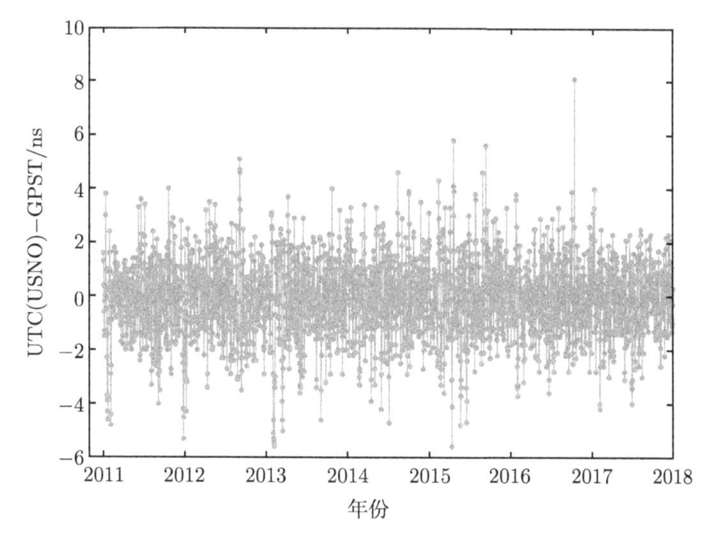

图 4.3　2011.01.01~2017.12.31UTC(USNO) 与 GPST 的偏差

如图 4.4 所示，GLONASST 的溯源参考为俄罗斯国家标准时间 UTC(SU)，UTC(SU) 由俄罗斯国家时间频率参考 (state time/frequency reference, STFR) 系统产生并保持。俄罗斯国家时间频率参考系统与 GLONASS 地面主控站通过 GLONASS/GPS 卫星全视实现两者本地时间之间的比对，如式 (4.6) 所示：

$$\Delta T_{\text{STFR-CS}} = \Delta T_{\text{STFR-GLO(GPS)}} - \Delta T_{\text{CS-GLO(GPS)}} \tag{4.6}$$

式中，$\Delta T_{\text{STFR-CS}}$ 为中央同步器与俄罗斯国家时间频率参考系统间的时间偏差；$\Delta T_{\text{STFR-GLO(GPS)}}$ 为俄罗斯国家时间频率参考系统通过接收 GLONASS/GPS 空中信号获得的 GLONASS/GPS 时间与俄罗斯国家时间频率参考系统的时间偏差；$\Delta T_{\text{CS-GLO(GPS)}}$ 为中央同步器监测的 GLONASS/GPS 时间与中央同步器的时间偏差。中央同步器基于该比对偏差控制其本地时间的产生，估计相对频率偏差。GLONASS 控制中心基于每天的 $\Delta T_{\text{STFR-CS}}$ 监测值产生 GLONASS 系统时间，计算 GLONASST 相对于 UTC(SU) 的偏差改正量，并在导航电文中广播该偏差。

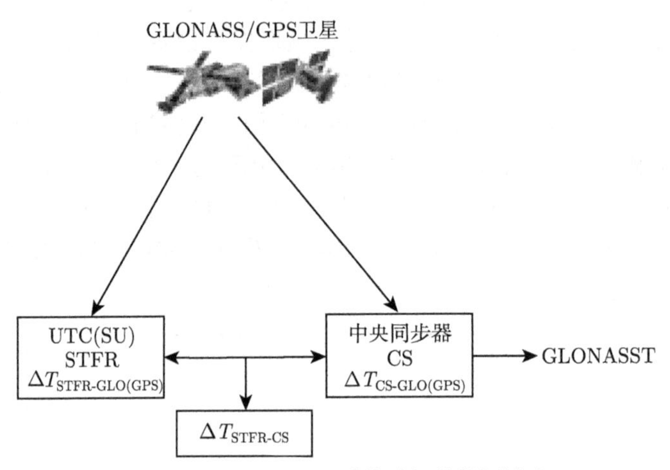

图 4.4　GLONASS 系统时间的溯源链路

根据 GLONASS 接口控制文件，GLONASST 与 UTC(SU) 的相对偏差不超过 1μs，2013 年该偏差约为 420ns。图 4.5 所示为 2011.01.01~2017.12.31UTC(SU) 与 GLONASST 的偏差保持情况。

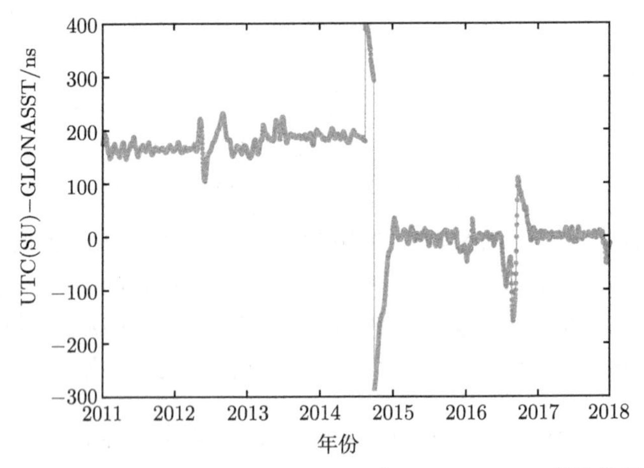

图 4.5　2011.01.01~2017.12.31UTC(SU) 与 GLONASST 的偏差保持情况

3. Galileo 系统时间溯源

Galileo 系统最初拟以国际原子时作为 GST 的溯源参考，但考虑到 TAI 是一个纸面时间尺度，滞后 15~30 天，很难满足实时应用，并考虑到与其他导航系统的兼容，最终 GST 溯源到时间服务提供商 (time service provider, TSP)(欧洲的主要守时实验室) 保持的 UTC 物理实现，不实施闰秒调整，是一个连续的时间尺度。GST 的初始历元为 UTC 1999 年 8 月 22 日 00 时 00 分 00 秒，此刻 GST 超前 UTC 13s，恰好对应 GPS 周计数翻转，截至 2017 年 9 月 1 日，GST 累积超前 UTC 18s。

GST 由 Galileo 地面控制段的主备精密定时设备 (precise time facility，PTF) 产生并保持，主用 PTF 位于意大利富齐诺，备用 PTF 位于德国普法芬霍芬，主备 PTF 以冗余热备方式运行。每个 PTF 均配备有 2 台主动型氢钟和 4 台高性能铯钟。PTF 负责计算生成纸面时 GST，产生并保持 GST 的物理信号 GST(MC)。同时，主用 PTF 与备用 PTF、其他卫星导航系统及守时实验室之间建立有卫星双向和共视比对链路。PTF 利用时间服务提供商计算的控制量对 GST(MC) 进行驾驭，为系统内的其他单元提供高精度的时间频率信号 (Stehlin et al., 2006)。

GST 的溯源通过 TSP 实现，Galileo 系统时间的溯源链路如图 4.6 所示，TSP 独立于 Galileo 系统之外，TSP 对 PTF 发送的卫星双向和共视比对数据 GST-UTC(k) 进行分析。TSP 负责与 BIPM 的数据交换，定期向 BIPM 发送 Galileo 系统内部钟的比对数据和 GST-UTC(k) 数据，并接收 BIPM T 公报的 UTC-UTC(k) 历史数据。TSP 根据 PTF 的内部比对数据以及与各守时实验室的比对数据，估计 GST 与预报 UTC 的每日时间频率偏差预报值和驾驭量，提供给 Galileo 控制中心 PTF，PTF 据此对 GST 实施驾驭 (蔺玉亭等，2014)。

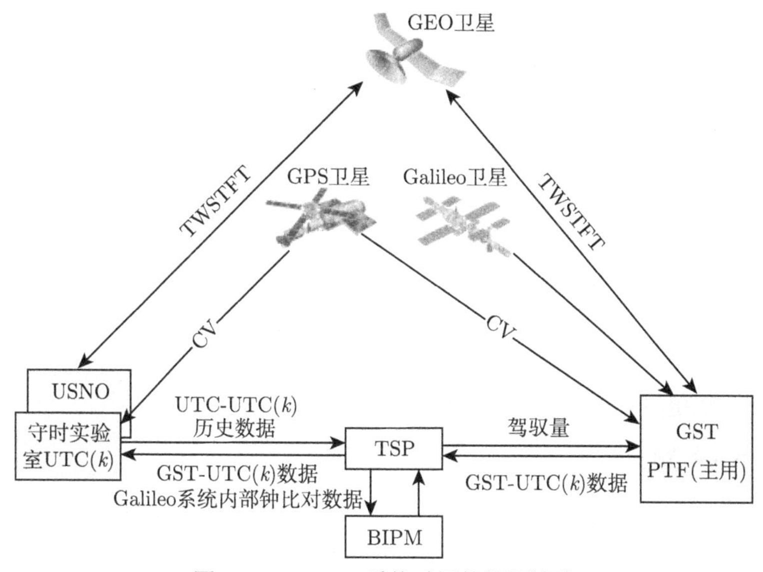

图 4.6　Galileo 系统时间的溯源链路

Galileo 系统在导航电文中广播 GST 与 UTC 的偏差，并上行至 Galileo 卫星向用户广播。Galileo 系统要求 GST 与 UTC 的物理偏差在 95%的时间内保持在 30ns 以内 (模 1s)，使用导航电文播发的 GST 与 UTC 的偏差修正后，获得 UTC 的精度优于 28ns(模 1s，95%)。图 4.7 所示为 2019.7～2019.9 GST 与 UTC 的时间偏差 (Eu, 2019)。考虑到与其他 GNSS 的兼容，Galileo 还在其导航电文中广播 GST 与 GPST 的时间偏差 (Galileo-GPS time offset, GGTO)。

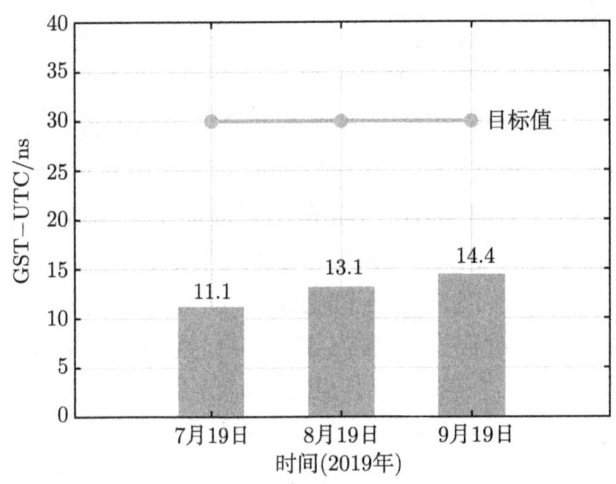

图 4.7 2019.7～2019.9 GST 与 UTC 的时间偏差

4. BDS 系统时间的溯源

BDT 是一个连续的时间尺度，不进行闰秒调整。BDT 采用国际单位秒，BDT 的时间起点为 UTC 2006 年 1 月 1 日 00 时 00 分 00 秒。因此，BDT 滞后 TAI 33s。截至 2017 年 9 月 1 日，BDT 超前 UTC 4s。

北斗卫星导航系统的接口控制文件规定，BDT 通过中国科学院国家授时中心保持的 UTC(NTSC) 与国际 UTC 建立联系，BDT 与 UTC 的秒内偏差要求保持在 50ns 以内。BDT 通过卫星双向比对链路和 GNSS 共视时间比对链路溯源到 UTC(NTSC)。北斗在导航电文中播发 BDT 的溯源参数，同时播发 BDT 与其他 GNSS 系统时间的时差参数 (Han, 2014)。

4.1.2 GNSS 溯源特点

目前四大卫星导航系统保持的系统时间均溯源到国际标准时间 (UTC)，图 4.8 所示为卫星导航系统时间向 UTC 的逐级溯源过程 (朱峰，2015)。对于卫星导航系统来说，首先导航系统内部各单元，如星载钟、地面监测站等，本地时间均与系统时间保持比对，卫星钟与系统时间的偏差以星钟参数的形式在导航电文中发播。其次卫星导航系统利用卫星双向和共视比对实现与外部参考 UTC(k)

的比对，并以溯源参数的形式在导航电文中播发。最后 BIPM 收集各守时实验室的数据，计算 UTC，通过公报定期发布 UTC 与各守时实验室保持的 UTC(k) 的时间偏差。

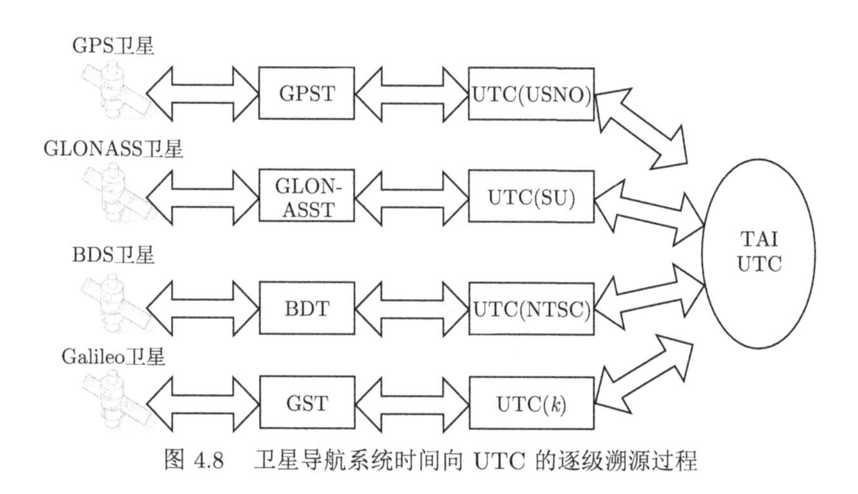

图 4.8　卫星导航系统时间向 UTC 的逐级溯源过程

由 4.1.1 小节可知，四个卫星导航系统向 UTC 的溯源方式不尽相同。GPS 卫星导航系统通过在美国海军天文台放置高精度定位型接收机，接收 GPS 空中信号，监测 GPST 与 UTC(USNO) 的偏差，以此作为驾驭 GPST 的依据。GLONASS 通过在主控站和俄罗斯国家技术物理及无线电工程研究院 (Russian Metrological Institute of Technical physics and Radio Engineering, VNIIFTRI) 之间建立 GLONASS/GPS 共视比对链路，获得 GLONASST 与 UTC(SU) 的偏差，实现向 UTC 的溯源。Galileo 系统也是通过 PTF 与守时实验室间的卫星双向和共视比对链路实现溯源，不同的是 Galileo 系统不是通过某一个守时实验室实现溯源，而是与多个守时实验室同时比对。图 4.9 所示为 GLONASS/Galileo 系统时间的溯源比对原理。

此外，对于溯源偏差参数的建模方式四个卫星导航系统不尽相同。GPS LNAV 电文采用一次多项式模型播发相对于 UTC(USNO) 的溯源偏差模型参数，包含 8 个参数，共 120bit。GPS CNAV 电文采用二次多项式模型，包含 9 个参数，共 98bit。GLONASS 电文直接播发 GLONASST-UTC(SU) 时间偏差，只有 2 个参数，共 39bit。Galileo 系统播发 GST 到 UTC(k) 的时间转换参数，采用一次多项式模型，包含 8 个参数，共 99bit。BDS D1/D2 电文采用一次多项式模型播发 BDT-UTC 参数，包含 6 个参数，共 88bit。BDS B-CNAV 电文中的溯源模型参数采用二次多项式模型，包含 9 个参数，共 97bit。

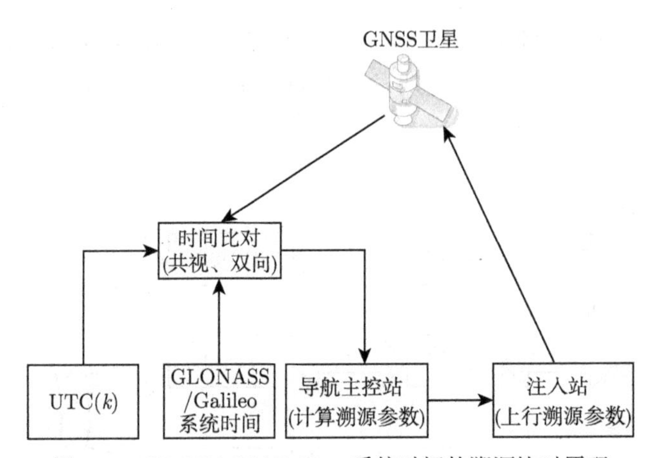

图 4.9　GLONASS/Galileo 系统时间的溯源比对原理

4.1.3　BDS/GPS/GLONASS 溯源性能分析

为分析卫星导航系统电文播发的溯源模型参数性能，采用协调世界时偏差误差 (UTC offset error, UTCOE) 衡量卫星导航系统的系统时间向 UTC 的溯源性能。测试评估的参考为 BIPM 发布的 UTC 与 UTC(k) 的时间偏差数据。由于 BIPM 尚无 BDT 的监测数据，为评估北斗卫星导航系统的溯源性能，采用北斗地面站与 UTC(NTSC) 之间的卫星双向和共视比对链路数据作为参考，具体的评估方法读者可参考相关文献 (焦文海等，2020) 。

图 4.10～ 图 4.12 所示分别为 2019 年 1～11 月 BDS、GPS 和 GLONASS 溯源误差柱状图 (RMS, ns)，监测数据来源于 GNSS 系统时差监测平台。

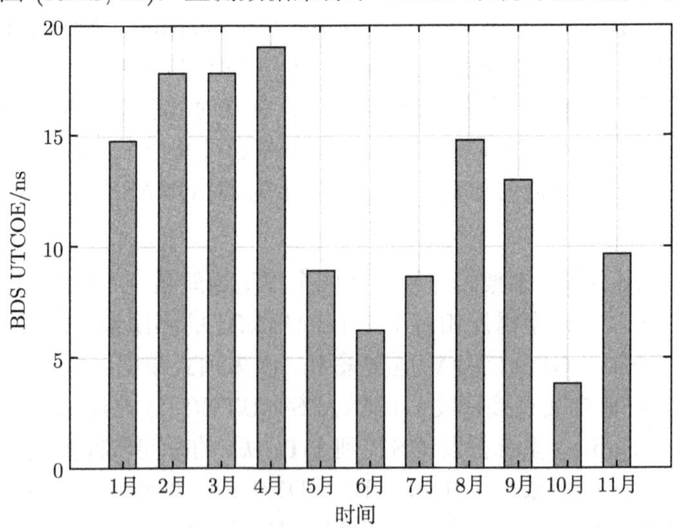

图 4.10　2019 年 1～11 月 BDS 溯源误差柱状图 (RMS, ns)

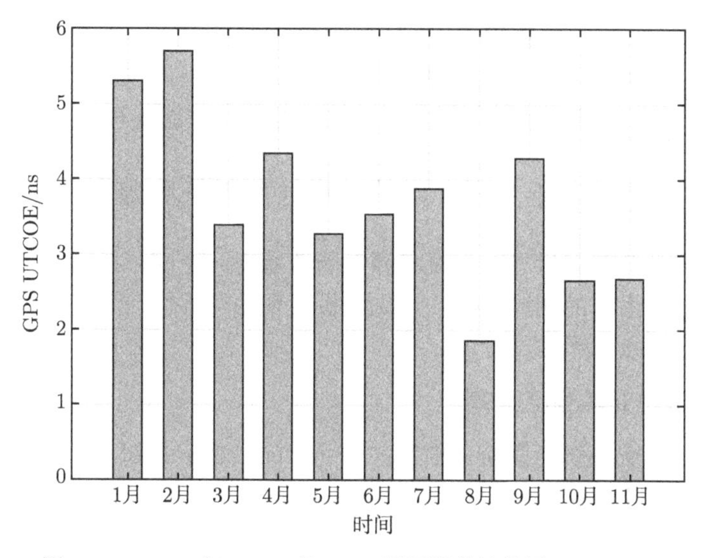

图 4.11 2019 年 1~11 月 GPS 溯源误差柱状图 (RMS, ns)

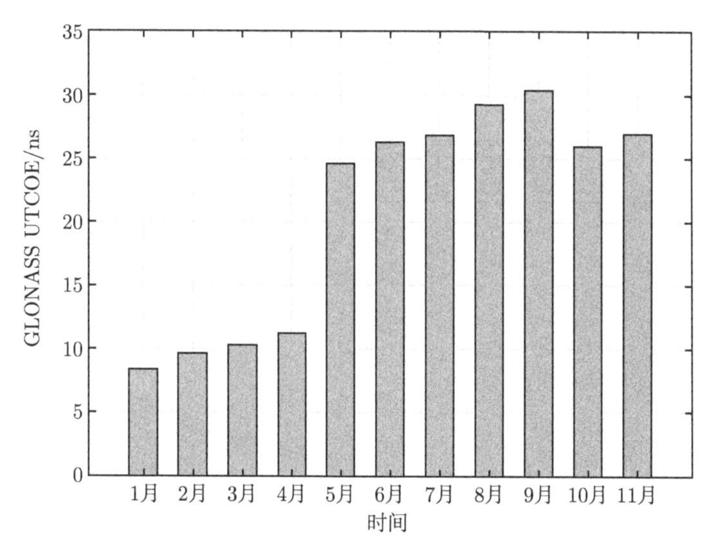

图 4.12 2019 年 1~11 月 GLONASS 溯源误差柱状图 (RMS, ns)

从上述三个卫星导航系统 2019 年 1~11 月的监测结果可以看出，BDS 最大溯源误差为 19.0ns，出现在 4 月份，最小溯源误差为 3.9ns，出现在 10 月份。11 个月中 GPS 溯源误差均优于 6.0ns，8 月份 RMS 值最小，为 1.9ns。GLONASS 溯源误差在 9 月份出现了较大的波动，最大 RMS 值为 30.5ns，1 月份的 RMS 值最小，为 8.4ns。

显然，GPS 溯源精度最高，BDS 次之，GLONASS 溯源性能稍差。BDS 2019 年 2~4 月的溯源误差接近《北斗卫星导航系统公开服务性能规范》要求的 UTCOE 优于 20ns(RMS)。北斗卫星导航系统播发的溯源参数性能还有进一步提升的空间。

4.2 基于共视比对的卫星导航系统溯源实现

考虑到现有北斗卫星导航系统溯源性能还有提升空间，探索基于共视比对改进北斗卫星导航系统的溯源性能。首先分析实现的可行性，并基于搭建的试验平台，在多个试验点开展测试验证。

4.2.1 共视改进北斗溯源原理

北斗卫星导航系统在其接口控制文件 (interface control document, ICD) 中明确提出通过 UTC(NTSC) 与 UTC 建立联系，而将 UTCO 参数定义为 BDT 与 UTC 的时差。获取相同时段 BDS D1/D2 电文和 B-CNAV 电文中的 UTCO 参数，基于 BDS 两类电文中的 UTCO 参数获得的 BDT 与 UTC 的偏差有较大差异。图 4.13 所示为 MJD 59580~59587 期间 BDS D1/D2 电文和 B-CNAV 电文播发 UTCO 偏差。可见，通过 BDS 两类电文中的 UTCO 参数得到的 UTCO 偏差值存在偏差。

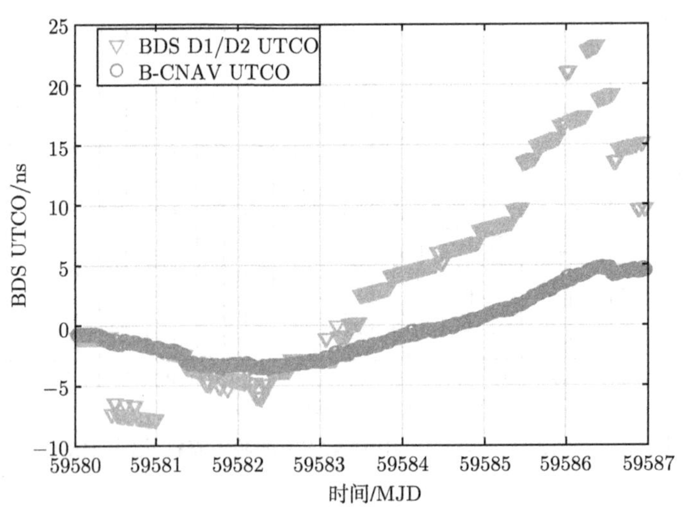

图 4.13 MJD 59580~59587 期间 BDS D1/D2 电文和 B-CNAV 电文播发 UTCO 偏差

可见，目前北斗卫星导航系统时间溯源参考和溯源比对方式存在一定的问题。回顾用户接收卫星导航信号获得国际标准时间 UTC 的过程，首先要完成本地时间与星钟时间的时差测量，其次使用卫星导航系统电文播发的星钟模型参数和溯源模型参数获得相对于 UTC(k) 的时差，最后采用 BIPM 发布的 UTC-UTC(k) 数据获得相对于 UTC 的偏差。

影响北斗单向授时的主要误差源于用户端的时差测量。若要提高北斗卫星导航系统的溯源精度和单向授时精度，只能在导航系统发播时间参数，以改正或抵消用户时差测量值中的误差。在北斗卫星导航系统电文中，播发星钟和溯源两种模型参数，其中星钟模型参数为星载钟时间与北斗卫星导航系统时间的时差预测值，具有明确的物理含义；溯源模型参数为北斗卫星导航系统时间与 UTC 的时差预测值，因 BDT 的溯源参考不明确，该参数的物理含义不明确。

因此，考虑改变北斗溯源模型参数的监测方式，将获取溯源偏差的比对方式改为在国家授时中心守时实验室监测 BDT 与 UTC(NTSC) 的时差值，改进的北斗卫星导航系统时间溯源偏差监测原理如图 4.14 所示。

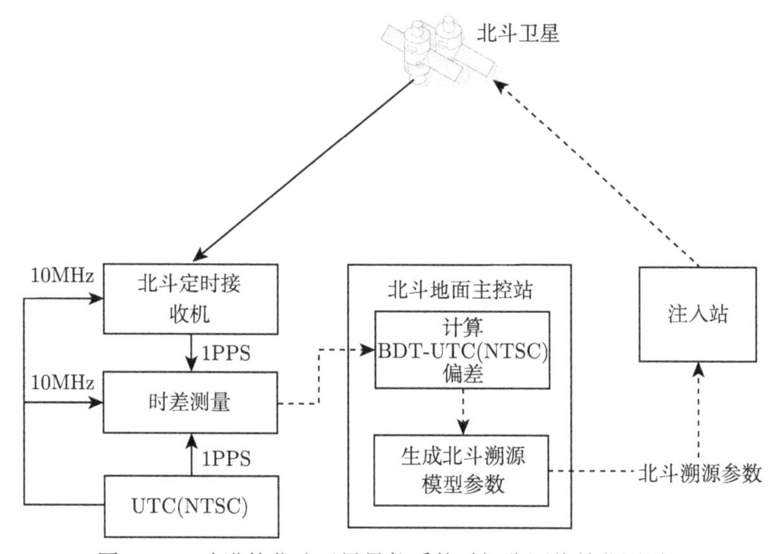

图 4.14　改进的北斗卫星导航系统时间溯源偏差监测原理

在 BDT 溯源的国家授时中心守时实验室 UTC(NTSC) 放置北斗定时接收机，以 UTC(NTSC) 的时间频率信号作为参考，接收北斗导航信号，获得伪距观测量。根据北斗导航电文播发的星历、星钟、电离层等参数扣除伪距观测量中的各项延迟值，得到各颗可视卫星播发的 BDT 与 UTC(NTSC) 的时差。该时差作为北斗溯源偏差，经建模生成参数，通过注入站上行至卫星播发 (李丹丹，2017)。

在上述过程中，这种方式监测的溯源偏差不仅包含 BDT 与 UTC(NTSC) 之间的偏差，还包含北斗授时信号从卫星发出到地面守时实验室接收传播路径中的各项延迟误差。

守时实验室可视为共视比对中的固定一方，用户为共视比对的另外一方。用户端完成伪距测量，获得本地时间与北斗卫星导航系统时间的偏差，再使用该溯源偏差进一步改正时差值，相当于与守时实验室进行了共视比对。传统的共视时间传递双方通过网络实现事后数据交换，该方法通过导航电文广播溯源模型参数。这种发播方式，一方面解决了共视只能实现少数用户间时间比对的问题；另一方面，发播数据为模型参数而非偏差值本身解决了共视的滞后性问题。

对于北斗卫星导航系统而言，采用此种溯源偏差的产生方法，既实现了北斗卫星导航系统时间向 UTC(NTSC) 的溯源，又将北斗卫星导航系统的单向授时精度由十几纳秒提高至与共视比对精度相当的纳秒量级。对于用户端来说，无需增加任何额外硬件负担，只需要使用溯源参数做进一步修正即可。

4.2.2 北斗溯源偏差建模

改进的溯源偏差不仅包含 BDT 与 UTC(NTSC) 的偏差，还包含传播路径延迟误差。溯源偏差监测值在短期内变化明显，含有丰富的信息，需要根据其变化确定溯源偏差的建模周期、参数龄期及更新频率等参数。通过对溯源偏差监测数据变化特性的分析，基于最小二乘原则采用多项式模型预报，确定平滑时长、预报时长等参数, 统计溯源偏差实测值与预报值偏差的均方根衡量模型的预报精度。

数据来源于放置在中国科学院国家授时中心的北斗定时接收机监测的溯源偏差数据，时间段为 2015 年 9 月 22 日 ~10 月 10 日，采样间隔 τ_0=1min。表 4.1 给出了部分北斗卫星的溯源偏差值在不同参数 (Slen 为平滑时长，Plen 为预报时长，n 为多项式的阶数) 下对应的溯源模型参数预报精度。

表 4.1 溯源模型参数预报精度 (RMS，单位：ns)

SLen/min		10	20		30		40		50		60
PLen/min		5	5	10	10	20	20	30	10	30	20
GEO-01	n=1	3.5	3.9	5.3	5.3	7.1	7.0	8.4	5.6	8.1	6.9
	n=2	5.0	4.8	8.2	7.4	13.4	11.7	17.7	6.6	15.3	9.9
GEO-03	n=1	2.3	2.5	3.3	3.4	4.6	4.4	5.0	3.4	4.9	4.2
	n=2	3.6	3.0	4.9	4.5	8.4	7.3	11.4	4.3	9.8	6.2
IGSO-01	n=1	4.6	3.9	4.4	4.0	4.7	4.0	4.1	3.6	4.5	3.8
	n=2	9.2	5.5	8.4	6.2	10.6	8.3	11.8	4.7	9.0	5.4
IGSO-04	n=1	4.7	3.9	4.1	4.0	4.5	4.2	4.6	3.7	4.6	4.0
	n=2	9.3	5.7	8.6	6.4	10.2	6.6	9.8	4.6	8.7	5.2
MEO-01	n=1	5.8	5.1	5.7	5.1	5.5	5.0	5.6	4.4	5.6	5.3
	n=2	10.9	6.8	9.0	7.3	9.9	8.4	13.2	6.0	11.0	8.3
MEO-04	n=1	6.2	5.3	5.9	5.5	5.9	5.9	5.7	5.3	6.0	5.8
	n=2	12.7	7.0	9.6	8.2	12.0	8.8	13.2	6.3	9.3	7.2

根据表 4.1 中的分析结果，在预报时长、平滑时长参数不变的情况下，采用

一次多项式建模的溯源偏差预报误差相比二次多项式更小，建议采用一次多项式建模。若要将溯源模型预报误差控制在 5ns 内，则预报时长不能超过 20min。随着预报时长的增加，相比 IGSO 和 MEO 卫星，GEO 卫星对应的预报误差增长较为明显。

基于上述初步结论，对更长时间段、其他北斗卫星溯源偏差监测值进行建模，分析溯源模型参数预报误差。分析结果表明，保持平滑时长不变，溯源模型预报误差随着预报时长的增长总体逐渐累积；当预报时长不变时，随着平滑时长的增加，溯源模型参数预报误差总体逐渐减小。因此，合适的预报模型需要在平滑时长与预报时长之间找到平衡使得模型性能最优。

为保证溯源模型参数的连续可用，要求模型参数的计算周期、更新周期均应小于参数的龄期。否则，会导致溯源模型参数尚未在电文中更新就已失效。

综合以上分析，根据溯源模型参数预报误差随着平滑时长和预报时长的变化特点，并考虑到观测数据处理周期和数据更新周期，确定最优的预报参数为平滑时长 60min，预报时长 20min。

4.2.3　利用溯源模型播发差分授时模型的可行性研究

BDS 导航电文播发一组溯源参数，即不同 BDS 卫星播发的 UTCO 参数一致。若要从信息层面实现授时与溯源的融合，需要分析现有的溯源参数的大小和变化率是否能反映授时偏差值的变化。将现有溯源模型的阶数、电文比特位等作为约束条件，分析改进的溯源偏差模型参数是否可以在满足该约束条件下实现播发。

1. 现有溯源偏差参数分析

根据北斗卫星导航系统的 ICD，BDS D1/D2 和 B-CNAV 电文均设计有溯源模型参数，即 UTCO 参数，两者播发的 UTC 时间同步参数稍有不同。

1) BDS D1/D2 电文溯源模型参数分析

BDS D1/D2 电文中播发 6 个溯源模型参数，共 88bit(中国卫星导航系统管理办公室，2012)，表 4.2 给出了 BDS D1/D2 电文中每个溯源模型参数的含义及比特位数。

从表 4.2 中溯源模型参数可以看出，BDS D1/D2 电文采用一次多项式模型描述溯源偏差的变化，不播发模型参数的参考时刻，参考时刻的周计数默认为当前 BDT 的周计数，周内秒默认为对应当前周计数初始时刻。

根据参数所占比特位和比例因子，常数项最大值为 2s，一次项最大值约为 7.45×10^{-9}s/s。考虑到已播发 BDT 与 UTC 的累积闰秒数，由溯源参数常数项、一次项确定的偏差为 BDT 与 UTC 的秒内偏差部分。因此，将常数项的最大值控制在 1μs 内即可，可以适当减少常数项的比特位数，同时考虑适当减小一次项系数的上限值。

表 4.2　BDS D1/D2 电文中的溯源模型参数

参数	参数含义	比特位数	比例因子	单位
$A_{0\mathrm{UTC}}$	BDT 相对于 UTC 的钟差	32	2^{-30}	s
$A_{1\mathrm{UTC}}$	BDT 相对于 UTC 的钟速	24	2^{-50}	s/s
t_{LS}	新闰秒生效前 BDT 相对于 UTC 累积闰秒改正数	8	1	s
$\mathrm{WN_{LSF}}$	新闰秒生效的周计数	8	1	周
DN	新闰秒生效的周内日计数	8	1	d
t_{LSF}	新闰秒生效后 BDT 相对于 UTC 累积闰秒改正数	8	1	s

2) BDS B-CNAV 电文溯源模型参数分析

根据北斗卫星导航系统的 ICD 文件，北斗电文中播发 9 个溯源模型参数，共占 97bit(中国卫星导航系统管理办公室，2017)，表 4.3 给出了 BDS B-CNAV 电文中每个溯源模型参数的含义及比特位数。

表 4.3　BDS B-CNAV 电文中的溯源模型参数

参数	参数含义	比特位数	比例因子	单位
$A_{0\mathrm{UTC}}$	BDT 相对于 UTC 的偏差系数	16	2^{-35}	s
$A_{1\mathrm{UTC}}$	BDT 相对于 UTC 的漂移系数	13	2^{-51}	s/s
$A_{2\mathrm{UTC}}$	BDT 相对于 UTC 的漂移率系数	7	2^{-68}	$\mathrm{s/s^2}$
t_{LS}	新闰秒生效前 BDT 相对于 UTC 累积闰秒改正数	8	1	s
t_{ot}	参考时刻对应的周内秒	16	2^4	s
$\mathrm{WN_{ot}}$	参考时刻对应的周计数	13	1	周
$\mathrm{WN_{LSF}}$	闰秒参考时刻周计数	13	1	周
DN	闰秒参考时刻日计数	3	1	d
t_{LSF}	新闰秒生效后 BDT 相对于 UTC 累积闰秒改正数	8	1	s

从表 4.3 中溯源模型参数可以看出，B-CNAV 电文采用二次多项式模型描述溯源偏差的变化，包含闰秒信息。相比 D1/D2 电文溯源模型参数，B-CNAV 电文实时更新溯源模型参数的参考时刻。根据常数项的比特位和比例因子，常数项最大值为 9.54×10^{-7}s，分辨率由 D1/D2 电文的 0.93ns 升级为 0.03ns，可以反映更微小的变化。B-CNAV 电文 UTCO 参数一次项最大值约为 1.82×10^{-12}s/s，二次项最大值约为 $2.14\times10^{-19}\mathrm{s/s^2}$。相比 BDS D1/D2 电文，BDS B-CNAV 电文中溯源模型参数的设计更符合 UTCO 偏差的变化。

3) 改进溯源模型参数播发方法

北斗卫星导航系统整个星座共用一组溯源模型参数，理论上所有卫星播发的溯源模型参数是一致的。改进的溯源偏差值对应每颗卫星一组值，若每颗卫星电文中均播发所有卫星的模型参数，97bit 电文空间显然无法满足要求。

考虑到电文空间紧张，给出一种较为可行的播发方式，每颗卫星只播发该卫星的溯源偏差模型参数。实际上这种播发方式也是合理的，首先，用户端只有在收到该卫星导航信号情况下，才有必要使用该卫星的溯源偏差模型参数。因此，从用户端使用的角度来说，每颗卫星电文只播发自身的溯源偏差模型参数是合理的。其次，新溯源模型参数占用的电文空间大小与传统溯源参数完全兼容。根据北斗现有溯源参数所占比特位和比例因子可以推算出导航电文允许放置的溯源偏差最大值不超过 1μs，常数项分辨率约为 0.03ns。因此，只要溯源偏差值不超过 1μs，就可以与溯源模型参数兼容。实际上，国际电信联盟要求 BDT 与 UTC 的偏差保持在 100ns 内，结合几十纳秒量级的传播路径延迟，溯源偏差的最大值不会超过 1μs。因此，改进溯源模型参数占用 97bit 的电文空间是可行的。

BDS 星座中有 GEO、MEO 及 IGSO 卫星，相比 GEO 卫星，MEO、IGSO 卫星存在国内区域不可视时段，无法连续监测卫星溯源偏差。因此，北斗 IGSO 和 MEO 卫星存在不能及时更新溯源偏差模型参数的情况。建议接收端优先使用北斗 GEO 卫星播发的该参数。

2. 改进的溯源偏差模型参数

BDS-2 MEO/IGSO 卫星电文播发溯源模型参数的频度为 12min，GEO 卫星为 6min，更新周期小于 7d。BDS-3 溯源模型参数的播发频度为 45s，更新周期小于 7d。常数项的大小和分辨率可以满足改进溯源偏差的要求，导航电文一次项和二次项的比特位是否满足要求需要根据溯源偏差的变化特点进一步分析。此外，溯源偏差的变化直接决定了参数的更新周期。

根据 4.2.2 小节对溯源偏差的建模分析，对溯源偏差采用一次多项式建模。以一次多项式模型作为约束，溯源偏差模型参数的更新周期为 20min，参数的有效时长为 20min。综上，改进的北斗溯源偏差模型参数包括模型参考时刻 (由 BDT 周 $\mathrm{WN_{ot}}$ 和 BDT 周内秒 t_{ot} 组成)、常数项系数 ($A_{0\mathrm{UTC}}$) 和一次项系数 ($A_{1\mathrm{UTC}}$)。常数项为 6 位整数，最高位为符号位，$-99999\sim99999$，单位 1×10^{-10}s；一次项为 7 位整数，最高位为符号位，$-999999\sim999999$，单位 1×10^{-16}s/s。

表 4.4 为改进的北斗溯源偏差模型参数，可以考虑在北斗 B2b 频点电文中播发该参数。每颗卫星的电文只播发当前卫星的溯源参数值。不考虑闰秒等参数，改进溯源偏差模型参数共占 65bit。

表 4.4　改进的北斗溯源偏差模型参数

参数	参数含义	比特位数	比例因子	单位
$A_{0\mathrm{UTC}}$	BDT 相对于 UTC(NTSC) 的偏差系数	16	2^{-33}	s
$A_{1\mathrm{UTC}}$	BDT 相对于 UTC(NTSC) 的漂移系数	20	2^{-53}	s/s
t_{ot}	参考时刻对应的周内秒	16	2^{4}	s
$\mathrm{WN_{ot}}$	参考时刻对应的周计数	13	1	周

接收机端使用溯源偏差模型参数计算溯源偏差，设用户使用时刻为 $T\,(\mathrm{WN}, t)$，模型参考时刻为 $T_{\mathrm{ot}}\,(\mathrm{WN}_{\mathrm{ot}}, t_{\mathrm{ot}})$，常数项为 $A_{0\mathrm{UTC}}$，一次项为 $A_{1\mathrm{UTC}}$，则计算北斗溯源偏差改正量的过程如下：

(1) 计算 $\mathrm{tempt} = 604800 \times (\mathrm{WN} - \mathrm{WN}_{\mathrm{ot}}) + (t - t_{\mathrm{ot}})$，单位 s；

(2) 判断 $-600 \leqslant \mathrm{tempt} \leqslant 600$ 是否成立，若成立，则模型参数有效，按式 (4.7) 计算溯源偏差改正值 UTC(NTSC) − BDT，单位 s；

$$\mathrm{UTC(NTSC)} - \mathrm{BDT} = A_{0\mathrm{UTC}} \cdot 1 \times 10^{-10} + A_{1\mathrm{UTC}} \cdot 1 \times 10^{-16} \cdot \mathrm{tempt} \tag{4.7}$$

(3) 设用户接收机钟差为 du，$\mathrm{du} = T_{\mathrm{loc}} - \mathrm{BDT}$，使用 UTC(NTSC) − BDT 改正 du，有

$$(T_{\mathrm{loc}} - \mathrm{BDT}) - (\mathrm{UTC(NTSC)} - \mathrm{BDT}) = T_{\mathrm{loc}} - \mathrm{UTC(NTSC)} \tag{4.8}$$

即得到用户本地时间与 UTC(NTSC) 的偏差。

用户通过使用改正的溯源偏差模型参数，实现与国家标准时间的同步。

3. *改进溯源模型参数的星间一致性分析*

改进的北斗卫星溯源偏差监测方法中，每颗卫星播发的溯源参数均不同，不再是全北斗星座对应一组溯源模型参数值。对 GNSS 用户来说，使用不同卫星播发的溯源偏差模型参数实现向 UTC(k) 的溯源误差，表现为不同卫星溯源偏差模型参数间的差异。

考虑到用户端可能使用任意卫星播发的溯源模型参数，针对 13 颗 BDS-2 卫星的数据，分别分析每颗 BDS-2 卫星使用其他 12 颗卫星溯源偏差模型参数获得标准时间的性能。统计指标为均方根 (RMS) 和均值 (MEA)，分析时段为 2017 年 4 月 1 日 ~4 月 30 日，共 30 天。根据表 4.5 中的结果，PRN1 号卫星使用 PRN2 号卫星溯源参数改正其观测值，引入的溯源偏差误差均方根为 18.2ns，均值为 17.1ns。由于 PRN1 和 PRN4 号卫星与其他卫星溯源偏差间存在约 10ns 的系统差，因此其他卫星使用这两颗卫星的溯源模型参数时误差较大。13 颗 BDS-2 卫星的星间溯源误差的 RMS 值基本优于 20ns。不考虑星间系统差的影响，BDS-2 星间溯源误差的 RMS 值约为 10ns。

4.2.4 共视改进北斗溯源需考虑的问题

北斗星座中的 GEO 卫星不仅用于播发增强信息，还可作为测距源使用。利用 GEO 卫星测距，所受误差源的影响与 MEO 卫星有所不同。GEO 卫星几乎静止不动，地面监测站观测 GEO 卫星获得的信息有限，不易分离星历误差和星钟误差。此外，GEO 卫星与接收机的几何关系变化小，导致 GEO 卫星多路径误差呈现出与 MEO 和 IGSO 卫星不同的变化特点。

表 4.5　改进溯源偏差模型参数的星间一致性　(单位: ns)

卫星号	PRN2	PRN3	PRN4	PRN5	PRN6	PRN7	PRN8	PRN9	PRN10	PRN11	PRN12	PRN14
	RMS/MEA	RMS/MEA	RMS/MEA	RMS/MEA	RMS/MEA	RMS/MEA	RMS/MEA	RMS/MEA	RMS/MEA	RMS/MEA	RMS/MEA	RMS/MEA
PRN1	18.2/17.1	15.2/13.8	9.2/2.2	16.4/14.7	10.6/8.2	11.8/9.9	14.9/13.5	12.0/10.3	12.8/11.1	15.9/14.4	21.0/19.8	19.3/17.8
PRN2	—	5.5/−3.2	16.8/−14.8	6.9/−2.4	9.9/−8.5	9.1/−7.7	6.0/−3.2	8.1/−6.8	7.6/−5.9	6.1/−1.9	6.8/2.9	6.7/0.6
PRN3	—	—	14.0/−11.5	5.9/0.8	7.7/−5.9	6.1/−3.9	4.9/0.1	6.0/−4.1	5.1/−2.3	5.9/−0.8	8.6/6.2	7.0/3.4
PRN4	—	—	—	15.2/12.4	10.3/6.2	11.1/7.3	14.0/11.4	11.1/8.0	12.0/9.0	15.3/12.4	19.1/17.1	18.6/16.5
PRN5	—	—	—	—	9.2/−7.0	7.3/−4.0	6.4/−1.2	7.3/−4.8	6.6/−2.8	6.9/0.0	8.9/5.1	7.5/2.6
PRN6	—	—	—	—	—	6.0/3.0	7.6/5.1	5.2/1.9	6.8/3.5	9.4/7.2	13.1/11.3	11.3/9.3
PRN7	—	—	—	—	—	—	7.3/4/9	4.9/−0.8	5.0/1.6	8.0/5.3	12.5/10.8	8.3/6.0
PRN8	—	—	—	—	—	—	—	5.7/−2.7	5.9/−2.5	6.2/0.9	8.6/6.1	8.2/4.8
PRN9	—	—	—	—	—	—	—	—	5.0/1.3	6.9/4.4	11.2/9.6	9.1/7.0
PRN10	—	—	—	—	—	—	—	—	—	7.1/3.3	10.9/8.9	8.1/5.6
PRN11	—	—	—	—	—	—	—	—	—	—	9.4/5.5	7.8/4.3
PRN12	—	—	—	—	—	—	—	—	—	—	—	6.9/−3.3

1. GEO 卫星定轨误差较其他类型卫星大

导航卫星高精度轨道确定通常采用动力学方法，定轨精度主要取决于卫星动力学模型和几何观测信息。GEO 卫星的高轨和静地特性制约了卫星动力学模型的定轨。北斗卫星导航系统无法实施全球布站，导致卫星地面监测站分布不均匀，动力学模型的约束远远不及几何观测对轨道确定的贡献大，尤其体现在卫星运动方向 (切向) 和轨道面法向。根据监测站数量及分布的不同，测距偏差可以 8~20 倍放大到轨道切向和法向上。相比 GEO 卫星，北斗 IGSO 和 MEO 卫星的站星几何关系变化相对明显，受地面监测站布局的影响较小。

使用 GEO 卫星获得相同的地面覆盖所需的卫星数量较少，且地面站与卫星之间可以建立永久的通信，因此 GEO 卫星早已在通信领域被广泛应用，但是由于 GEO 卫星必须定点在赤道上空，星下点经度是唯一可分配参数。为保护这一有限的资源，多星并置共用同一经度位置是一项重要的措施。为避免共用区内相邻卫星间的无线电频率干扰和潜在的碰撞危险，国际电信联盟对 GEO 卫星定点提出要求，规定卫星运动窗口控制在经度和纬度方向 $\pm 0.1^\circ$ 以内，径向 ± 50km 以内。

地球扁率、太阳和月球摄动及定点误差的共同作用使 GEO 卫星相对于标称经度存在长期漂移，因此 GEO 卫星在寿命期间内需要定期采取位置保持控制，以补偿自然摄动。通常有两种位置保持方式，经度控制，即东西方向位置保持；纬度控制，即南北方向位置保持。因为东西方向位置保持与南北方向位置保持互不耦合，所以分别实施，一般东西方向位置保持机动相对频繁。机动时卫星运动范围可达几十公里，持续时间几十分钟。除轨道机动外，卫星姿态控制时存在动量轮卸载，受小喷气摄动影响，卫星位置变化几米到十几米，持续数秒 (周巍，2013)。GEO 卫星变轨期间的主动力难以模型化，因此变轨期间及变轨后数小时内卫星位置无法使用几何定轨法确定。

通过对 2016 年 12 月北斗广播星历的精度分析，北斗 GEO 卫星径向星历误差优于 1m，法向误差优于 5m，切向误差较大，在卫星机动时最大甚至达十几米，星钟误差在 10ns 以内，星钟与星历合成的用户测距误差在 3m 以内。北斗 GEO 卫星的定轨误差较大，用户使用共视改进的北斗溯源参数后，对授时结果的影响取决于卫星位置误差在卫星到监测站点和用户方向的投影差值。因此，即便 GEO 卫星处于机动状态，用户使用新溯源方法也能在一定程度上抵消部分 GEO 卫星星历误差。

2. GEO 卫星多路径误差特性不同于 MEO 卫星

GNSS 接收机天线接收到的信号可以看成一路直射波和多路反射波的叠加，

合成信号可以表示为

$$s\left(t\right)=Ap\left(t\right)\sin\left(\omega_0 t\right)+\sum_{i=2}^{L}\left(\alpha_i Ap\left(t-\tau_i\right)\sin\left(\omega_0 t+\Delta\varPhi_i\left(t\right)\right)\right) \tag{4.9}$$

式中，A 为信号的振幅；α_i 为反射波的衰减系数；$p\left(t\right)$ 为值为 ± 1 的数据码、伪随机码等二进制信号的异或和；τ_i 为反射波相对于直射波的传播时延，即多路径时延；$\Delta\varPhi_i(t)=\Delta\phi_i+\left(\Delta\omega_i-\Delta\omega_0\right)t$ 为多路径信号相对于直射波的相位差，$\Delta\phi_i$ 为多路径信号的初始相位，$\Delta\omega_i-\Delta\omega_0$ 为直射波与反射波之间的多普勒频差。

对于 MEO 卫星，由于卫星相对于接收机相位中心的运动，多路径时延 τ_i 和相位差 $\Delta\varPhi_i(t)$ 都随时间发生变化。因此，GPS 系统将多路径误差当作噪声来处理，可以通过长时间的平均降低其对测距值的影响。利用 GPS 卫星实现伪距测量，多路径效应在卫星的一次过境时段内通常会平均到零。

对于 GEO 卫星，接收机和卫星处于相对静止的状态，GEO 多路径误差属于慢变误差，不能通过长时间平均来消除。理想情况下静止 GEO 卫星的多普勒频差项为零，$\Delta\varPhi_i(t)$ 为常数。因此，多路径相位具有时不变特性，使多路径误差观测量呈现出一个固定的偏移量。实际中，GEO 卫星正常在轨运行、机动，以及其他轨道摄动会引起卫星位置的变化，进而引起伪距多路径误差偏移量的变化。根据 Raytheon 公司研究人员对并址 WAAS 参考站测距误差均值的估计，大多数 GEO 卫星多路径误差引起的固定偏差小于 1m，有的超过 2m (Schempp et al., 2008)。多路径误差会降低地面监测站的观测数据质量，进而降低主控站估计 GEO 卫星轨道和钟差的精度。

许多专家学者采用快速傅里叶变换、小波分解及自相关等方法对北斗 GEO 卫星多路径误差开展了分析研究 (Wang et al., 2015)。研究表明，GEO 卫星多路径误差具有周期性，周期约为一个恒星日，多路径误差的幅值为 1~2m。北斗 GEO 卫星在相邻两天的多路径误差低频分量的相关性为 70%。利用多路径误差的相关性，可从 GEO 测距值中扣除多路径误差。

4.3　基于改进溯源参数的北斗单向授时性能分析

GEO 卫星是北斗星座中的亮点，GEO 卫星在时间传递方面具有独特的优势，本节结合 GEO 卫星的特点探索其在实现改进溯源方法中的独有优势。从轨道面高度、长时间可视、高仰角、整周连续等角度分析北斗 GEO 卫星的优势。基于现有资源搭建试验平台，在多地开展测试，验证该方法对北斗伪码单向授时性能的改善。

4.3.1 GEO 卫星实现改进溯源方法的优势分析

GEO 卫星由于其特有的轨道高度、运动特性和覆盖范围，在卫星导航领域主要用于区域导航、导航增强和广域差分信息广播等 (陈婧亚，2018)。此外，GEO 卫星还可以作为一种测距源，我国的北斗卫星导航系统、美国的广域增强系统、欧洲静地导航重叠系统 (european geostationary navigation overlay system, EGNOS) 等均使用 GEO 卫星播发与 MEO、IGSO 卫星相同的导航信号。

BDS 星座包括 5 颗 GEO 卫星，分别定点于赤道上空 58.75°E、80°E、110.5°E、140°E 和 160°E。BDS-3 星座不包含位于最东边 58.75°E 和位于最西边 160°E 的两颗 GEO 卫星。

表 4.6 为长春等 6 站点观测 BDS GEO 卫星的仰角，从表中的数据可以看出，观测 5 颗北斗 GEO 卫星可视仰角较小的站点为喀什和长春，其中喀什全天不能观测 GEO 4 号卫星。地面站可视 GEO 卫星的仰角大小取决于卫星轨道高度与卫星星下点到地面站距离比值的大小。当卫星轨道高度一定时，地面站距离卫星星下点越远，观测卫星的仰角越小。

表 4.6　长春等 6 站点观测 BDS GEO 卫星的仰角　(单位：°)

站点	PRN01/140°E		PRN02/80°E		PRN03/110.5°E		PRN04/160°E		PRN05/58.75°E	
	范围	变化量	范围	变化量	范围	变化量	范围	变化量	范围	变化量
长春	36～39	3	24～26	2	36～39	3	28～30	2	7～10	3
昆明	38～41	3	53～56	3	38～41	3	21～22	1	32～35	3
三亚	48～50	2	54～56	2	67～71	4	29～30	1	29～31	2
喀什	10～12	2	42～45	3	31～34	3	—	—	39～43	4
上海	47～50	3	35～37	2	50～54	4	34～36	2	14～16	2
西安	37～40	3	40～43	3	48～52	4	23～24	1	22～25	3

每颗卫星对应的地面站可视仰角的变化量不同，最小为 1°，最大为 4°。仰角变化量的大小主要取决于地面站经度与卫星经度的差值，两者越接近，对应地面站可视该卫星的仰角变化范围越大。这是因为 GEO 卫星的星下点轨迹主要呈南北方向分布，运动轨迹在南北方向的跨度越大且地面站经度与卫星的经度越接近，对应仰角的变化量越大。

中国的 6 个城市，北部的长春，南部的三亚、昆明，西部的喀什，东部的上海和中部的西安，都可以以不小于 10° 的仰角全天观测 BDS-3 星座中的 3 颗 GEO 卫星。相比之下，一般用户以不小于 10° 的仰角连续观测 MEO 卫星的时间只有约 6h。

此外，卫星导航系统的地面主控站可以随时更新注入导航电文，特别是对于有效龄期较短、更新较为频繁的参数。对于无法全球布站的北斗卫星导航系统来说，可以利用 GEO 卫星的这一优势，借助星间链路实现对北斗星座中 MEO、IGSO 卫星导航电文的及时更新，提高北斗星座的整体服务性能。

从星历误差和电离层延迟误差的角度来说，相比 MEO 卫星，利用 GEO 卫星实现溯源获得的授时结果受星历误差的影响更小。北斗 GEO 卫星轨道高度为 35786km，约是北斗 MEO 卫星轨道高度 (21528km) 的 1.66 倍。卫星轨道高度越高，卫星位置误差对授时结果的影响越小。忽略其他误差情况下，对于 1000km 的基线和 10m 的卫星位置误差，使用北斗 MEO 卫星实现溯源，星历误差的影响为 0.46m，约合 1.5ns。使用 GEO 卫星实现溯源，星历误差的影响只有 0.28m，约合 0.9ns。

中国区域地面站观测 GEO 卫星视线方向与电离层的交点，即电离层穿刺点，其地理经纬度变化量非常小，绝大部分区域对应的穿刺点经纬度变化量最大不超过 1°，部分地区 2°。表 4.7 为西安等 6 个站点观测北斗 GEO 卫星的电离层穿刺点仰角及长春等 5 个站点与西安站的电离层延迟偏差。表中，IPP 列为西安和长春等 5 个站点观测北斗 5 颗 GEO 卫星的电离层穿刺点仰角，单位为 °；δI 列为在平均总垂直电子含量取 10TECU 时，长春等 5 个站点电离层延迟与西安站电离层延迟的差值，单位为 m。

表 4.7　西安等 6 个站点观测北斗 GEO 卫星的电离层穿刺点仰角及长春等 5 个站点与西安站的电离层延迟偏差

站点	PRN01		PRN02		PRN03		PRN04		PRN05	
	IPP	δI	IPP	δI	IPP	δI	IPP	δI	IPP	δI
西安	42.3	—	45.3	—	52.7	—	30.0	—	30.2	—
长春	41.4	0.04	31.1	0.9	41.4	0.4	34.2	0.4	20.8	1.4
昆明	43.2	0.04	56.3	0.3	61.3	0.2	28.3	0.2	38.0	0.6
三亚	51.6	0.3	56.8	0.3	70.0	0.3	34.4	0.4	35.1	0.4
喀什	22.1	1.9	46.9	0.1	36.9	0.7	—	—	30.1	0.4
上海	51.2	0.3	40.2	0.2	54.4	0.1	39.1	0.7	24.2	0.7

由表 4.7 中结果可见，喀什、西安观测 BDS PRN01 卫星的电离层穿刺点仰角差达到了 20°；喀什与西安的电离层延迟偏差最大达 1.9m；长春、西安观测 BDS PRN05 卫星的电离层延迟偏差达 1.4m。除此之外，其他站点其他卫星与西安站的电离层延迟偏差均在 1m 以内。表 4.7 中的电离层延迟偏差只考虑了由仰角差引起的电离层延迟的差异。在实际中，不同站点上空的总垂直电子含量不同，随时间和空间的变化较为复杂，因此与西安站的电离层延迟偏差值比表中的数值大。

除星历误差和电离层延迟误差外，与观测 MEO 卫星相比，接收机定点观测 GEO 卫星时，接收机与 GEO 卫星之间的相对运动变化非常小，仰角的变化范围非常小，由仰角变化引起的对流层延迟的变化速率较小。另外，GEO 卫星的多路径误差复杂多变，变化特性与 MEO 卫星不同，具有非平稳特性，呈现时快时慢的变化特点，是限制 GEO 卫星测距精度的主要误差源。北斗 GEO 卫星对地连续可视有助于多路径数据的采集，分析多路径误差的长期变化规律和误差分布机理，研究有效的抑制方法。

4.3.2 测试试验平台

为验证北斗溯源模型参数产生新方法，基于两台北斗定时接收机、计数器、工控机和软件，搭建了试验验证平台，如图 4.15 所示。该平台包括一套溯源偏差监测系统和一套溯源偏差验证系统。

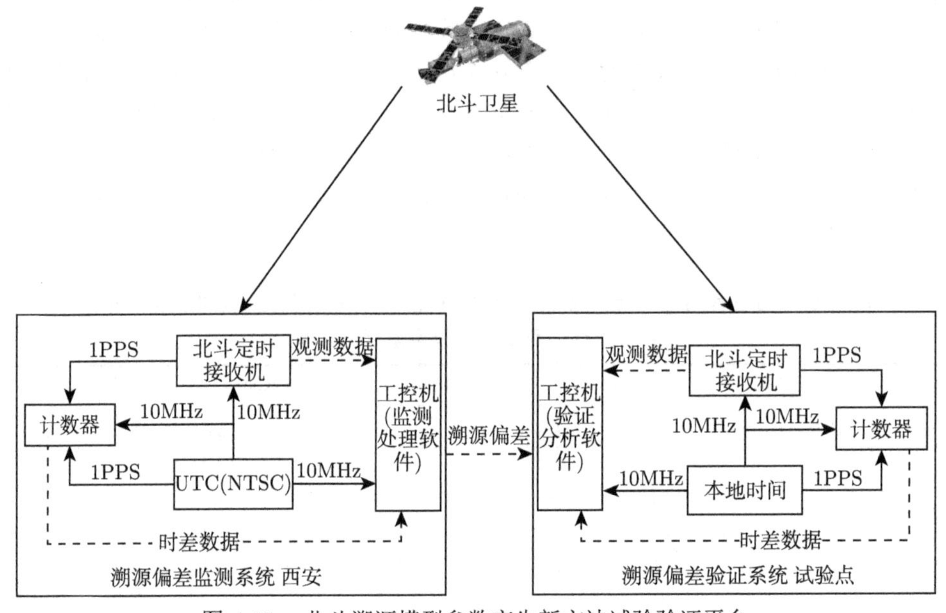

图 4.15 北斗溯源模型参数产生新方法试验验证平台

溯源偏差监测系统包括一台北斗定时接收机、一台计数器和一台工控机及监测处理软件，实物如图 4.16 所示。该系统放置在中国科学院国家授时中心，实现北斗溯源偏差的监测。接收机以高性能 UTC(NTSC) 时间频率信号为参考，输出观测数据。计数器测量接收机输出 1PPS 与 UTC(NTSC) 1PPS 的时差。经监测处理软件得到北斗卫星广播 BDT 与 UTC(NTSC) 的时差，即溯源偏差，基于该偏差生成模型参数。

溯源偏差验证系统包括一台北斗定时接收机、一台计数器和一台工控机及验证分析软件，实物与溯源偏差监测系统相同。该系统放置在试验点，接收机以本地时间为参考，输出观测数据。计数器测量接收机输出 1PPS 与本地时间 1PPS

的时差。经验证分析软件得到本地时间与北斗卫星广播 BDT 的时差。同时，溯源偏差验证系统接收监测系统的溯源偏差模型参数，进一步改正本地时间与北斗卫星广播 BDT 的时差，得到试验点本地时间与 UTC(NTSC) 的时差，实现授时验证。

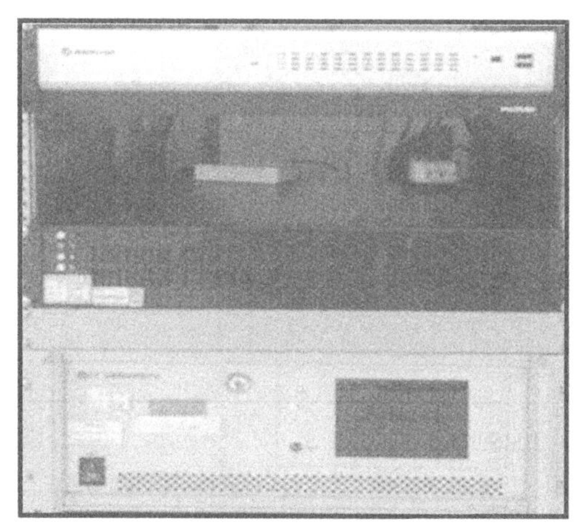

图 4.16　溯源偏差监测系统实物图

为真实反映改进的溯源方法的授时性能，以用其他比对方式获得的西安与试验点之间的钟差为参考，分析该方法的性能，统计试验点授时结果的均方根误差值，作为衡量该方法的性能指标。

4.3.3　授时性能试验分析

基于上述试验验证平台，在临潼、喀什、三亚、长春 4 个试验点开展测试验证。临潼试验点以西安—临潼两地光纤链路的时间比对结果为参考，喀什、三亚试验点以西安—喀什、西安—三亚两条卫星双向时间比对链路的时间比对结果为参考。喀什、三亚试验点本地时间由氢钟保持，输出的时间频率信号作为北斗定时接收机的时间参考，卫星双向设备也以氢钟输出的时间频率信号为参考。长春试验点本地时间由铯钟保持，其输出时间频率信号为北斗定时接收机提供外部参考。长春—西安以两地间的 GPS 共视时间比对结果为参考，分析北斗溯源方法的授时精度。

1. 临潼试验结果

试验时段为 2015 年 9 月 22 日 ~10 月 2 日，图 4.17 为试验期间西安—临潼两地的光纤时间比对结果。图 4.18~ 图 4.20 分别为临潼试验点使用北斗 GEO-04 卫星、IGSO-03 卫星和 MEO-01 卫星的北斗溯源授时结果，图中结果均已扣除图 4.17 中两地之间的光纤时间比对结果。

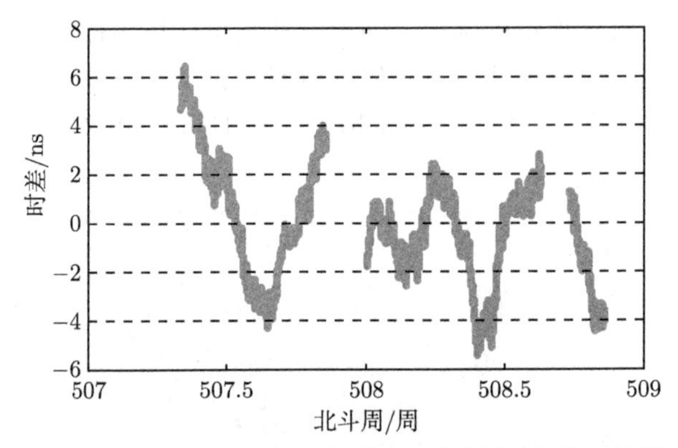

图 4.17　试验期间西安—临潼两地的光纤时间比对结果

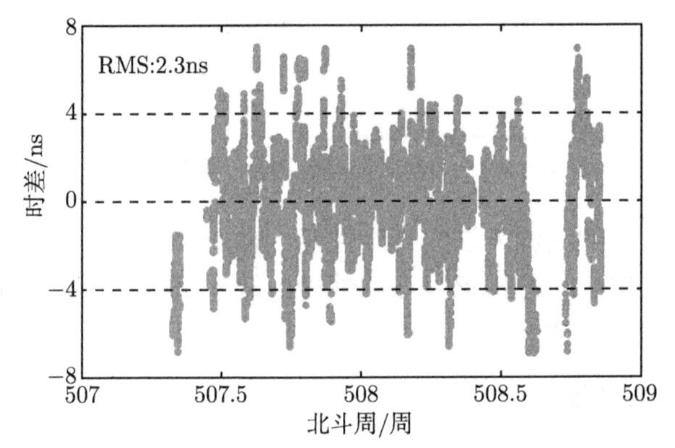

图 4.18　临潼试验点使用北斗 GEO-04 卫星的北斗溯源授时结果

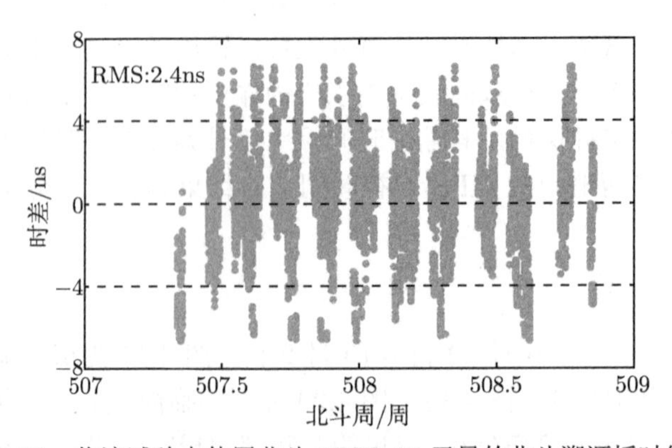

图 4.19　临潼试验点使用北斗 IGSO-03 卫星的北斗溯源授时结果

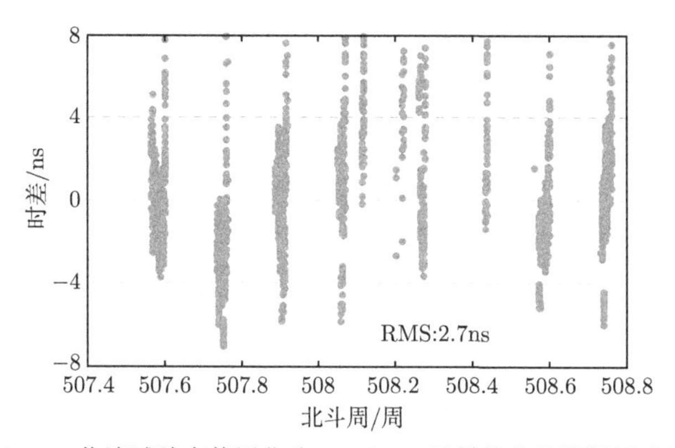

图 4.20　临潼试验点使用北斗 MEO-01 卫星的北斗溯源授时结果

2. 喀什试验结果

试验时段为 2015 年 10 月 22 日 ~10 月 23 日，图 4.21 为试验期间西安—喀什两站的卫星双向时间比对数据。图 4.22~ 图 4.24 分别为喀什试验点使用北斗

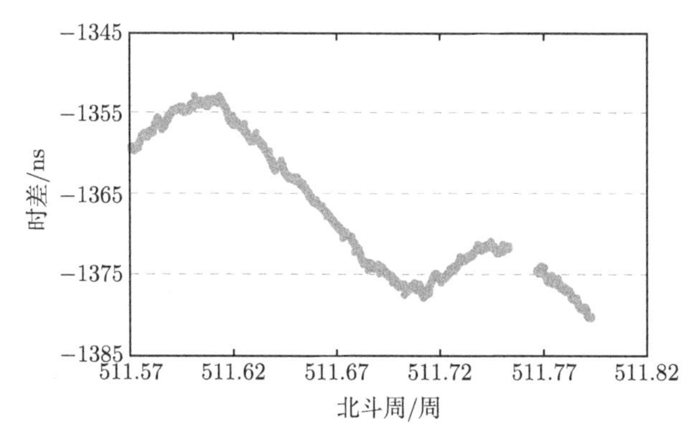

图 4.21　试验期间西安—喀什两站的卫星双向时间比对数据

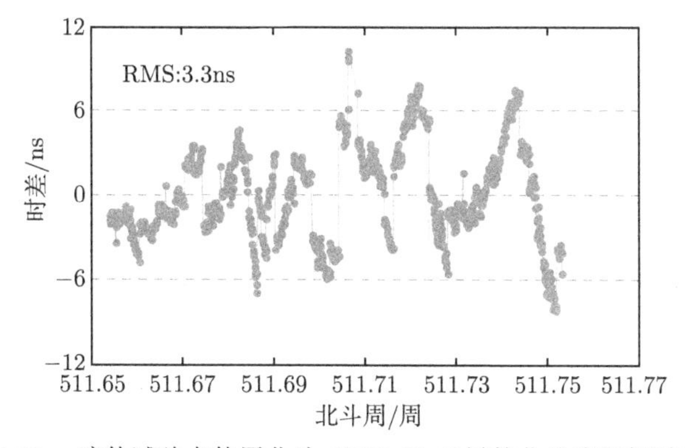

图 4.22　喀什试验点使用北斗 GEO-02 卫星的北斗溯源授时结果

GEO-02 卫星、IGSO-04 卫星和 MEO-02 卫星的北斗溯源授时结果，图中结果均已扣除图 4.21 中两地之间的卫星双向时间比对数据。

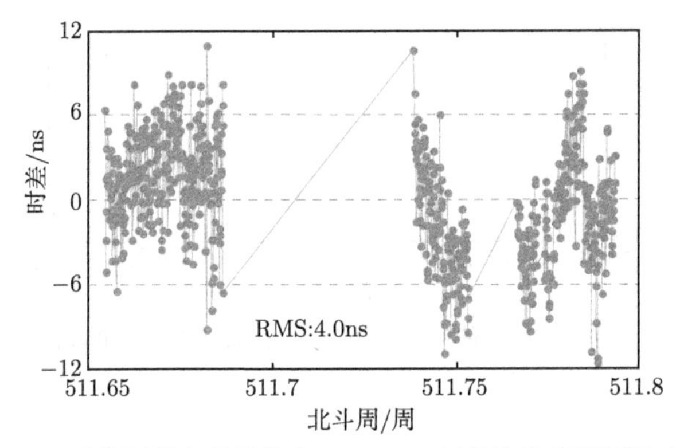

图 4.23　喀什试验点使用北斗 IGSO-04 卫星的北斗溯源授时结果

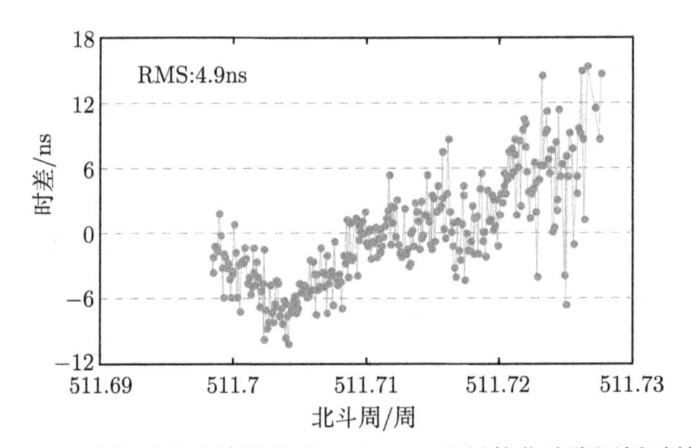

图 4.24　喀什试验点使用北斗 MEO-02 卫星的北斗溯源授时结果

3. 三亚试验结果

试验时段为 2016 年 5 月 10 日 ~5 月 20 日，图 4.25 为试验期间西安—三亚两站的卫星双向时间比对数据。图 4.26~ 图 4.28 分别为三亚试验点使用北斗 GEO-03 卫星、IGSO-02 卫星和 MEO-01 卫星的北斗溯源授时结果，图中结果均已扣除图 4.25 中两地之间的卫星双向时间比对数据。

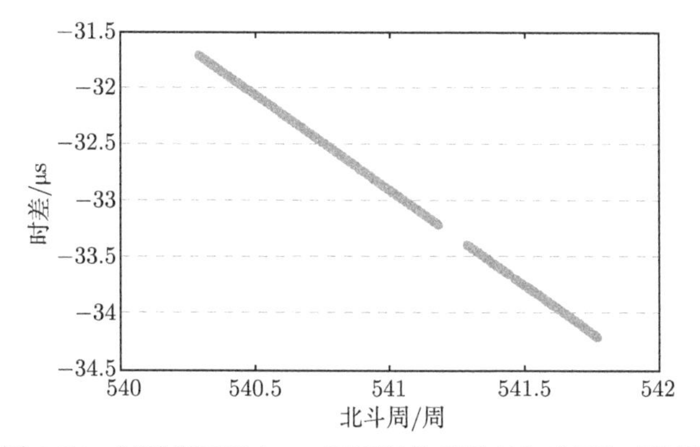

图 4.25　试验期间西安—三亚两站的卫星双向时间比对数据

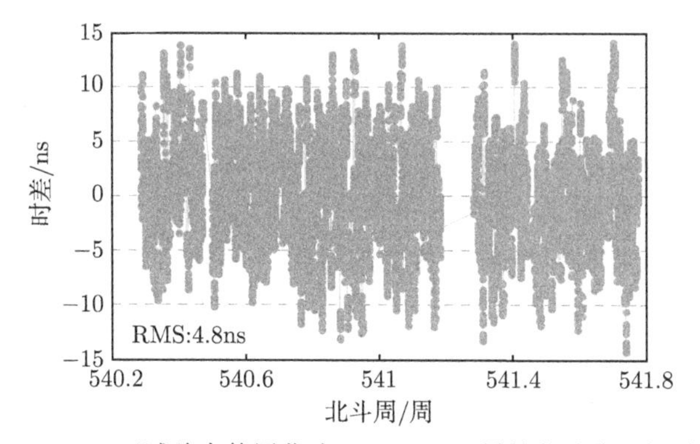

图 4.26　三亚试验点使用北斗 GEO-03 卫星的北斗溯源授时结果

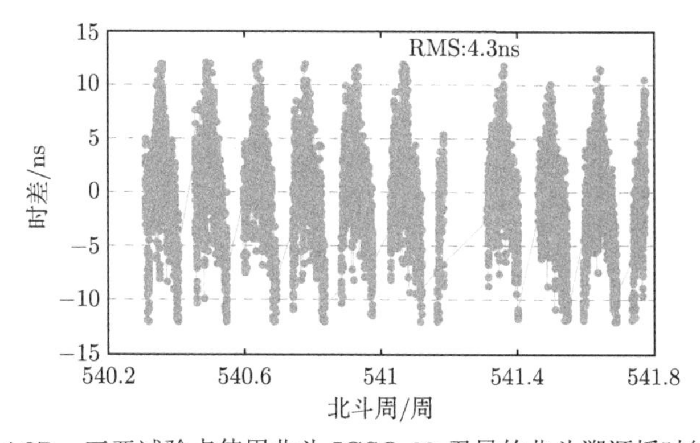

图 4.27　三亚试验点使用北斗 IGSO-02 卫星的北斗溯源授时结果

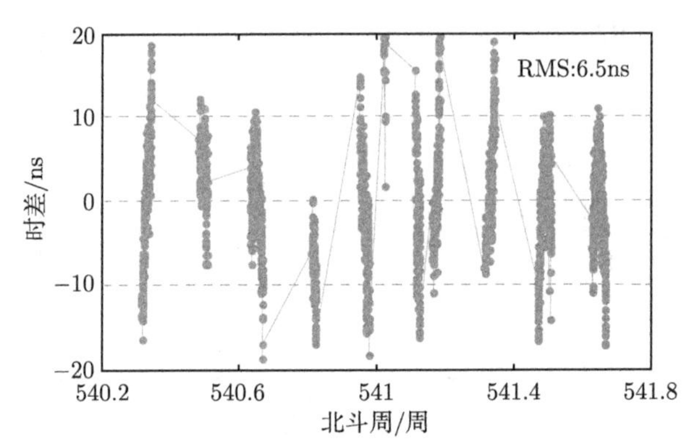

图 4.28 三亚试验点使用北斗 MEO-01 卫星的北斗溯源授时结果

4. 长春试验结果

试验时间为 2017 年 4 月 1 日 ~4 月 3 日，图 4.29 为试验期间西安—长春两地共视比对数据。图 4.30~ 图 4.32 分别为长春试验点使用北斗 GEO-03 卫星、IGSO-01 卫星、MEO-02 卫星的北斗溯源授时结果，图中结果均已扣除图 4.29 中两地之间的共视比对数据。

受观测环境、接收机以及参考数据的影响，部分站点的试验结果存在不连续的情况。表 4.8 给出了临潼等 4 个站点使用北斗溯源参数前后的授时结果统计值。用户使用北斗溯源参数不仅可以实现向 UTC(NTSC) 的溯源，同时还可以提高单向伪码定时精度。从表中结果可以看出，该方法可以提供 RMS 值优于 10ns 的授时服务，较北斗伪码单向授时精度可提升至少 70%。

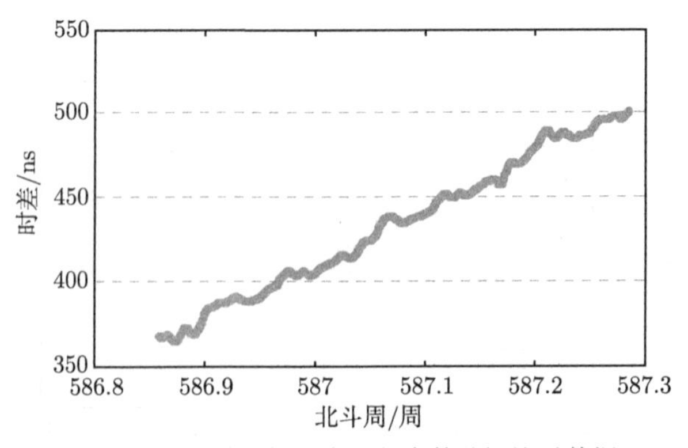

图 4.29 试验期间西安—长春的共视比对数据

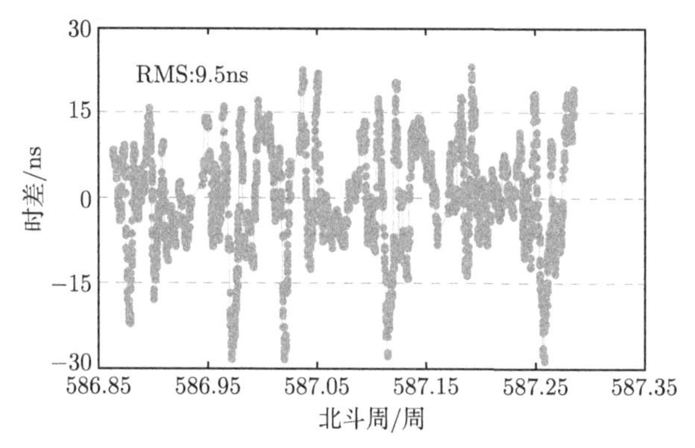

图 4.30　长春试验点使用北斗 GEO-03 卫星的北斗溯源授时结果

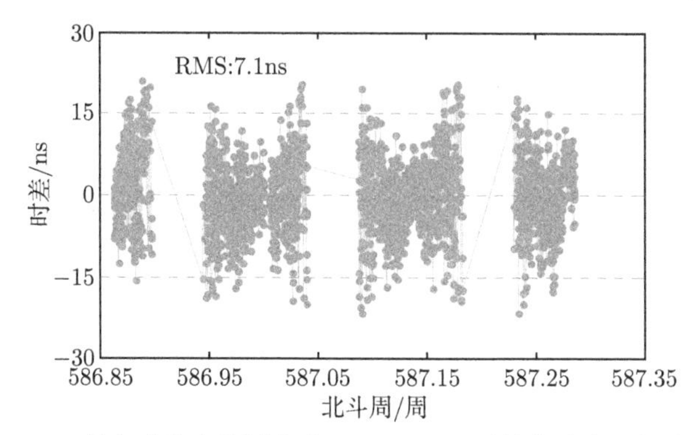

图 4.31　长春试验点使用北斗 IGSO-01 卫星的北斗溯源授时结果

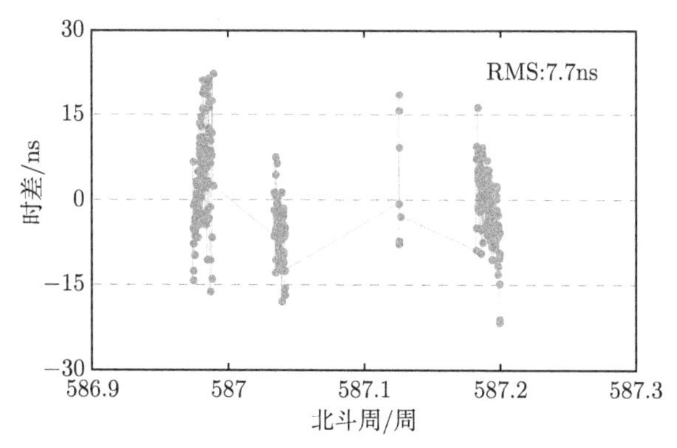

图 4.32　长春试验点使用北斗 MEO-02 卫星的北斗溯源授时结果

表 4.8　临潼等 4 个站点使用北斗溯源参数前后的单向伪码授时结果 (RMS，单位：ns)

站点	临潼			喀什			三亚			长春		
PRN	4	8	11	2	9	12	3	7	11	3	6	12
使用前	17.8	12.9	10.8	7.7	15.9	15.6	38.0	37.4	37.5	32.0	27.2	41.5
使用后	2.3	2.4	2.7	3.3	4.0	4.9	4.8	4.3	6.5	9.5	7.1	7.7
改善率	87%	82%	75%	57%	75%	67%	87%	88%	83%	70%	74%	81%

第 5 章　利用 GNSS 共视实现远程时间校准与复现

本章主要介绍的是 GNSS 共视的一种应用技术。远程时间复现的基本原理是利用 GNSS 共视实现时间的远距离、纳秒级比对，进而根据比对结果驾驭其中一端的频率源，使其输出与另一端时钟同步的信号。本章将从需求出发，全面介绍远程时间校准与复现系统的总体方案、软硬件实现思路，以及性能实测情况。

5.1　纳秒级时间同步需求及现状

机械钟、石英钟、原子钟等任何拥有周期现象的装置都可以用于计时，但是有计时装置并不代表就有时间，如果各计时装置独立运行，毫不相关，就失去了保障各行业有序开展活动的基础。时间的获得一般经历三个过程，首先确立一个权威的时间，称为标准时间，通常指国际、国家或军队法定或规定统一使用的标准；其次将各计时装置通过技术手段与标准时间比对测量，获得与标准时间的时差值；最后根据时差值调整计时装置，实现与标准时间的统一。

时间统一是比较宽泛的概念，对于普通人的日常活动来说，时间不差 1s，已经是高度的时间统一，但对于深空探测、目标定位等应用，差 1ns ($1s = 10^9 ns$) 可能导致 30cm 的距离偏差，需要更精确的时间统一。时间同步误差是描述时间统一性能最关键的指标，而影响时间同步误差的主要因素是时间比对技术的测量误差，目前常用的时间比对传递媒介主要有互联网、电话、电视、长波、短波、低频时码、导航卫星信号、光纤等，可满足秒到皮秒量级的时间同步需求。

5.1.1　应用场景分析

从时间应具有统一性这一属性分析，如果不能与标准时间或者区域内其他时钟源比对或同步，独立运行的时间并没有太大实用价值，异地时间频率同步、标准时间的异地产生或恢复技术，可以将各地时间同步到统一基准下。时间频率比对误差越小，越能满足更高精度时钟源间的比对需求。远程时间校准与复现系统是一种可以实现各地、各平台间时间在纳秒量级统一的系统，其需求体现在卫星导航、基础科学、天文观测、国防安全、通信及金融等国防、民用各个领域。下面介绍几种典型的应用场景。

1. 数字通信网对标准时间的需求

时钟同步网是通信网络中最重要的支撑网络之一，为通信网的数字设备提供高精度的定时基准，使通信网内运行的所有数字设备工作在一个相同的平均速率上，是所有通信设备安全可靠运行的关键。随着通信技术的不断发展，第五代移动通信技术 (5th generation mobile communication technology, 5G) 承载网在大带宽、低时延、云化等需求驱动下，对同步网的时间同步性能提出了更高的要求。除传统的移动基站业务外，5G 网络还可能承载各种垂直行业的应用，如金融行业高频交易需要微秒级别的时间同步，工业自动化需要 100ns~10ms 级别的精度。未来高精度时间同步将成为 5G 网络的基础功能和服务的使能开关，同时时钟同步还可能变成各基站的一种增值应用服务，为 5G 网络运营商提供广阔的市场机会 (刘颂等，2017)。

5G 基站采用时分双工 (time division duplexing, TDD) 制式，基本业务需要时间同步，由于采用更短的子载波，时间同步的精度要求也更高，同时各种 5G 协同业务对时间同步的需求也在讨论中，同步精度需求可能提升至 30ns 内，现网的时间同步技术主要是卫星单向授时和基于 IEEE1588 协议的有线时间传递，可满足微秒至数百纳秒的时间同步，难以支撑 5G 发展需求。目前技术较为成熟的更高精度时间传递技术有 GNSS 共视、精密单点定位、卫星全视、卫星双向时频传递、光纤双向时间传递等。其中，卫星双向时频传递可实现 1ns 不确定度的远距离时间比对，但是运行需要向卫星发射信号、有卫星转发器带宽资源支持，设备成本和运行成本较高，主要适用于守时实验室之间点对点的高精度比对；光纤双向时间传递通过回传补偿路径延迟可实现皮秒级时间同步，但是因为需要独占光纤信道资源且往返通道对称，工程实施难度较大，此外因信号传输衰减，所以长距离传输需要中继，目前还未有数千公里的工程应用实例；相较卫星双向时频传递和光纤双向时间传递，GNSS 共视、卫星全视和精密单点定位都是基于观测导航卫星广播无线信号结合数据差分进行比对的技术，三种技术的基本原理类似，可实现纳秒甚至亚纳秒的比对精度，以卫星作为比对媒介，比对距离可达数千公里，甚至不受限制 (卫星全视或精密单点定位不受比对距离限制，GNSS 共视需两地共同可视的卫星资源，一般适用于千公里级直线距离)，且运行及维护成本远低于卫星双向时频传递，因此相对更适合应用到 5G 时间同步网中，同步网中各节点通过 GNSS 共视或卫星全视等无线比对技术与标准时间同步，进而保证全网内时间同步性能。

2. 天文观测对标准时间的需求

在天文观测领域，甚长基线干涉测量 (very long baseline interferometry, VLBI) 技术可以在距离数千公里的两测站，观测同一射电源发出的信号，然后对两地数据做相关处理，最终得到超高分辨率的干涉信号。两地数据相干处理要求两测站参考时钟同步，否则可能会引入噪声 (钱志瀚等，2012)。VLBI 传统的时钟同步解决方案是以各测站的高精度原子钟 (常用氢原子钟) 为参考采集数据，为补偿时间偏差等系统误差的影响，实现高精度测距，需要将观测到的海量原始数据送到中心站进行相关处理，VLBI 观测实时性受数据量巨大难以快速传递等原因限制，难以应用到飞行器精密测距中，如果使各测站时间统一，对减小观测误差、提高 VLBI 实用性有重要价值。

3. 飞行器跟踪与测量对标准时间的需求

导弹和航天器运动特点决定了其地基、天基遥测系统分布在相距甚远的空间，通过多地雷达联合观测，精确测量导弹、航天器等的弹道、轨迹运行数据，为鉴定导弹制导能力提供数据支持 (袁建平等，2000)。各测站的数据联合处理依赖时间同步精度。例如，飞行器试验测量需要由分布于不同地点的很多测量系统来统一实施，将不同测量地点的测量结果统一处理和加工，对各测量地点时间同步提出了较高的要求，各测站间时间同步的误差必然成为测量误差中的一个重要误差源。不同系统、体制、工作方式和设备受时间同步误差的影响也不一样，各站间时间同步精度为 5~300ns，一些新的测量系统设备对测站间的时间同步误差提出了小于 10ns 量级的要求，这就要求各站的时间参考高度统一。

5.1.2　现状分析

目前常用的纳秒级远程时间比对方法有全球导航卫星系统 (GNSS) 单向授时、GNSS 共视、GNSS 卫星全视、卫星双向时频传递、GNSS 精密单点定位、光纤双向时间传递等技术，其中应用最广泛的是 GNSS 单向授时技术，目前主流定时接收机能实现 10~20ns 的授时精度 (不包括天线和电缆等的时延影响)，相对于其他授时技术，GNSS 单向授时技术的主要优点是性价比高，不足是难以进一步提高授时精度，因此较难满足 20ns 以内的时间同步需求 (李孝辉等，2015)。

GNSS 共视技术是利用导航卫星作为远程时间比对的媒介，同时测量两地参考时间与卫星钟之差，然后通过互联网交换两地观测结果，做差处理，抵消共有的卫星钟差，获得两地参考时间之差。因为做差还可以抵消观测中共同误差项的影响，所以较卫星授时可以获得更小的测量误差，目前典型的 GNSS 共视技术可实现优于 5ns 的比对不确定度，优于 GNSS 单向授时，但 GNSS 共视的观测设备组成更为复杂，成本较 GNSS 单向授时高 (广伟，2012)。

GNSS 共视法中，需要进行时间比对的两地能同时观测到同一颗卫星，因此只能作用于有限距离范围内，如分别位于南、北半球高纬度地区的时钟，永远无共同可视的卫星资源。GNSS 卫星全视法就是为解决这一问题而发展起来的，GNSS 卫星全视法与 GNSS 共视法原理类似，同样利用卫星作为媒介，两地同时测量参考时间与多颗卫星钟的差，结合国际 GNSS 服务组织的精密轨道和钟差产品，将观测结果归算到 IGS 的参考时间，并生成参考时间与 IGS 参考时间的差，然后通过互联网交换两地观测数据，进行做差处理即可得到两地钟差。GNSS 卫星全视法不需要寻找共同可视的卫星资源，因此时间比对距离不受这一条件约束，较 GNSS 共视法，可以用于更远距离的两地时间比对。但有文献报道，在距离小于 3000km 时，GNSS 共视法比 GNSS 卫星全视法能获得更高的比对精度 (江志恒，2007)。

GNSS 精密单点定位时间传递是在 GNSS 卫星全视基础上发展起来的一种高精度时间比对方法，由于受到伪距观测噪声的限制，GNSS 共视和 GNSS 卫星全视的比对精度难以进一步提高，GNSS 精密单点定位技术使用载波相位和伪码组合观测值计算参考时间和 IGS 参考时间之差，其基本原理与 GNSS 卫星全视法类似，需要使用 IGS 提供的精密轨道和钟差产品，降低卫星广播轨道和钟差中误差的影响，不同之处在于数据处理中使用了载波相位和伪码组合观测值，以及更精确的误差修正模型，因此可以获得更高的时间比对精度，目前基于 GPS 精密单点定位的时间比对精度可以优于 1ns。GNSS 精密单点定位技术与 GNSS 卫星全视一样，比对距离不受限制，且精度更高，但 GNSS 精密单点定位的高精度依赖于钟差和轨道产品，越是精度高的产品，生成时间越晚，最高精度星历产品生成可能滞后一到两周，因此通常用于稳定度、准确度较高的原子钟之间比对，对于变化较快或者可预测性较差的时钟源，滞后的比对结果难以保障时间同步 (王力军，2014)。

卫星双向时频传递是一种利用 GEO 卫星转发器，建立两地参考时间直接比对链路的高精度时间同步方法，两地设备同时向 GEO 卫星发射信号，卫星接收信号并将信号转换到下行频率后广播出去，两地设备的接收通道同时接收 GEO 卫星广播的下行信号，解调出对方设备发射的信号后，测量与本地参考时间之差，然后通过互联网交换测量值后做差，由于双向信号传播路径对称，信号路径传播时延可以较 GNSS 共视更好地被抵消，能实现更高的比对精度，当前卫星双向时频传递精度典型值为 1ns。卫星双向时频传递设备需要向卫星发射信号，因此设备组成比 GNSS 共视、GNSS 卫星全视更为复杂、成本更高，运行还需要卫星转发器资源，难以大面积应用。

与上述基于无线电波的时间比对方法不同，光纤双向时间传递是利用专用光纤或光纤专用通道传输信号，能实现皮秒级时间传递，这也是目前性能最高的时间传递方法。目前有实验室在 1000km 光纤环路上实现了优于 100ps 不确定度的时间传递。因为长距离光纤对信号的衰减，以及铺设光纤的施工难度等，光纤时间传递没有无线时间比对地点灵活、传输距离不受限制等优点。

综上所述，GNSS 共视法性能较 GNSS 单向授时精度更高，成本及复杂度远低于卫星双向时频传递技术；较光纤双向时间传递技术，具有可用于数千公里的超长远距离时间比对，站点设置更灵活等优点；较 GNSS 精密单点定位技术，具有不依赖第三方产品，能满足预测性较差时钟源的实时性比对需求的优点，因此基于 GNSS 共视或卫星全视思想，开展远程时间校准与复现技术研究具有其他技术不具备的优势。

5.2 远程时间校准与复现系统整体架构设计

远程时间校准与复现采用了一种在标准 GNSS 共视技术基础上发展起来的新的共视时间比对技术，通过这种新的共视时间比对技术获得本地时间与标准时间的偏差，调整本地时间，实现与标准时间纳秒量级同步。基于上述技术发展的一套远程时间校准与复现系统，主要具备两项功能：一是以标准时间为参考，远距离、高精度地测量被测时钟源的时间偏差；二是基于测得的时间偏差和控制算法生成对时钟源的控制参数，使时钟源输出的信号与标准时间同步，即在异地复现出标准时间。

5.2.1 远程时间校准与复现工作原理

远程时间校准和远程时间复现是为了满足不同用户需求而设计的两种时间服务类型，远程时间校准是为满足将用户的参考时钟源校准到标准时间的需求，提供的产品是用户参考时间与标准时间的偏差数据；远程时间复现是为用户直接提供标准时间信号，除了需要具有远程时间差测量功能，还需要具有标准时间信号的异地产生功能。这两种需求都以远程时间测量为基础，因此基本结构相同，区别在于远程时间复现需要在校准基础上，增加内置或外置时钟源及配套的时钟源控制组件 (左飞，2014)。

远程时间校准与复现系统的远程时间差测量功能基于 GNSS 共视思想实现，此处不再赘述 GNSS 共视的工作原理，主要阐述本章所提方案的 GNSS 共视与国际电信联盟推荐的 GNSS 共视的区别。

GNSS 共视法能满足远程时间校准和复现所需远程时间比对的基本要求，但若直接用国际电信联盟推荐的 GNSS 共视标准进行远程时间校准或复现，还需要解决观测数据不连续、实时性和可用性三方面问题。标准共视法规定一个完整的观测周期为 16min，其中 13min 观测，另外 3min 为观测准备和数据处理时间，因此每个观测周期，被测频率源有 3min 的状态未被记录，存在观测死时间；标准共视法的观测数据以文件形式保存，需要进行时差测试的站点自行下载观测文件，然后计算时差，因此比对结果通常是事后产生，而远程时间复现对所输出信号与标准时间的偏差要求在几纳秒以内，比对结果滞后将导致时差不可控，需要能实时获得比对结果，特别是当被测频率源的稳定度、准确度性能较差时。另外，随着 GLONASS、北斗、Galileo 等卫星导航系统的逐渐发展完善，多系统融合成为一大发展趋势，这能显著增加共视卫星数量，有助于提升系统的可用性，但需要解决不同卫星导航系统信号在接收机中的时延差异校准等问题。

远程时间校准与复现系统为解决上述问题，设计了一种基于 GNSS 共视原理、支持数据实时交换、支持持续观测的实时共视时间比对系统。该系统由标准时间、远程时间比对基准终端、远程时间校准终端、远程时间复现终端、数据处理监控中心和流动时延校准终端七部分组成，其工作原理如图 5.1 所示。其中，远程时间校准终端和远程时间复现终端的远程时间比对原理完全相同，因此将其合并介绍。

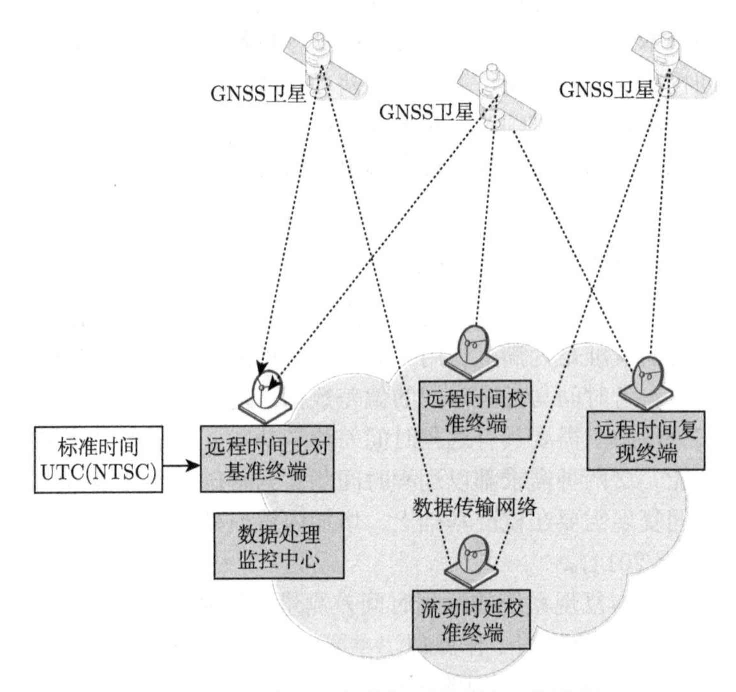

图 5.1　远程时间校准与复现系统工作原理

远程时间比对基准终端与远程时间校准/复现终端同时观测所在地可视的 GNSS 卫星，以约定的观测周期采集并处理数据，生成本地参考时间与各颗卫星钟的偏差，在完成一个观测周期后将偏差计算结果通过数据传输网络发送到数据处理监控中心，待监控中心得到基准和各校准/复现终端的观测数据后，计算各校准/复现终端的参考时间与标准时间的偏差，并通过数据传输网络回传给各校准/复现终端，完成一次远程时间比对。为提升灵活性，系统还支持将基准终端观测数据广播的工作模式、基准终端生成的偏差数据通过数据传输网络广播到各校准/复现终端，由终端计算各自时间与标准时间偏差。

各终端的数据观测与数据处理并行执行，每个观测周期结束后自动生成偏差结果，因此测量周期之间无中断，产生的偏差结果通过数据传输网络及时输出，考虑数据在互联网络内传输的时延在秒以内，可忽略其延迟的影响，使校准/复现终端近实时地获得与标准时间的偏差。系统内共享基准终端的比对数据，因此只要数据传输网络能负荷，理论上系统可支持数量无限制的终端，适合大范围应用。

设备时延是远程时间高精度比对的主要影响因素之一，为尽可能减小设备时延慢变化导致的误差，系统设计了一个专用的时延校准设备，其组成结构与远程时间校准终端完全相同，基本工作原理是利用系统只关心校准终端与基准终端相对时延的特点，将时延校准设备与被校准设备并址安装，进行零基线 (共用天线) 共钟测试，获得被校准设备与时延校准设备的相对时延差，然后将时延校准设备与基准终端并址安装，测试基准终端与时延校准设备的相对时延差，假设测试期间时延校准设备的时延不变，两次测量结果相减即可得到基准终端与校准终端的相对时延，在测试中予以补偿。

设备时延按其变化特性可以分为两类，一是设备固有时延，在设备安装固定后，保持不变，时延为常数；二是受环境及自身器件老化等因素影响，时延随时间发生变化的部分。其中固有时延可以在设备初次安装时，用专用时延校准设备进行一次标校，而变化部分影响因素较多，没有规律可遵循，因此建议根据对时延校准精度需求，采用定期进行相对时延测试的方式进行校准。

5.2.2　关键数据处理

远程时间校准与复现系统中需要通过网络实时交换两类数据，分别是参考时间与星载钟时间的偏差 (星站钟差)，以及参考时间与标准时间的偏差。其中星站钟差是每秒测量一次，参考时间与标准时间的偏差是每个观测周期测量一次。下面分别介绍其产生流程及工作原理。

各校准/复现终端每秒计算所有可视卫星时间与参考时间的星站钟差，在一个观测周期结束后，对本观测周期所获得的星站钟差，按卫星编号分类进行数据拟合，得到一组星站钟差结果，为结果打上时间标记后发送至数据处理监控中心，其中按系统内部约定，为每一颗卫星分配唯一编号。与此同时，远程时间比对基准终端同样持续计算所有可视卫星时间与标准时间的星站钟差，并按约定的观测周期拟合生成一组星站钟差结果，发送至数据处理监控中心，星站钟差数据处理流程如图 5.2 所示。

数据处理监控中心收到基准终端发送的星站钟差后，将其存入数据库，然后待收到校准/复现终端送出的星站钟差数据，计算参考时间与国家授时中心保持的协调世界时的时差。

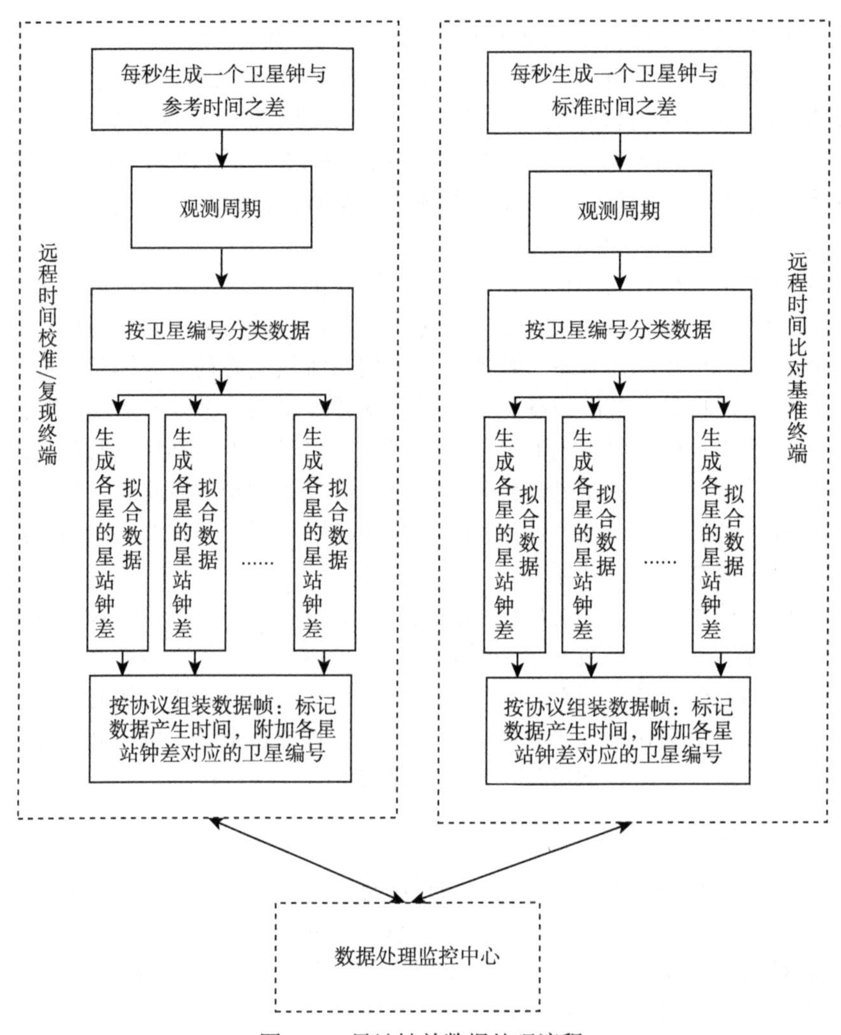

图 5.2　星站钟差数据处理流程

1. 参考时间与卫星钟差处理

远程时间比对基准终端和远程时间校准/复现终端在每个观测周期结束时刻，计算各自参考时间与卫星钟时间的偏差，为计算参考时间之间的偏差提供基础数据。参考时间与卫星钟差计算过程如下。

卫星钟时间 T_{sat} 与接收机时间 T_{u} 通常不同步，二者存在一个时间偏差，用 δt_{u} 表示。根据卫星授时原理，可将 GNSS 信号的实际传播时间 t 分为两部分：一部分是信号从卫星到接收机的传播时间，速度为真空光速 c，传播几何距离为 r；另一部分是信号经大气传播，额外造成的对流层延迟 T 和电离层延迟 I。因此，

信号实际传播时间 t 的计算公式可表示为

$$t = (r + I + T)/c \tag{5.1}$$

由此，利用接收机测得的伪距 ρ，得到卫星钟时间 T_{sat} 与接收机时间之间的偏差 δt_{u}：

$$\delta t_{\text{u}} = T_{\text{u}} - T_{\text{sat}} = (\rho - r - I - T)/c - \varepsilon_\rho \tag{5.2}$$

式 (5.2) 引入了一个未知参数 ε_ρ，表示测量噪声，此处代表所有未直接体现在式 (5.2) 中的各种误差项总和 (张晗等，2007)。

利用时间间隔计数器测量被测时钟源输出的参考时间 T_{ref} 与接收机时间 T_{u} 的差 τ_{tic}，则式 (5.3) 成立：

$$\tau_{\text{tic}} = T_{\text{ref}} - T_{\text{u}} \tag{5.3}$$

计算参考时间与卫星钟的时差，还需要考虑两项时延量的补偿，分别是从天线到接收机等环节引入的设备时延，用 Δt_1 表示，以及从时钟源输出端口到计数器测量端的参考信号传播时延 Δt_2。因此，卫星钟时间与参考时间的时差可用式 (5.4) 表示 (陈文江，2015)：

$$\begin{aligned} \tau_{\text{REFSV}} &= (T_{\text{ref}} + \Delta t_2) - (T_{\text{sat}} + \Delta t_1) \\ &= \tau_{\text{tic}} + \Delta t_2 + (\rho - r - I - T)/c - \varepsilon_\rho - \Delta t_1 \end{aligned} \tag{5.4}$$

式中，τ_{REFSV} 为参考时间与卫星钟时间的时差，在远程时间校准与复现系统中称为星站钟差。

2. 参考时间与 UTC (NTSC) 时差处理

系统数据处理监控中心收到一组校准/复现终端送出的星站钟差数据后，首先提取数据包中的时间信息，然后根据时间信息在数据库中查找对应时刻来自远程时间比对基准终端的星站钟差数据，时间匹配完成后，分别按卫星编号对应做差，可得到一组参考时间与 UTC (NTSC) 时差的原始值 $\tau_{\text{REFSV}i}$，i 代表卫星号。因为 $\tau_{\text{REFSV}i}$ 中可能存在粗差，所以在计算时差之前需要进行粗差剔除，然后利用多颗卫星的共视结果进行统计拟合处理，得到参考时间与 UTC (NTSC) 的时差。

为避免由于导航信号传播多路径效应或卫星异常等出现粗差，进一步引起 $\tau_{\text{REFSV}i}$ 异常而影响最终时差计算结果，因此需对所有 $\tau_{\text{REFSV}i}$ 进行粗差判别。粗差判别有多种方法可供选择，如莱因达准则 (3σ)、格拉布斯准则和狄克逊准则等。对异常 $\tau_{\mathrm{REFSV}i}$ 的判别选用较为常用的莱因达准则，即 3σ (标准差) 准则。3σ 准则是对稳定过程的部分样本，计算其均值和标准差，然后采用 3σ 作为粗差控制范围，如果某测量值的残余误差的绝对值大于 3 倍的标准差，则认为该值符合粗差判别条件，应予以剔除。

参考时间与 UTC (NTSC) 时差 $\tau_{\mathrm{REFSV}i}$ 中粗差的具体处理过程简述如下。

首先去掉当前观测周期内各颗卫星所有 $\tau_{\mathrm{REFSV}i}$ 中的最大值和最小值，并统计剩余 $\tau_{\mathrm{REFSV}i}$ 的均值：

$$\overline{\tau_{\mathrm{REFSV}}} = \frac{1}{N}\sum_{i=1}^{N}\tau_{\mathrm{REFSV}i} \tag{5.5}$$

式中，N 为所有可用钟差数目减 2；i 为卫星号。

其次计算 $\tau_{\mathrm{REFSV}i}$ 的标准差 σ：

$$\sigma = \sqrt{\frac{1}{N}\sum_{i=1}^{N}\left(\tau_{\mathrm{REFSV}i} - \overline{\tau_{\mathrm{REFSV}}}\right)^2} \tag{5.6}$$

最后将所有 $\tau_{\mathrm{REFSV}i}$ 与标准差进行比较，如果式 (5.7) 满足，则将其作为粗差剔除，不参与最终参考时间与标准时间之差的运算。

$$\left|\tau_{\mathrm{REFSV}i} - \overline{\tau_{\mathrm{REFSV}}}\right| > M * \sigma \tag{5.7}$$

式中，M 可根据经验设置，一般 $M = 3$。

通过了粗差核查的 $\tau_{\mathrm{REFSV}i}$ 被视为合格的测量值，可用于数据拟合处理，生成本观测周期的参考时间与 UTC (NTSC) 的时差值，表征本观测周期中间时刻对应参考时间与标准时间之差。

5.2.3 系统特点分析

远程时间校准与复现系统是基于 GNSS 共视比对的基本思想设计的一套满足高精度、远距离、多节点时间比对、时间传递需求的系统，与传统的 GNSS 共视固定执行 16min 的观测周期相比，该系统为了适应不同性能时钟源的比对需求，设计了多种观测周期，可兼容各终端自主选择不同的观测周期。此外，为实现实时跟踪被测时钟源的时钟变化，建立了数据交换平台，支持数据流传输，近实时获得比对结果，且测试与数据交换并行执行，中间没有观测间隙，有利于监测被测时钟源的偶发跳变。

总结远程时间校准与复现系统方案，与标准的 GNSS 共视法相比，该方案有如下特点。

(1) 无间隙的观测：设计了观测流程，使数据观测与数据处理、交换并行执行，实现了连续无间隙的观测数据获取，连续测试更适合用于时频信号质量的监测。

(2) 灵活的观测周期：为满足不同稳定度性能的频率源作为复现终端的内置信号源的需求，提高灵活性，设计了多种观测周期，如 1min、5min、10min 等，可根据频率源的稳定度、准确度性能灵活选择观测周期，同时支持标准共视的 16min 观测周期。

(3) 近实时的数据交换：设计了支持数据实时交换的数据传输网络结构，可近实时获得与标准时间的偏差结果，降低了对频率源时间自维持能力的需求。例如，恒温晶体振荡器等类型的频率源，能获得与标准时间偏差保持在 10ns 以内的能力。具有类似原子钟的频率准确度性能，降低复现终端的成本。

(4) 广播式与集中管理模式结合：广播式数据分发结构与集中式数据处理相结合，可以容纳大量用户同时在线，也可以满足对可靠性要求比较高的用户需求。

(5) 溯源至标准时间：以标准时间为参考，将其接入远程时间校准与复现系统，使系统内各终端均与标准时间同步，保证了时间的权威性。

(6) 多系统融合：融合使用 GPS、北斗、GLONASS 等多卫星导航系统的可视卫星，扩展了可用于共视的卫星资源，提高系统可用性。

5.3　远程时间校准与复现系统软硬件设计

根据 5.2 节所设计的新型共视技术，实现一套远程时间校准与复现系统，根据维护主体不同，系统可以划分为运行支撑单元和用户单元。其中运行支撑单元是保障系统运行的关键组成，需要 24h×7d 连续可靠运行，主要功能是以标准时间为参考，测试并生成标准时间与可视卫星钟的星站钟差，星站钟差数据通过网络传输平台传输，供用户单元使用。用户单元包括测量型和复现型两大设备类型，测量型的主要功能是为用户提供用户参考时间与标准时间的偏差测试服务，复现型则能直接为用户输出与标准时间同步的时间。用户单元设备由用户负责运行维护，因此系统中用户设备数量不固定，根据用户需求配置，用户设备进入或者退出系统，不影响系统及其他设备的工作。

运行支撑单元由标准时间、远程时间比对基准终端、系统数据处理监控中心和数据传输网络四部分组成，因为系统运行需要本单元提供连续的数据和服务，因此可靠是对本单元最重要的要求。用户单元包括远程时间校准终端、流动时延校准终端和远程时间复现终端三种设备，其中远程时间校准终端和流动时延校准终端均属于测量型设备，区别是应用场合不同。

5.3.1　系统组成结构

远程时间校准与复现系统的基本组成结构如图 5.3 所示，由标准时间、远程时间比对基准终端、系统数据处理监控中心、数据传输网络、远程时间复现终端、流动时延校准终端、远程时间校准终端七部分组成。

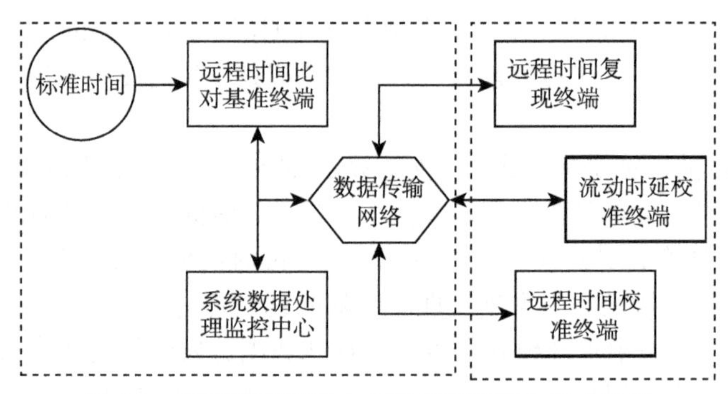

图 5.3　远程时间校准与复现系统的基本组成结构

远程时间比对基准终端是系统的核心，其主要功能是以标准时间为参考，测量各卫星时间与标准时间的时差。基准终端是各校准/复现终端的时间与标准时间比对的关键条件，为保障系统可靠运行，通常是多台基准终端并行运行，互为备份，数据融合，在提高可靠性的同时有利于降低测量误差。

系统数据处理监控中心负责通过远程数据传输网络定时收集远程时间比对基准终端和各校准/复现终端的星站钟差数据，然后计算各校准/复现终端的参考时间与标准时间的偏差，最后反馈给各校准/复现终端。

数据传输网络的主要功能是为基准终端、校准终端、复现终端、监控中心之间的数据交互提供透明传输的网络通道，能满足多终端并发的数据通信需求，数据传输的时延控制在秒级，满足系统运行实时性的需求。

远程时间校准终端是一台测量设备，能为用户提供本地参考时间与标准时间偏差结果，安装在需要校准时间的用户所在地，测量本地参考时间与卫星时间的星站钟差，然后将该星站钟差数据结果通过数据传输网络发送到系统数据处理监控中心，由其计算出该终端参考时间与标准时间的偏差。系统也支持校准终端通过数据传输网络获得来自基准终端的星站钟差数据，然后由校准终端自动计算参考时间与标准时间的偏差。

远程时间复现终端的测量过程与远程时间校准终端类似，两终端的主要区别是复现终端在校准终端基础上增加了内置频率源和控制模块，因此远程测量对象为内置频率源提供的参考信号，获得该参考信号与标准时间的偏差后，结合频率源的时间变化模型生成调整量，经控制模块对频率源实施调整，使复现终端最终输出与标准时间同步的时间，实现标准时间的异地复现。

流动时延校准终端是为支撑校准/复现终端远程时间比对结果的准确性而设置的，用于校准各复现终端或校准终端的设备相对时延，其设备组成和工作原理与远程时间校准终端完全相同，主要区别在于为适应便携需求而做的设备结构特殊处理。

5.3.2　远程时间比对基准/校准终端设计

远程时间校准与复现系统中，远程时间校准终端、远程时间比对基准终端和流动时延校准终端的基本功能相同，均是以测得本地参考时间与卫星钟时间的偏差为主要目标，因此具有完全相同的硬件组成，三种终端的主要区别在于内置软件的功能，因此本小节将该三种终端合并介绍，对于有区别的地方则分别说明。

1. 总体设计

远程时间校准终端是一台测量型设备，独立运行时，测试用户参考时间与可视卫星钟的时差，通过网络接入远程时间校准与复现系统后，依托系统持续生成的标准时间与可视卫星钟的时差数据，以及数据通信、处理平台支持，可以近实时得到用户参考时间与标准时间差值。因为需要与系统中的远程时间比对基准终端建立 GNSS 共视比对链路，远程时间校准终端的有效使用范围由以下两方面因素决定：一是基准终端与校准终端有共同可见的卫星资源，主要由导航卫星的星座分布、轨道高度决定；二是对测量精度的要求，理论上两地距离越远，导航信号传播路径中各影响因素的相关性越低，可能导致测量误差增加 (Klobuchar, 1987)。基于 GPS 和北斗卫星双系统 GNSS 共视，以基准终端所在地为圆心，目前远程时间校准与复现系统可以覆盖半径不小于 3000km 的区域。

远程时间校准终端组成结构如图 5.4 所示，由 GNSS 定时接收机、时间间隔计数器、控制器和远程数据传输模块四部分组成，其中控制器中运行的是终端主控软件——远程时间频率比对终端软件。

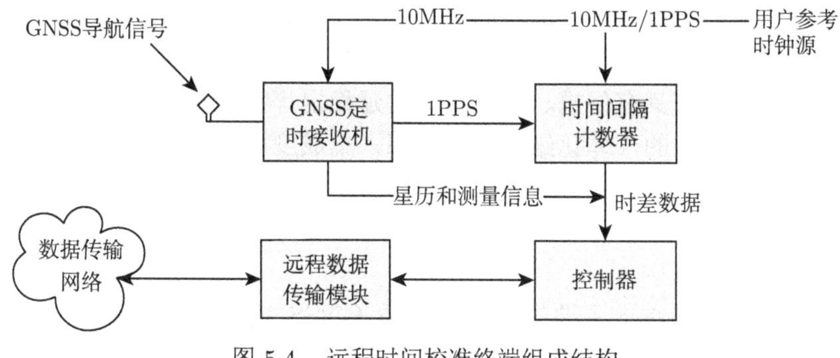

图 5.4　远程时间校准终端组成结构

GNSS 定时接收机负责接收 GNSS 导航信号，并以信息和定时秒脉冲信号两种形式输出卫星时钟信息。时间间隔计数器用于测量 GNSS 定时接收机输出秒脉冲信号与用户参考时间的偏差，建立卫星钟与用户参考时钟源的信号比对关系，实现时差测量，测量结果通过信息接口输出到控制器；控制器中的远程时间频率比对终端软件，通过数据信息端口采集 GNSS 定时接收机输出的星历和测量信息，结合时间间隔计数器的测量值，计算出用户参考时间与各颗卫星钟的时差。最后，通过远程数据传输模块，在获得同一时段基准终端测量的标准时间与卫星钟时差后，两时差值做差，抵消包括卫星钟在内共有误差项的影响，得到用户参考时钟源与标准时间的时差。

远程时间校准终端内部采用模块化组成结构，各模块均有多种规格可供选择。例如，GNSS 定时接收机可以选择支持不同卫星导航系统或同时兼容多系统的模块；时间间隔计数器可以选择不同测量分辨率规格的模块；远程数据传输模块可以选择支持移动网络的通信模块或局域网通信模块。灵活的模块化配置形式，有利于满足用户对不同性能、不同成本的需求。

远程时间比对基准终端和远程时间校准终端具有完全相同的组成结构，这样设计的优点是在保证设备间一致性，提升结构通用性的同时，最大化抵消共有误差。两终端的主要区别在于测试对象和主控软件的功能。远程时间比对基准终端的测试对象是国家标准时间，为远程时间校准与复现系统提供参考时间。在主控软件功能方面，远程时间比对基准终端的软件功能与远程时间校准终端的软件略有不同，主要区别：① 为增加系统可靠性，设计多台基准终端并行运行，但最终只为系统提供一组标准时间与卫星钟差数据，因此要求基准终端的主控软件能区分主备基准终端，具有收集并融合各终端观测数据的功能；② 基准终端的测试对象为标准时间，标准时间与卫星钟的时差即为最终数据产品，而远程时间校准终端还需要根据基准终端提供的数据产品生成表征用户参考时间与标准时间之差的时间校准数据。

流动时延校准终端与远程时间校准终端的设备组成、主控软件功能完全相同，主要区别在于因应用场景不同而做的结构适应。流动时延校准终端的主要任务是测试远程时间比对基准终端与远程时间校准终端之间的相对时延差，要求设备能适应流动测试需求，具有便携、易安装、时延稳定等特性，因此流动时延校准终端的结构采用更紧凑的一体化结构设计思想，集成度更高，部分连接电缆不可拆卸，部分模块采用恒温控制保证其时延稳定度。

2. *硬件设计*

远程时间校准终端的主要硬件模块包括 GNSS 定时接收机、时间间隔计数器、远程数据传输模块和控制器，下面分别介绍各硬件模块的设计要点。

1) GNSS 定时接收机

GNSS 定时接收机模块的主要功能是接收卫星信号，获得卫星授时的信号和信息。为满足远程时间校准终端的模块化设计需求，在 GNSS 定时接收机模块内部集成处理器和信号转换电路，将不同型号接收芯片输出信息、信号转换为统一形式。典型的 GNSS 定时接收机内部的数据处理流程如图 5.5 所示。

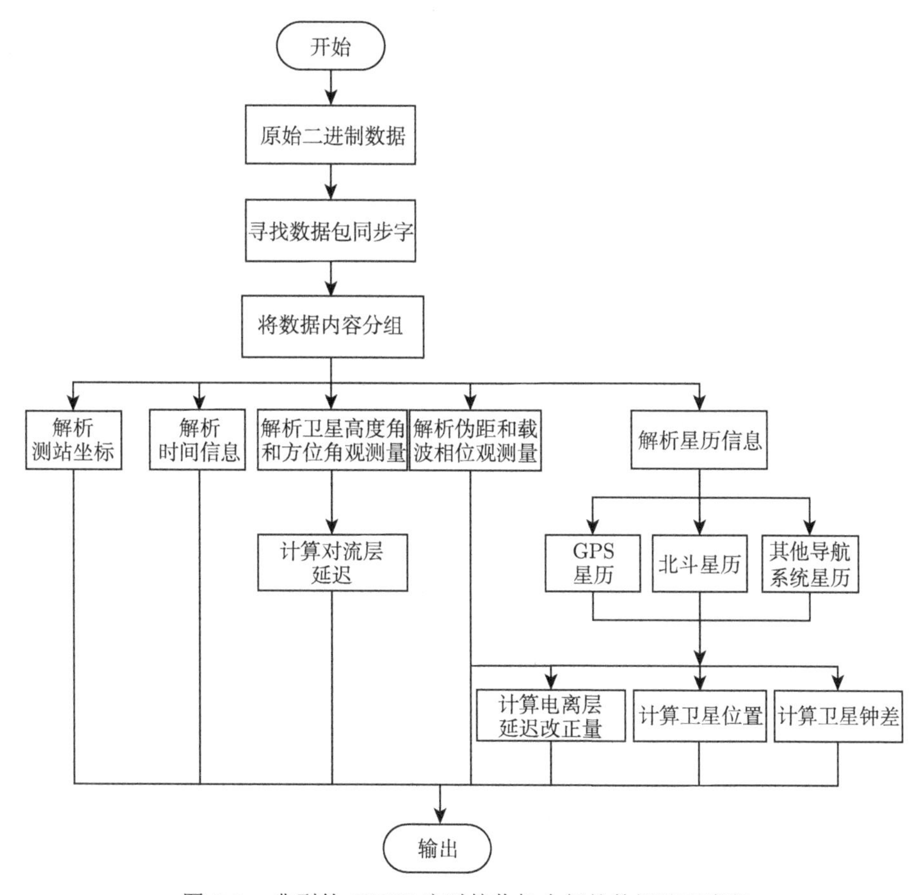

图 5.5 典型的 GNSS 定时接收机内部的数据处理流程

GNSS 定时接收机模块启动以后，输出原始数据流，首先寻找数据包同步字，将内容分组，解析出测站坐标、时间信息、卫星高度角和方位角观测量、伪距和载波相位观测量、星历信息，其中星历信息涉及 GPS、北斗等所有可用的卫星导航系统，各系统输出信息格式不完全相同，需要分别处理，计算出卫星的位置、钟差，电离层延迟改正量等，最后按信息接口协议，将各时刻的数据处理结果输出到控制器模块。

2) 时间间隔计数器

时间间隔计数器模块用于测量用户参考时间与 GNSS 定时接收机模块时间的时差，测量结果输出给控制器模块。时间间隔测量有多种方案可供选择，考虑到远程时间校准终端的应用需求，测试对象为 GNSS 定时接收机输出秒脉冲信号和参考时间，目前主流 GNSS 定时接收机输出信号的随机起伏约为数纳秒，因此百皮秒量级分辨率的计数器即能满足测量需求。

为同时满足时间间隔的大量程和高分辨率测量需求，通常两种手段并行。大量程时间间隔以粗测为主，常用方法是填充时基脉冲并计数，如图 5.6 所示，基准时钟 t_{clock} 代表计数器所使用的时间基准，当检测到被测信号的边沿后，在最新一个基准时钟到来时启动计数器，开始计数基准时钟周期数，至参考信号边沿触发后停止，周期个数与单个基准时钟的周期相乘，即为粗测量结果 $t_{\text{粗测值}}$。如图 5.6 所示，因为基准时钟与被测信号、参考信号不一定同时到来，所以粗测量结果可能存在正或负一个周期的计数误差，需要结合细测量结果进行修正。

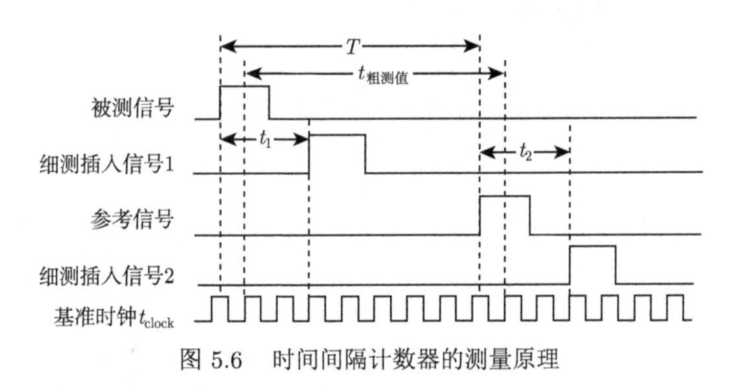

图 5.6　时间间隔计数器的测量原理

高分辨率的细测量有多种方法，大致可分为模拟法 (如时间延展、时间幅度变换等) 和数字法 (如游标法、时间数字转换法、基于现场可编程门阵列 (field programmable gate array，FPGA) 的进位链延时法等)。其中，模拟法存在设计复杂、测量精度易受电子器件和环境影响、模拟器件难以集成等缺点，应用范围受限。相较模拟法，数字法在集成度、体积、功耗等方面有显著优势，因而得到更多应用。下面以时间数字转换法为例，介绍一种常用的高分辨率时间间隔测量原理。如图 5.6 所示，被测时间间隔为 T，图中从被测信号上升沿到达至基准时钟上升沿到达之间，存在一个小于一个基准时钟 t_{clock} 的时间间隔，同样，在参考信号上升沿到达和基准时钟上升沿到达之间，也存在一个小于一个 t_{clock} 的时间间隔，这两个时间间隔不能通过填充 t_{clock} 获得测量值。为提高测量准确度，基于时间数字转换法的高分辨率测量，是在小于一个 t_{clock} 的时间间隔中人为插入一个固定的时间长度，通常为整数个 t_{clock}，如图中 t_1 和 t_2 所示，因被测信号和参考信号的上升沿不能调整，故插入点选择在被测信号上升沿和参考信号上升沿到达之后，延展后的间隔 t_1 和 t_2 远大于一个 t_{clock}，图 5.6 中的“细测插入信号 1”和“细测插入信号 2”就是人为插入的两个逻辑信号。这两个逻辑信号的边沿位置在被测信号和参考信号上升沿基础上延展了两个时钟周期，使得 $2t_{\text{clock}} \leqslant t_1 \leqslant 3t_{\text{clock}}$，$2t_{\text{clock}} \leqslant t_2 \leqslant 3t_{\text{clock}}$，延展后的 t_1 和 t_2 更易实现高分辨率测量。

除技术指标外，时间间隔计数器的设计还需要根据远程时间校准终端的机箱布局、供电环境、信息接口、信号接口等要求，进行外形、供电、通信接口设计。图 5.7 所示是一款根据远程时间比对基准终端结构研制的外设部件互连 (peripheral component interconnect, PCI) 标准总线插卡式时间间隔计数器，其主要特点是易于系统集成。为减小设备体积，开发了可以与主控单元集成到一起，基于 FPGA 进位链延时资源的计数器，以及基于时间数字转换器 (time to digital convert, TDC) 的计数器，其主要特点是体积小、功耗低、成本低、设备集成度高。

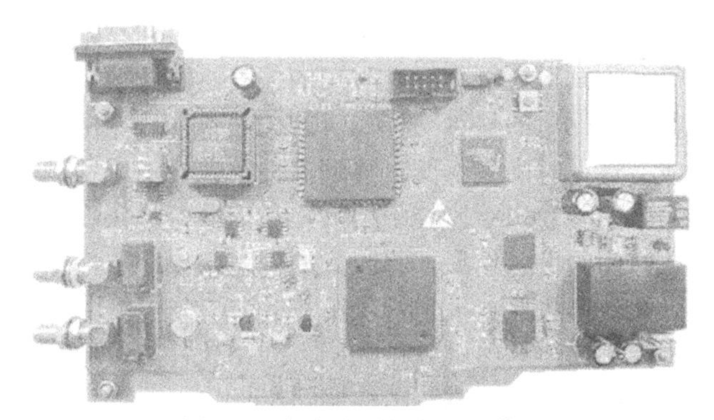

图 5.7　插卡式时间间隔计数器

插卡式时间间隔计数器量程为 0ns～107s，测量分辨率为 125ps，测量误差小于 0.4ns；基于 FPGA 进位链延时资源的时间间隔计数器量程为 1s，测量分辨率为 100ps，测量误差小于 0.1ns。两款计数器均满足远程时间校准终端的时间间隔测量要求。

3) 远程数据传输模块

远程数据传输模块支持远程时间校准终端的数据通过移动通信网络接入数据传输网络，完成与监控中心的数据交换。

4) 控制器

控制器模块是远程时间校准终端的神经中枢，与 GNSS 定时接收机、时间间隔计数器和数据传输模块均有直接的信息接口，负责收集并处理各模块的测试数据，监视各模块的工作状态，配置各模块的工作参数。控制器提供与各模块的信息接口，数据采集、参数配置、协议转换、流程控制等工作由安装在控制器中的远程时间频率比对终端软件实现。因此，对控制器的要求主要包括三方面，一是提供满足与各模块信息交换要求的信息接口，包括以太网口、异步传输标准接口 (RS232) 串口、I^2C (inter-integrated circuit) 总线接口等；二是运算能力满足每秒处理 GNSS 共视数据的需求，并支持数据采集、处理并行执行，具有足够的存储空间临时保存观测数据；三是模块外形尺寸、供电需求、散热条件等满足远程时间校准终端装配要求。

3. 软件设计

远程时间比对基准终端控制器中安装的软件为远程时间频率比对基准软件，远程时间校准终端内安装的软件为远程时间频率比对终端软件，两款软件的基本功能相同，包括：测量参考时间与卫星钟的偏差；设置 GNSS 定时接收机模块的工作参数；设置时间间隔计数器模块的工作参数；接收或向数据通信模块发送约定格式的数据包；数据包完好性检查、数据预处理、数据分析、数据存储、数据显示、人机交互等。两款软件的主要区别在于，远程时间频率比对基准软件以标准时间为参考，每秒测试卫星钟与标准时间的偏差，在获得一个观测周期的数据后，拟合生成每颗可视卫星的星钟与标准时间偏差数据，输出给监控中心后本观测周期任务即完成；远程时间频率比对终端软件在拟合生成各颗可视卫星的星钟与用户参考时间的偏差并发送给监控中心后，还需要等待接收监控中心生成的用户参考时间与标准时间的偏差结果，将收到的偏差结果在软件主界面上绘图、数值显示，并最终以文件形式保存下来，供用户进一步分析使用。

下面以远程时间频率比对终端软件为例，介绍软件的设计实现。图 5.8 为远程时间频率比对终端软件的功能模块结构图。

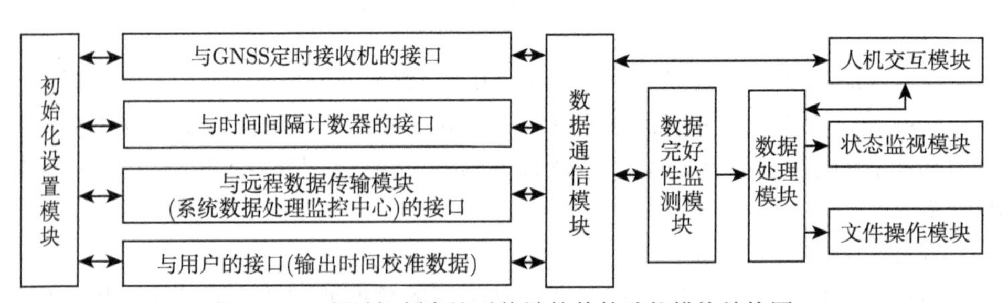

图 5.8 远程时间频率比对终端软件的功能模块结构图

软件启动后，首先运行初始化设置模块，对软件的各项工作参数，通信端口，数据采集、数据处理线程进行初始化操作，为软件各功能模块正式运行做基础配置。待初始化完成后，软件的数据通信模块保持监听 GNSS 定时接收机、时间间隔计数器和系统数据处理监控中心的通信端口，收到信息后触发数据完好性监测模块。完好性监测功能包括两部分，一是对接收到的数据进行完好性检查，剔除不完整、有错误或不符合通信协议的数据包；二是根据观测计划，结合当前系统时间，检查各时间点的数据通信情况，若发生超时未处理事件，则根据情况启动数据收发异常处理机制，执行对应程序并进行监控提示。通过了完好性监测模块的数据视为正常数据，进入数据处理模块，该模块主要功能为转换各卫星导航系统的系统时间为 UTC 时间，根据预置粗差判决准则，剔除观测数据中的奇异值，然后采用滤波算法平滑钟差数据，计算卫星钟和参考时间的时差。当数据通信模块收到来自系统数据处理监控中心的历史数据查询请求时，查询数据响应也是由数据处理模块执行。数据处理模块将生成的卫星钟和参考时间的时差数据传递到文件操作模块，由其按数据来源、类型分类后存储，供用户分析、查阅。状态监视与数据处理并行执行，该流程可由 GNSS 定时接收机或时间间隔计数器的状态信息触发，在正常工作时，状态信息经数据处理模块后，会直接转交给状态监视模块解析状态信息，然后通过软件主监控界面显示。当数据完好性监测模块发现数据异常时，会触发主监控界面进行数据异常警示。

上述流程在程序运行期间自动循环，此外还设计了人机交互模块，用于接收用户操作指令，该模块在程序中具有最高响应优先级，人机交互主要涉及三部分功能，一是测试内容或结果输出，包括图形、数值等形式；二是接收并执行用户命令，包括接收用户对各模块的参数配置命令，检查命令格式的正确性并执行；三是执行对软件的基本操作，如启动或停止、通信连接与断开。

图 5.9 为远程时间频率比对终端软件的主界面截图，软件主界面右上角显示当前用户参考时间与标准时间 UTC (NTSC) 的时间偏差，单位是 ns，同时该时

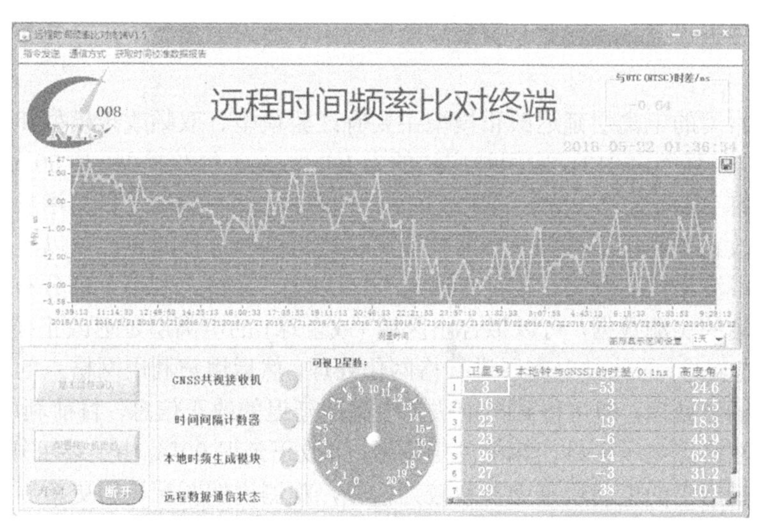

图 5.9　远程时间频率比对终端软件的主界面

间偏差结果还被绘制成曲线图，便于了解用户参考时间相对标准时间的变化趋势。除此以外，主界面还通过不同颜色的状态指示灯显示关键模块的状态。主界面右下角的表格区域显示的是用户参考时间与当前所有可视卫星时间的偏差，这也是远程时间校准终端输出给监控中心的核心数据。

4. 实时共视协议设计

国际时间频率咨询委员会于 1994 年通过了 GPS 共视法时间频率相关技术指南，统一了共视接收机软件的处理过程和单站观测文件格式。该指南约定一次完整的共视观测周期为 16min，其中 2min 为接收机锁定准备时间，然后持续观测 13min，另外 1min 用于数据处理和为下次跟踪做准备。为符合 GPS 卫星运行轨道周期，国际时间频率咨询委员会 GNSS 时间传递标准还规定每天比前一天提前 4min 开始共视测量。观测周期规定为 13min 主要是为了利用星历中 12.5min 更新一次的电离层延迟参数，改正电离层延迟。

标准 GPS 共视法的技术指南发布至今已经超过二十年，限于当时数据处理器处理数据的速度、接收机性能，以及仅有 GPS 系统可用的局面，与目前情形已不可同日而语。下面从当前的技术水平和主要影响因素两方面分析实施更灵活共视时刻表的可行性。从 GNSS 共视所需硬件资源条件分析，目前主流接收机初始化时间已经缩短到了 10s 以内，信号重捕甚至只需要 1s，常用数据处理器可满足多台接收机数据并行处理的需求，因此硬件资源能支持卫星观测与数据处理并行，保证测试持续不间断。从电离层延迟参数更新频度对共视数据处理的影响分析，卫星信号通过电离层时传播方向和速度会发生改变，从而造成 GNSS 测量中的电离层延迟误差。该误差是卫星导航定位中重要误差源之一，尤其单频接收机用户。

目前常用的电离层延迟改正模型主要有经验模型、双频改正模型和实测数据模型三类 (张强等，2013)，应用最广泛的为 Klobuchar 经验模型，其 50%～60%的延迟修正率 (吴雨航等，2008；Klobuchar, 1987) 已然不能满足日益增长的精度需求；双频改正是利用不同频率信号的电离层延迟差异进行改正，可以是基于伪距观测量或载波相位观测量，改正延迟达 95%以上。此外，利用全球分布的 GNSS 监测站采集的实测数据，可以拟合出区域 (或全球) 的电离层延迟改正模型。通常将区域 (或全球) 的此类电离层进行格网化处理，然后用户利用网格点的电离层延迟量进行插值处理，即可得到指定位置电离层延迟的改正信息，目前利用 IGS 事后发布的网格点电子含量计算电离层延迟，可改正延迟 90%。由上述可知，经验模型对广播星历中的电离层延迟参数较为依赖，观测周期匹配星历更新周期，有助于改善电离层延迟修正性能，但若采用基于双频观测的电离层延迟改正模型，几乎不受广播星历电离层延迟参数影响，且能实现更准确的修正。

综上所述，无论是对于 GPS 共视标准 CGGTTS，还是对于 CGGTTS V2E，都采用的是 13min 观测和 3min 间隙的共视时刻计划，考虑到对参考时钟的不间断测试需求，目前主流 GNSS 共视设备还支持不间断的 RINEX 数据输出。

远程时间校准与复现系统设计了一种灵活的实时共视协议，具有数据即时交换、观测数据无中断和共视间隔根据需求可自由配置三项主要功能。实时共视协议主要涉及共视观测计划和观测文件格式等内容，主要规则如下：

(1) 以国家标准时间为基准，使系统内所有终端都与标准时间同步；

(2) GNSS 定时接收机、时间间隔计数器的原始观测数据每秒处理一次，每秒生成一组原始星站钟差 (参考时间与卫星钟的时差)，其中含设备时延修正量；

(3) 一个基本观测间隔为 60s，起点为 0s，终点为 59s，含六十组原始星站钟差数据；

(4) 观测周期为基本观测间隔的整数倍，可供选择的观测周期有 1min、5min 和 10min 等，可以在软件中根据需求设置；

(5) 原始测量数据保存的信息内容包括数据产生的 UTC 时间、GPS 周和周内秒、卫星编号、接收机钟差改正量、计数器测量值、原始星站钟差、高度角、频点 1 伪距测量值、频点 2 伪距测量值、频点 1 载波相位测量值、频点 2 载波相位测量值、卫星坐标 X、卫星坐标 Y、卫星坐标 Z、星钟修正量、电离层延迟改正量、对流层延迟改正量；

(6) 星站钟差数据每天保持一个文件，一个观测周期的星站钟差数据占一行，一行内容包括观测周期结束时刻对应的 UTC 时间，该终端在系统内唯一识别的 ID 号，卫星编号，星站钟差 (参考时间与卫星钟差) 和若干备用数据位；

(7) 即时交换的观测数据主要内容：观测周期结束时刻对应的 UTC 时间，该终端在系统内唯一识别的 ID 号，该终端所使用的观测周期，可视卫星总数，卫星在系统内的编号，对应卫星编号的参考时间与卫星钟差。

GNSS 共视是一种能实现纳秒级时间远程比对的技术，其设计之初主要用于守时实验室之间的时间比对，守时实验室通常用原子钟作为频率源，典型的组成是铯原子钟和主动氢原子钟，频率准确度均优于 10^{-12} 量级，以准确度为 1×10^{-12} 的铯原子钟为例，在 16min 共视观测周期内，铯原子钟的时间变化仅为 0.96ns，而 GNSS 共视比对的不确定度约为 5ns，因此单个观测周期铯原子钟的时间变化量对测试结果的影响几乎可以忽略。但若被测频率源的准确度为 1×10^{-11}，则 16min 的时间变化可能达到 9.6ns，此时若仅用一个测量值代表该观测周期原子钟的时间，可能存在数纳秒的误差，难以保障 5ns 的测量不确定度。若使用频率准确度为 1×10^{-10} 的频率源，测量结果的不确定性将进一步增加，GNSS 共视的性能优势将难以呈现，因此标准的 GNSS 共视协议难以满足频率准确度大于 5×10^{-12} 的频率源的高精度比对需求。

随着技术发展，用户对纳秒级时间比对和同步的需求大量增加，如物联网、精密导航定位、室内定位、无人驾驶等都需要高精度的时间同步技术作为支撑，GNSS 共视走出专业实验室，面向更广泛的应用成为必然趋势，首先需要解决频率源的多样化、性能差异性带来的适用性挑战。更短的观测周期可以更精细地反映频率源的短期变化，即时数据交换又能支持用户及时感知这种变化，从而采取应对措施降低变化的影响，以实现更高水平的时间同步。

5. GNSS 共视比对流程设计

远程时间校准与复现系统各个复现终端或校准终端的工作流程大致相同，GNSS 共视观测周期的比对流程如图 5.10 所示，校准或复现终端内部的时间间隔计数器每秒测量一次 GNSS 定时接收机输出的秒脉冲 (pulse per second, PPS) 与本地参考频率源的时差，将时差结果输出给控制器，同时控制器每秒采集 GNSS 定时接收机的数据，并根据数据计算各卫星时间与参考时钟源的时差，采集完一个观测周期的数据后，传递给另一线程执行数据处理，生成星站钟差，在标准时间的零零秒将星站钟差通过远程数据传输模块发送给监控中心，即完成一轮本地测量数据的处理。负责采集计数器和接收机数据的线程自动循环进入下一个观测周期的数据采集。监控中心持续监测基准终端和各校准终端、复现终端输出的数据包，当监测到数据包后，首先检查数据包的完好性，确认后存入数据库中，并启动数据匹配查找程序，在来自基准终端的数据包中查找是否有与校准或复现终端数据包完全一致的关键字，关键字包括数据包生成的时间、卫星编号、观测周期三项，匹配成功后，根据数据包内信息计算校准或复现终端与标准时间的时差，将时差信息加上测试结束时刻、用户身份识别标志 (identity document，ID) 号等基本信息，按协议生成数据包，通过远程数据传输模块回传给校准或复现终端的控制器，这些数据用于显示、绘图、存储和输出本地参考时间与标准时间的时差，至此远程时间校准终端完成一次基于 GNSS 共视原理的远程时间比对，而远程时间复现终端还需要在远程时间校准终端基础上，进一步利用控制器完成对时差结果的应用，生成对本地参考时钟源的驾驭量，控制参考时钟源输出与标准时间同步的时间频率信号。

上述流程为在监控中心集中管理模式下，一个完整观测周期的执行流程。远程时间校准与复现系统还支持分布式工作模式，该模式与集中管理模式的时差测试流程基本相同，区别在于在分布式工作模式下，各校准或复现终端直接接收来自基准终端的星站钟差数据，自行计算该观测周期本地参考时间与标准时间的偏差，该模式的优点是可以大大降低对监控中心的数据处理需求，不足是监控中心不能集中监控各设备的工作状态。

由上述 GNSS 共视比对流程可知，校准或复现终端的数据采集和处理并行执行，因此不需要单独预留时间进行数据处理，实现了连续的观测。

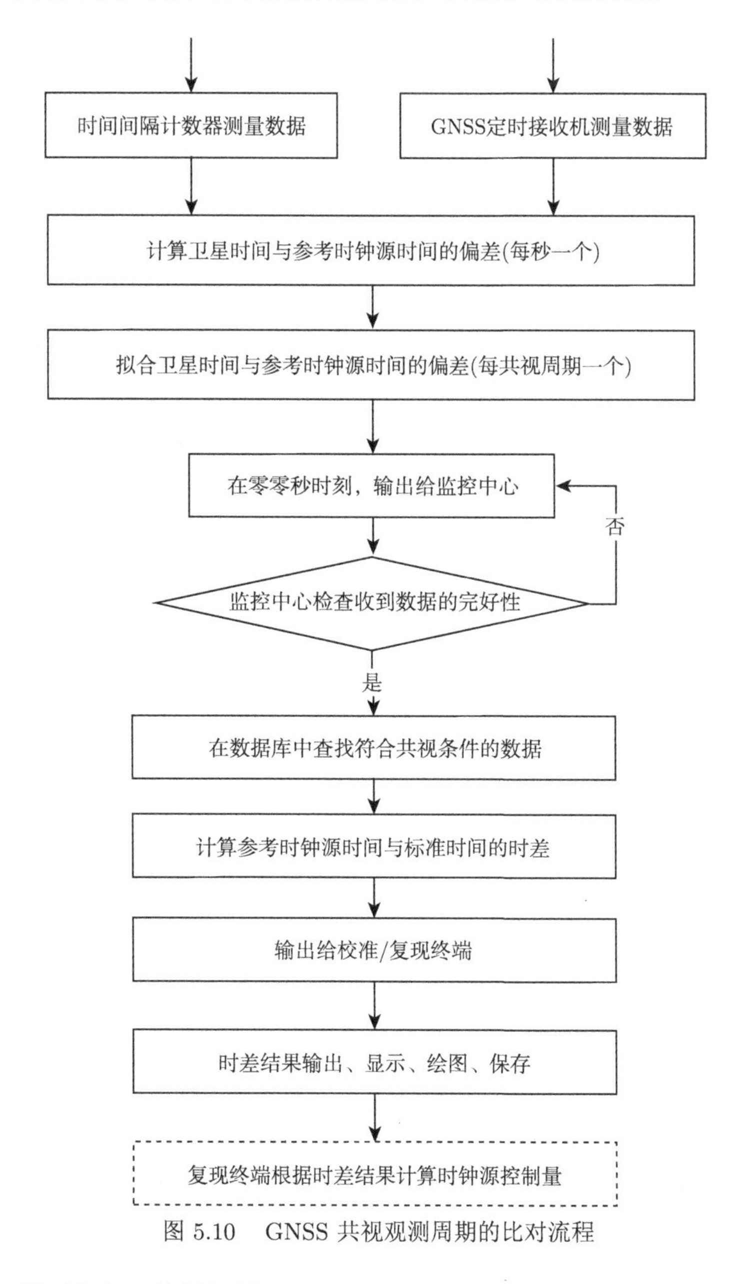

图 5.10　GNSS 共视观测周期的比对流程

5.3.3　远程时间复现终端设计

远程时间复现终端是远程时间校准与复现系统中的一种设备类型，是在远程时间校准终端配置基础上增加一个时钟模块，因此该类设备能输出与标准时间同步的时间，可作为一台频率源使用。

1. 总体设计

远程时间复现终端的组成如图 5.11 所示，包括 GNSS 定时接收机、时间间隔计数器、控制器、远程数据传输模块和时钟模块，其中控制器运行着远程时间频率比对终端软件和钟驾驭软件两款功能软件。

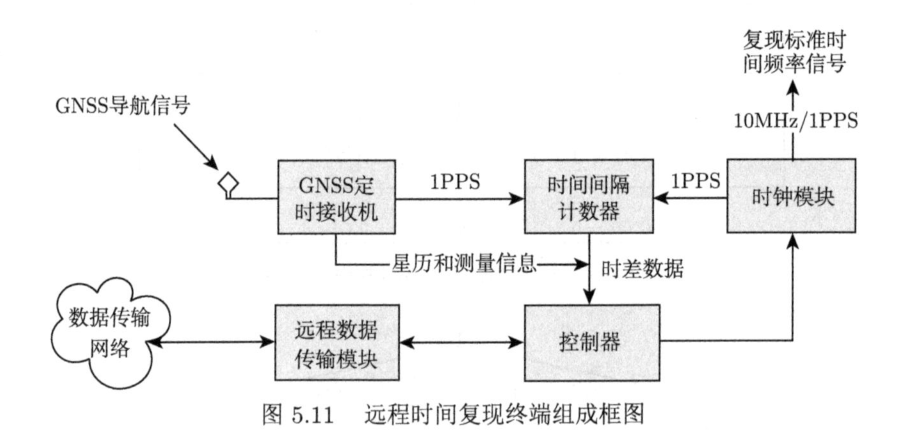

图 5.11　远程时间复现终端组成框图

对比图 5.4 和图 5.11 可以发现，复现终端是在校准终端基础上增加了一个时钟模块和一套钟驾驭软件。其中时钟模块有多种规格可供选择，以满足不同用户对频率源性能的需求。

2. 硬件设计

远程时间复现终端的远程时间测量所需软硬件与远程时间校准终端完全相同，因此本小节主要介绍其时钟模块的设计。

时钟模块为复现终端产生信号，主要由频率源和控制电路两部分组成，其核心是频率源，根据目前商用频率源类型和性能需求共同确定，可以是一台单独的频率源设备，如氢原子钟、铯原子钟，但要求频率源能接收频率或相位调整命令输入。这类原子钟具有一定的时间保持能力，常用于守时，即使失去溯源至标准时间的数据支持，也可以自维持一段时间，因此主要用于可靠性要求比较高的场合，相应的成本也较高。除了上述守时型原子钟，芯片原子钟、晶体振荡器、原子钟模块等类型的频率源在时钟模块中更为常用，主要是因为其体积小、便于集成，最重要的是还有成本优势。尽管后者的频率准确度、长期稳定度指标相对较低，但时钟模块的钟驾驭算法可以起到修正频率或相位的作用，达到类似守时原子钟性能。

综上所述，时钟模块的核心部件是频率源，对频率源的基本要求如下。

(1) 能输出 10MHz 频率信号。

(2) 能接收模拟信号或数字信息对频率源的频率或相位量进行控制，控制分辨率优于 1×10^{-12}。

(3) 为适应系统支持的最小观测周期 1min，要求 1min 内频率源的时间变化量不超过系统的测量不确定度，因此频率源的频率准确度、短期稳定度须优于 1×10^{-10}。

(4) 复现终端时钟模块的核心是频率源，确定频率源后，还需要开发配套电路和驱动，使其适配复现终端其他模块的信号使用要求，主要功能包括以下五方面：① 协议转换功能：根据测量结果，生成对频率源的控制量，并转换为频率源兼容的控制命令；② 信号转换功能：将各类频率源输出的信号，转换为统一规格的信号输出；③ 信号产生功能：以频率源输出 10MHz 信号为基准，生成 1PPS 和其他指定频点信号；④ 信号分配放大功能：将频率源的输出分为多路相同信号，为 GNSS 定时接收机、时间间隔计数器提供时钟参考，保障远程时间复现终端内部各模块工作在同一时钟下；⑤ 电压转换功能：远程时间复现终端的主控系统为各模块提供直流电源，但不同类型频率源对供电的电压、功耗需求不同，因此对不满足的情况，需要额外的电压转换电路，以满足频率源的供电需求。

综上所述，由于不同厂家、不同型号频率源模块的规格存在差异，为满足远程时间复现终端兼容不同类型频率源的用户选型需求，特别设计了时钟模块，其配套电路是为了适配不同类型频率源而专门设计的。此种设计的优点是可以将选型导致的变化局限在模块范围内，减小对其他模块的影响，使远程时间复现终端的整体结构具有较强的通用性。

3. 软件设计

远程时间复现终端控制器中运行了远程时间频率比对终端软件和钟驾驭软件共两款专用软件，其中远程时间频率比对终端软件与远程时间校准终端控制器中软件完全相同，不再赘述，本小节主要介绍钟驾驭软件的设计，钟驾驭软件主要满足以下四方面功能需求。

1) 通信功能

钟驾驭软件生成对频率源的控制量，依据之一是时钟模块的时间与标准时间的差值，该差值由远程时间频率比对终端软件提供，因此钟驾驭软件应具有与远程时间频率比对终端软件通信的功能，能获得时差测量值。此外，生成的控制量需要输出给时钟模块，实施对频率源的频率或相位调整，因此通信功能还应包括与时钟模块通信。

2) 时钟模块控制量生成功能

建立频率源的时间变化模型，并根据时差历史数据信息，拟合模型参数，进而预测频率源的时差变化趋势，结合对频率源输出信号的期望值，生成对频率源的相位或频率调整量，控制频率源，使其输出接近期望值。由于影响频率源输出信号的因素较为复杂，且频率源输出也在不断变化，因此频率源的模型参数非静态，需要结合实时反馈的时差数据不断更新。

3) 时差显示及存储功能

为便于监视钟驾驭效果，以及了解频率源的频率、相位变化特性，软件应能显示、存储时差数据和对时钟模块的调整量，这样有助于分析优化钟驾驭软件。

4) 参数配置功能

各种类型频率源的频率、相位变化特性至今还没有一个理想的模型能完全与其吻合，即使相同类型频率源在不同环境下工作，也会有不一样的特性，因此保留必要的控制参数配置权限，有助于使设备更好地适应环境。

根据上述功能需求，为远程时间复现终端设计了一套钟驾驭软件。钟驾驭软件能兼容多种时钟模块，也可以根据时钟模块的通信协议配置相关参数，其参数配置界面如图 5.12 所示。钟驾驭软件支持传输控制协议/网际协议 (transmission control protocol/internet protocol，TCP/IP)、RS232 串口通信协议，支持向铯钟、铷钟、铷原子模块等类型时钟模块输入频率或相位调整命令，有多种时间拟合模型可供选择。

图 5.12　钟驾驭软件的参数配置界面

可配置的工作参数中，最重要的是“控制间隔周期数”，它与测量周期 (共视观测周期) 组合，决定了对时钟模块实施驾驭的基本时间间隔 (驾驭周期)，不同的驾驭周期，可能会影响输出信号的频率稳定度、准确度和与标准时间的最大偏差等关键指标。不同时钟模块的准确度、稳定度性能差异较大，因此“控制间隔周期数”需要结合时钟模块的短期稳定度、准确度参数，以及用户所追求的最优性能目标来共同确定，以达到最优控制的目的。

钟驾驭软件主界面如图 5.13 所示，能以数值和图形两种形式显示由远程时间频率校准终端输出的时钟模块时间与标准时间的偏差 (溯源偏差)，以及预测时差与实测时差的残差值 (模型预测偏差) 变化趋势图，该图主要反映预测模型的准确性。

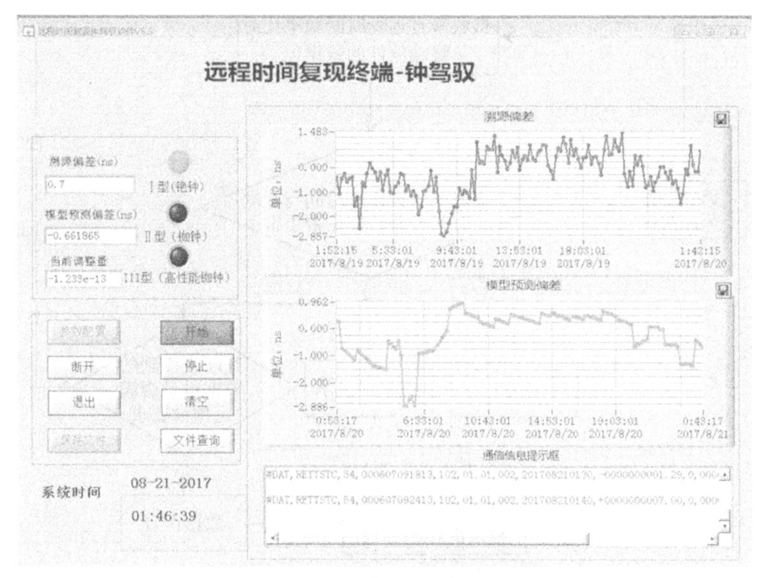

图 5.13　钟驾驭软件主界面

钟驾驭软件的工作流程如图 5.14 所示，软件开启后，若不更改配置参数，软件将自动读取最新的参数配置文件；软件对各项配置参数初始化；初始化完成后，钟驾驭软件开启与远程时间频率比对终端软件的通信端口，等待接收时差数据；当接收到数据包后，需要对数据进行完好性检查，若发现数据异常，则放弃该组数据，并向远程时间频率比对终端发起数据查询请求，直至收到正确数据；若数据正常，则进入数据存储、显示和处理阶段，其中数据处理阶段需要根据事先设定的参数实施，如测量周期、控制间隔周期数等参数约定了所需收集数据的个数，当判断出当前收集的数据量不满足预设要求时，则继续等待新数据到来，若满足则启动数据拟合，并根据模型生成时钟模块的预测参数，进而生成对时钟模块的控制量，转换成对应时钟模块可以接收的指令，输出到时钟模块的通信端口，对时钟模块实施驾驭，完成一个驾驭周期。

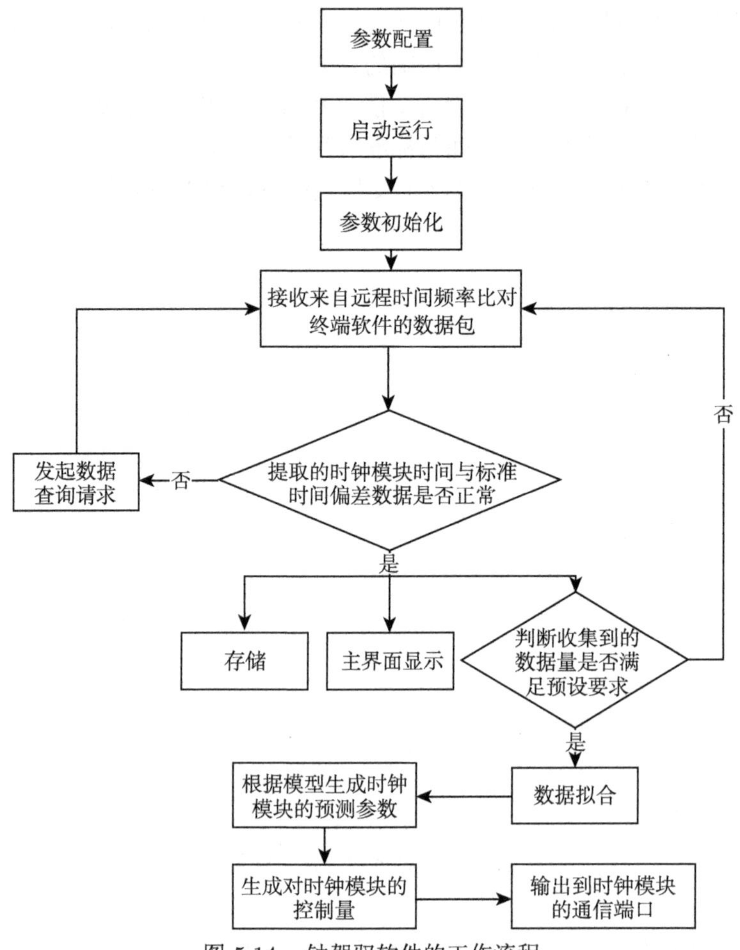

图 5.14　钟驾驭软件的工作流程

5.3.4　系统数据处理监控中心设计

系统数据处理监控中心的主要功能是状态监视与数据处理。状态监视功能是通过收集各终端运行数据，分析得到系统内所有终端的工作状态，并根据状态异常管理策略示警各种异常状态。数据处理功能分为三个阶段，第一阶段是对收到数据的完好性处理，包括数据包不完整、数据异常等；第二阶段是根据各终端的观测数据，计算用户参考时钟源时间与标准时间的时差；第三阶段是利用第二阶段生成的时差数据，分析用户频率源的频率稳定度、频率准确度和最大时间间隔误差等参数，评估用户的参考频率源性能。

监控中心的基本组成是服务器和运行在服务器上的管理软件。监控中心是系统的中枢，如果发生故障将导致整个系统瘫痪，因此对监控中心可靠性要求较高，服务器和存储器通过主备冗余方案予以保障。

监控中心的各项功能主要是依靠管理软件来实现，软件功能模块划分如图 5.15 所示，包括数据预处理、参数初始化、协议处理、数据处理、文件操作、用户管理、在线终端状态管理、人机交互、数据库管理等。

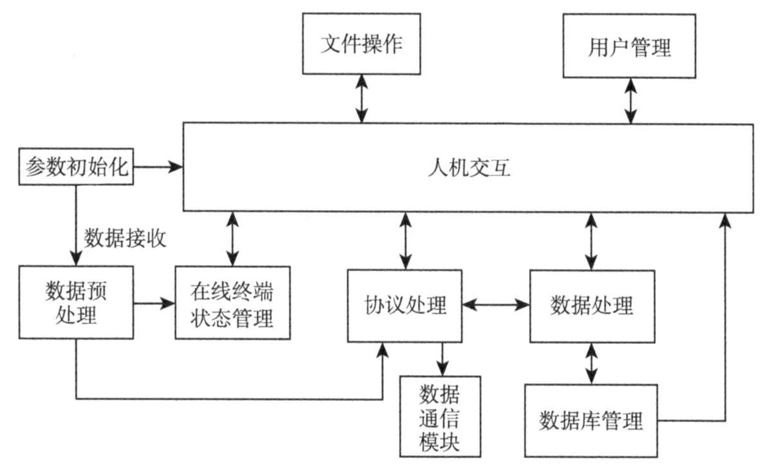

图 5.15　软件功能模块划分

启动软件后，软件自动按默认配置进入参数初始化模块，对软件各项参数进行初始化处理，包括软件界面初始化、通信端口初始化、工作参数初始化等，为软件正常运行做准备；初始化完成后，软件进入正常运行阶段，保持监听通信端口是否有信息到达，当接收到数据后，启动数据预处理模块程序，主要对接收到的数据进行完好性判断，确定收到的数据符合格式协议后，根据数据帧头确定数据内容，将数据分类，提供给不同的数据处理模块，如状态信息包发送给在线终端状态管理模块，观测数据包或数据查询包则发送给协议处理模块。在线终端状态管理模块接收到数据预处理模块输出的数据后，解析数据包中内容，根据各终端主动上报的状态信息，判断各终端的工作状态是否正常，并将分析结果提供给人机交互模块，由人机交互模块在软件主界面中显示。除被动接收各终端上报的状态信息分析状态外，在线终端状态管理模块还具有主动查询终端状态的能力，根据预设条件，在预设时段内若未收到状态数据，则主动发起状态查询请求，若查询超时仍未获响应，则判定该终端为离线状态，将结果报送人机交互模块，更新状态显示内容；若收到的数据被数据预处理模块分类为观测数据包或数据查询包，则发送给协议处理模块，协议处理模块根据通信协议解析收到的数据包内容，并转换为数据处理模块指定的数据类型，供数据处理模块使用，协议处理模块还能接收人机交互模块对通信协议参数的配置操作。数据处理模块是管理软件的核心功能模块，在接收到协议处理模块提供的观测数据后，首先提取数据包中的时间信息、卫星编号和观测周期信息，然后与基准终端提供的对应数据段内容进行匹配，匹配成功后，提取数据包中的测量数据，计算对应时刻校准终端或复现终端的参考时间与标准时间的时差，将生成的结果及时送到协议处理模块，由其按约定封装成数据包，交由数据通信模块发送给各校准或复现终端。同时，生成的结果与数据处理模块收到的所有数据一起被送到数据库管理模块中，按系统内唯一识别的终端 ID 号，分类保存各终端的观测数据和计算的结果数据，供事后分析、查询使用。至此，完成一个观测周期的数据处理流程。

鉴于监控中心管理软件是整个系统的核心，对软件不合适的操作可能导致系统出现灾难性后果，为避免此类情形发生，为软件设计了用户管理模块，其主要功能是根据不同的使用对象，为其授予不同级别的权限，分为普通用户和管理员两个级别。普通用户只有查看工作状态的权限，无须登录。管理员需要获得系统密码才能登录，有修改软件工作参数和授权终端使用系统资源的权限，还可以为新加入终端分配专用 ID 号，当然管理员也可以取消对终端的准入授权。

设计人机交互模块是为了更好地响应用户的即时指令，提供系统的运行状态信息，实现测试结果等内容的显示，方便用户查看了解系统状态。

管理软件的主界面如图 5.16 所示，在管理软件主界面的用户站信息栏中，双击在线终端的 ID 号或用户名，即可打开对应 ID 终端的监控信息界面。

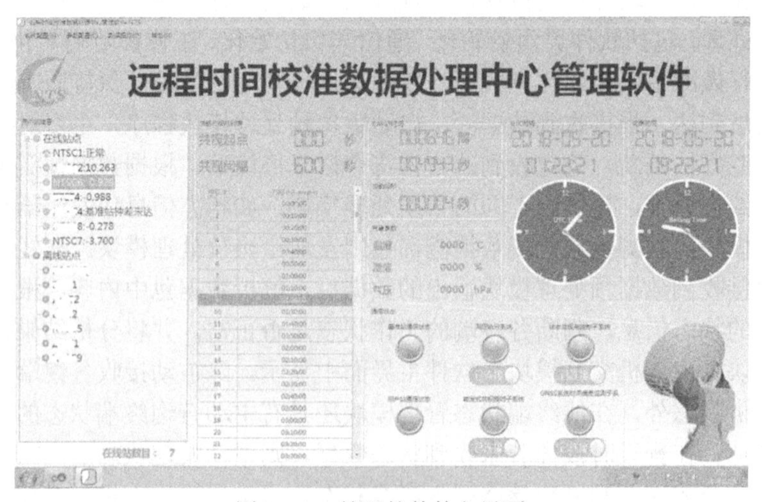

图 5.16 管理软件的主界面

图 5.17 是 ID 号为 006 的复现终端监控信息界面，界面分为四个区域，左边一列显示的是校准终端的基本信息，包括设备所在位置的坐标、与监控中心距离等；界面右边上方有三盏状态指示灯，代表复现终端内三个关键模块的工作状态，指示灯有三种颜色，分别表示不同状态；界面右边中间是测试结果显示区域，时

间校准数据代表当前最新的用户时间与标准时间之差，共视卫星数表示当前被用于与基准终端进行共视的卫星数，可视卫星数表示该终端当前可以观测到的全部卫星数；界面右边下方还用图形的形式显示不断更新的时间校准数据，方便用户了解参考时间相对于标准时间的变化趋势。

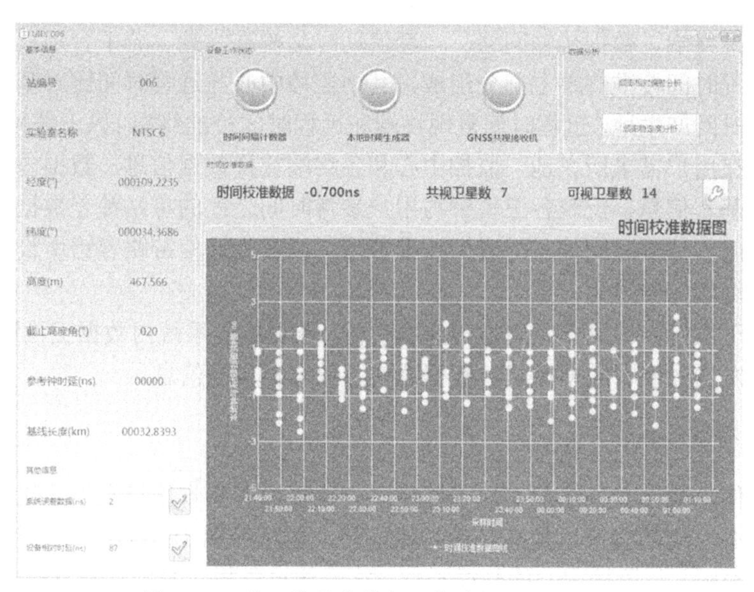

图 5.17　管理软件中某复现终端监控信息界面

单击软件主界面顶部的“数据操作”下拉菜单，可以访问存储到数据库中的历史数据资源，弹出如图 5.18 所示的数据库查询对话框界面，在“用户站”栏选择需

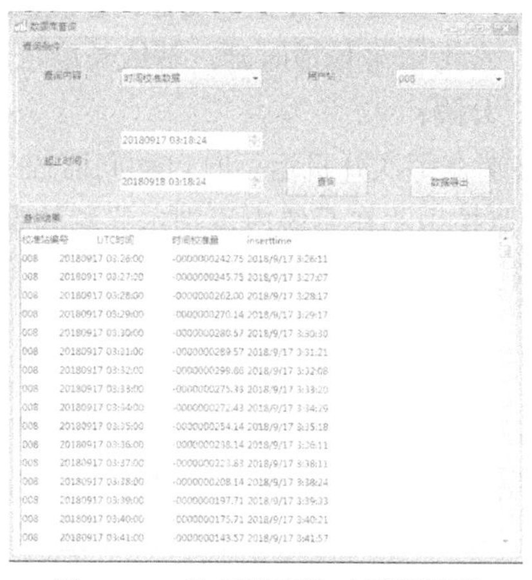

图 5.18　数据库查询对话框界面

查询的站点编号，在“查询内容”栏选择查询数据的条目，在“起止时间”栏录入查询数据发生的时间段。数据可以用 Excel 表格的形式导出。

5.3.5 通信协议

远程时间校准与复现系统由标准时间、一个系统数据处理监控中心、远程时间比对基准终端、数据传输网络、一套流动时延校准终端、若干台远程时间复现终端和远程时间校准终端七部分组成，其中监控中心与远程时间比对基准终端安装在标准时间产生地，远程时间复现终端和远程时间校准终端 (以下统称“终端”) 等被安装在用户需求所在地，监控中心和各终端交换数据信息，数据内容主要包括终端的基本信息、反映各卫星钟与用户参考时间之差的星站钟差数据、代表用户参考时间与标准时间偏差的时间校准数据，以及为通信链路容错所设计的数据查询和查询响应信息等。

为便于系统内信息无阻碍地传递和解析，需要统一系统内数据交换通信协议，包括数据发送频度、数据格式、数据流向、数据含义等信息。

1. 基本信息数据

基本信息数据是各终端初次与监控中心连接或有基本信息发生变化后，主动向监控中心发送的信息，是终端的初始信息，包括终端 ID 号、所在实验室的名称、天线坐标、与监控中心的基线长度、终端的设备相对时延、系统误差修正量、用户参考信号的传播时延、终端观测卫星的截止高度角、终端内部使用的接收机型号等。数据发送协议如下。

(1) 数据发送频度：终端初始化完成后主动向监控中心发送一次终端基本信息数据；

(2) 数据格式：[帧头，终端 ID，实验室名称，经度，纬度，高度，观测周期，截止高度角，设备时延，参考信号传播时延，基线长度，通信邮箱，接收机型号，结束符]，数据间以“，”分隔；

(3) 数据流向：由终端在每次开机运行时自动向监控中心发送；

(4) 数据含义：作为监控中心在系统内识别本终端的唯一身份信息，并根据信息内容为其匹配使用权限。

2. 基本信息查询

基本信息查询是监控中心在初始化启动时，为快速获取系统中终端的基本信息和运行状态，主动向系统中所有注册终端广播基本信息查询请求。因此，基本信息查询指令仅在监控中心软件启动时发送一次。数据发送协议如下。

(1) 数据发送频度：监控中心启动时发送一次；

(2) 数据格式：[帧头　终端 ID 结束符]，帧头、终端 ID 之间以“空格”分隔，终端 ID 与结束符之间无分隔符；

(3) 数据流向：由监控中心向终端广播；

(4) 数据含义：当监控中心发现有基本信息未知的数据接入系统时，或者接收到的终端基本信息不完整时，监控中心主动向终端发送基本信息查询数据包。

3. 响应基本信息查询数据

当终端收到监控中心发送的基本信息查询指令后，将自动响应查询指令，向监控中心发送一条基本信息数据，格式与终端启动运行时主动发送的基本信息完全相同。数据发送协议如下。

(1) 数据发送频度：不固定，当终端接收到监控中心发来的基本信息查询指令后，响应查询指令发送终端基本信息数据；

(2) 数据格式：与终端基本信息数据相同；

(3) 数据流向：由终端向监控中心自动发送；

(4) 数据含义：当终端收到监控中心发送的基本信息查询指令后，自动向监控中心发送基本信息。

4. 星站钟差数据

星站钟差数据是终端的观测数据，反映在观测周期内各可视卫星的时间与终端时间或终端参考时间的时差，因此每一颗可视卫星可得到一个时差值，可视卫星越多，时差值越多，数据包就越长。为便于监控中心解析，在数据包中除了帧头和结束符，还增加了表示当前数据包中包含可视卫星总数的标志位。为了区分不同卫星，在每一个时差值前，加上对应的卫星号。卫星号由系统统一编制，覆盖了目前的全球卫星导航定位系统，包括北斗、GPS、GLONASS 和 Galileo。

星站钟差数据由帧头、终端 ID、观测周期、UTC 时间、可视卫星总数、卫星号、星站钟差和结束符组成，其中终端 ID 是监控中心识别该条数据所属终端的主要标志，一般终端 ID 由监控中心统一分配，具有唯一性；观测周期表明该终端当前使用的观测计划及该终端当前执行的共视观测周期；UTC 时间是指星站钟差数据产生时刻的 UTC 时间，星站钟差数据产生于一个观测周期结束后的第一秒；可视卫星总数表明本观测周期内所产生的星站钟差结果总数；卫星号是系统为各导航系统的卫星分配的唯一识别号码；星站钟差是本观测周期测得的一颗卫星的卫星时间与终端参考时间之差；结束符标志着一条数据结束。下面分别介绍各数据协议。

(1) 观测周期：系统支持 1min、5min、10min 等观测周期，1min 观测周期起始时间为任意分钟的 00s，结束时间为 59s；5min 观测周期起始时间为 5 的整倍

数 (含零) 分钟的 00s，结束时间为起始时间加 4min 又 59s；10min 观测周期起始时间为 10 的整倍数 (含零) 分钟的 00s，结束时间为起始时间加 9min 又 59s。

(2) 数据发送频度：每个观测周期发送一次 (间隔为 1min、5min 或 10min)；星站钟差数据在当前观测周期结束后的下一秒发送，通常为 0s。例如，观测周期 1min 的某个星站钟差数据发射时刻为 12:13:00，观测周期为 5min 的某个星站钟差数据发射时刻为 12:15:00。

(3) 数据格式：[帧头，终端 ID，观测周期，UTC 时间，可视卫星总数，卫星号，星站钟差，卫星号，星站钟差，…，结束符]，数据间以“，”分隔。

(4) 数据流向：由终端定时向监控中心发送。

(5) 数据含义：星站钟差数据为终端在一个观测周期内所有可视卫星的卫星钟时间与用户参考时间的时差。

5. 星站钟差查询

星站钟差查询采用通信故障容错措施，目的是减少通信故障导致的数据缺失事件，当预计时段内未收到期望的数据包时，监控中心主动向终端发送查询指令，请求获取该终端指定观测时间的星站钟差数据。

数据包中包括帧头、终端 ID、所需查询星站钟差的起止时间和结束符。其中当查询时间的起、止时间相同时，表明仅查询一个观测周期的星站钟差数据，数据发送协议如下。

(1) 数据发送频度：不固定；

(2) 数据格式：[帧头　终端 ID　查询时间结束符]，帧头、终端 ID、查询时间之间以“空格”分隔，查询时间与结束符之间无分隔符；

(3) 数据流向：由监控中心向终端发送；

(4) 数据含义：监控中心按约定未获得指定时间的星站钟差数据，则发起针对某个终端在某个时间段内的星站钟差数据查询请求，一次仅能查询一个观测周期的星站钟差数据。

6. 响应星站钟差查询的数据

监控中心向指定 ID 的终端发出星站钟差查询指令后，若查询指令被对应 ID 的终端收到，则该终端在历史数据中查找符合条件的星站钟差数据，发还给监控中心，以响应其查询请求。一次只能响应一个观测周期的星站钟差数据查询请求，因此响应数据格式与正常的星站钟差数据格式完全相同，多个观测周期按发生时间先后顺序依次响应。数据发送协议如下。

(1) 数据发送频度：不固定，在收到监控中心的查询请求后才响应；

(2) 数据格式：与星站钟差数据相同；

(3) 数据流向：由终端向监控中心发送；

(4) 数据含义：终端收到监控中心发送的星站钟差查询数据后，将本终端对应时段的星站钟差数据发送给监控中心。

7. 时间校准数据

时间校准数据是远程时间比对的核心数据产品，表示终端的参考时间或终端产生的时间与标准时间的偏差。系统默认由监控中心利用基准终端的星站钟差数据和校准或复现终端的星站钟差计算。监控中心在收到星站钟差数据后立即计算该终端的时间校准数据，然后发还给提供该星站钟差数据的终端。数据包中包括帧头、时间校准数据对应的观测周期结束时刻的下一秒、时间校准数据，以及预留的 34 位备用位和结束符。备用位为监控中心为发送其他信息预留的字符。数据发送协议如下。

(1) 数据发送频度：每观测周期发一次；

(2) 数据格式：[帧头，终端 ID，UTC 时间，时间校准量，备用位结束符]，帧头、终端 ID、UTC 时间、时间校准量、备用位之间以“，”分隔，备用位与结束符之间无分隔符；

(3) 数据流向：由监控中心向终端发送；

(4) 数据含义：终端的参考时间与标准时间的时差，称为该终端的时间校准数据。

8. 观测周期计划

远程时间校准与复现系统同时支持多种观测周期，各终端可根据自身需求设定，常用的几种观测周期计划如表 5.1 所示。

表 5.1 常用的观测周期计划

观测周期	内容示例			
	当前观测周期		下一观测周期	
	起始时间	结束时间	起始时间	结束时间
1min	00min00s	00min59s	01min00s	01min59s
5min	10min00s	14min59s	15min00s	19min59s
10min	20min00s	29min59s	30min00s	39min59s

5.4 远程时间校准与复现系统性能分析

远程时间校准与复现系统是一套基于 GNSS 共视原理实现时间远程比对测量的系统，其主要误差来源于远程时间比对链路中的各项传播时延。与标准的 GNSS 共视法相似，比对链路中的延迟按信号传播路径差异，大致可分为与卫星有关的延迟、信号空间传播引起的延迟，以及与接收机有关的延迟三方面。根据 GNSS 共视原理，同一颗卫星的星钟偏差在相同时刻对基准终端和校准终端的影响相同，因此星钟偏差影响可以忽略。根据相关参考文献 (孙宏伟等，2009)，卫星的位置误差是影响 GNSS 共视的一项因素，影响程度取决于共视设备对卫星的观测仰角和设备间的基线长度，当比对仰角大致相同时，卫星位置误差对共视比对的影响与基线长度近似成正比，与仰角大小几乎无关；但当两个仰角不同时，在基线长度小于 2500km 时，两仰角之差越小，影响就越小，而对于基线长度为 2500~5000km 的情况，仰角差异对时间比对影响不大，最大相当于卫星位置等价误差 (卫星位置误差除以信号传播速度) 的四分之一。李秦政等 (2018) 报道了 2016 年对 BDS 广播星历轨道进行长时间评估的结果，发现 BDS 的地球静止轨道 (GEO) 卫星 (除 C02、C04 外) 广播星历误差均方根优于 5m，倾斜地球同步轨道 (IGSO) 卫星和中圆地球同步轨道 (MEO) 卫星的星历误差均方根均优于 2m。综合参考文献 (李秦政等，2018；孙宏伟等，2009)，在基线长度小于 2500km 时，两地共视的高度角差较小时，卫星位置误差对 GNSS 共视比对的影响可近似忽略，但当比对基线进一步增长时，共视比对的两地信号经电离层、对流层等大气传播的时延差异增大，增加共视比对误差。除此以外，共视比对设备间的设备时延差，也是共视比对误差的重要来源之一，有的可能达到数十纳秒。GNSS 共视误差的影响分析相关内容可以参见 2.3 节，本节主要从测试角度，分析远程时间校准与复现系统可实现的性能。

5.4.1 设备时延影响分析

对于卫星授时，以及基于卫星授时的共视时间传递等技术，接收机延迟是时间传递误差的主要来源之一，对接收机时延的标校能力影响时间传递准确度，需要进行校准。因此，对远程时间校准与复现系统中的远程时间比对基准终端、远程时间校准终端、远程时间复现终端等类型设备的时延标校能力可能影响系统的时间同步性能，尤其需要重视。

远程时间校准终端的设备时延主要来源于其内部的 GNSS 定时接收机延迟和时间间隔计数器测量通道间的时延差，其中时间间隔计数器测量通道间的时延差可以使用标准时间信号进行测试补偿，使其不影响设备时延测试结果，因此主要考虑 GNSS 定时接收机延迟的影响。

GNSS 定时接收机延迟定义为，以接收天线的相位中心为起点，以接收机输出秒脉冲为终点的信号处理链路附加的延迟。进行时延标定时，测量误差主要来源于接收天线相位中心误差、接收机内置振荡器、接收机噪声，以及接收机软件算法和计算误差等。

接收天线相位中心误差是由接收天线的相位中心与几何中心不一致引起的，

不同类型的天线其相位中心误差不同，并且这种误差随卫星高度角和方位角的变化而变化，一般误差在 5mm 以内。

接收机内置振荡器受钟漂、温度、噪声、时钟老化等因素影响，在伪距和载波相位测量中引起误差。降低影响的常用方法是对内置时钟建模，通过多项式系数进行修正，还有部分接收机采用外接更稳定频率源的方式提高接收机时钟稳定度。

接收机噪声来源包括放大器、滤波器及各部分电子器件，以及信号间互相关性、观测量算法误差、信号量化误差等。不同接收机噪声通常不呈现任何相关性，且同一接收机的噪声在时间上也不相关，表现为变化很快的随机噪声 (谢钢，2009)。

根据延迟属性不同，将接收端延迟分为固定延迟和随机延迟两类，其中固定延迟基本特性是时不变性，因此可以通过反复测量获得并补偿；随机延迟会随着时间变化而随机变化，因此难以被准确测量，通常通过统计方式估计。接收端延迟主要涉及天线、天线与接收机直接连接的馈线、接收机内部信号传输处理环节等，均存在固定延迟和随机延迟两种时延分量，需要分别进行测量或估计。

接收端随机延迟的主要来源包括测量误差和器件延迟的随机变化量，其值不断变化，因此难以通过测量方式获得，通常采取措施减小其影响或通过测量统计进行估计。例如，测量误差主要是伪距测量误差，对于码片波长为 293m 的 GPS C/A 码，使用跟踪精度为 1%码片的接收机，其伪距测量误差大致为 3m，然而对于码片波长仅为 19cm 的 L1 载波来说，载波相位测量误差可减小至 2mm，因此，利用载波相位平滑伪距的方法可以减小观测误差 (朱峰，2015)。

对接收端的固定延迟量，常用的测量方法有相对测量和绝对测量两种，其中相对测量是以一台时延已知的接收机为参考，将被测接收机与参考接收机相邻安装，测量两台接收机输出信号的相对时差，即可得到两台接收机的相对延迟。绝对测量有两种方式，一种是利用信号模拟源模拟生成卫星信号，测量从信号进入接收机天线至输出秒脉冲的延迟；另一种是以溯源至 UTC 的标准时间信号为参考，测量接收机输出时间与标准时间的时差，修正导航系统的系统时间与标准时间偏差后，即得到接收机的绝对延迟。此外，需要注意的是，接收机延迟的固定分量也非恒定不变，有论文称：经过一年时间，接收机间相对延迟由 2ns 变为 11.6ns，为保证时延校准的准确性，需要定期检校 (屈俐俐，2005)。

5.4.2　远程时间校准终端性能测试与分析

远程时间校准与复现系统中的远程时间校准和远程时间复现两种用户终端，均是以 GNSS 共视实现的时间比对结果为基础，因此终端的设备时延校准精度，以及导航信号空间传播经模型修正和共视处理后的残余误差，可能影响时间比对性能。为了评估其性能，以及对比分析不同观测周期对时间比对性能的影响，设计了零基线共钟对比和不同观测周期在相同条件下对比的两套测试方案。

1. 零基线共钟测试

零基线共钟法是评估 GNSS 共视设备测量误差的常用方法，零基线共钟测试原理如图 5.19 所示，将需要评估的远程时间校准终端与远程时间比对基准终端并址安装，使两终端接收天线距离在 1～2m，近似认为是零基线 (真正零基线是共用同一天线和馈线。本系统为了测试含天线、馈线和接收机的整体设备时延差异，采用近似零基线的方法)，共钟是指两终端均以相同频率源为参考信号，则测试结果不包含参考信号的影响，本测试的参考信号均来自标准时间系统的主钟信号。测试之前首先补偿参考信号的电缆传播时延和远程时间校准终端的设备时延 (相对于远程时间比对基准终端的设备时延差)，然后测得远程时间校准终端相对于远程时间比对基准终端的时差，因两终端采用同一信号作为参考信号且参考信号传播时延被校准，故测得的时差结果主要反映远程时间校准终端的测量误差。

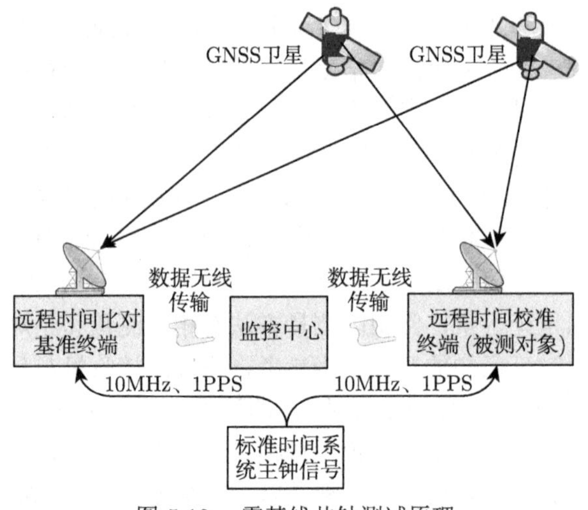

图 5.19　零基线共钟测试原理

图 5.20 所示为以远程时间比对基准终端为参考，与远程时间校准终端进行零基线共钟测试的结果，持续测试了 8 天，统计测试结果，远程时间校准终端测量时差的误差均值为 0.16ns，标准差为 0.72ns。据此可以推论，在零基线条件下，基于 GNSS 共视的远程时间校准与复现系统的时间测量误差小于 1ns。

2. 对比不同观测周期的测试性能

为对比不同观测周期对远程时间校准与复现系统测量性能的影响，设计了短基线的同源测试方案，测试原理如图 5.21 所示，远程时间校准终端安装在临潼国家授时中心本部，直接以标准时间 UTC (NTSC) 主钟信号为参考，而远程时间比对基准终端作为远程时间校准与复现系统的测试参考终端，被安装到国家授时中心位于西安航天产业基地的试验场，基准终端的参考信号来源于国家授时中心保持的标准时间 UTC (NTSC) 主钟信号，因主钟位于临潼国家授时中心本部，西安航天产业基地试验场的参考信号是通过光纤双向时间传递设备传输过去的。西安航天产业基地试验场与临潼国家授时中心本部之间直线距离为 32km，铺设的光缆长度约为 60km，因光纤传递参考信号采用了双向时延补偿技术，故两地信号同步精度在 20ps 以内，相较 GNSS 共视所能达到的时间比对性能，可以忽略其影响，因此两地参考信号视为同源。此外，测试前还对参考信号的电缆传播时延、远程时间校准终端的设备时延 (相对于远程时间比对基准终端的设备时延差) 进行了补偿，因此远程时间校准终端测得的时差主要反映其测量误差。

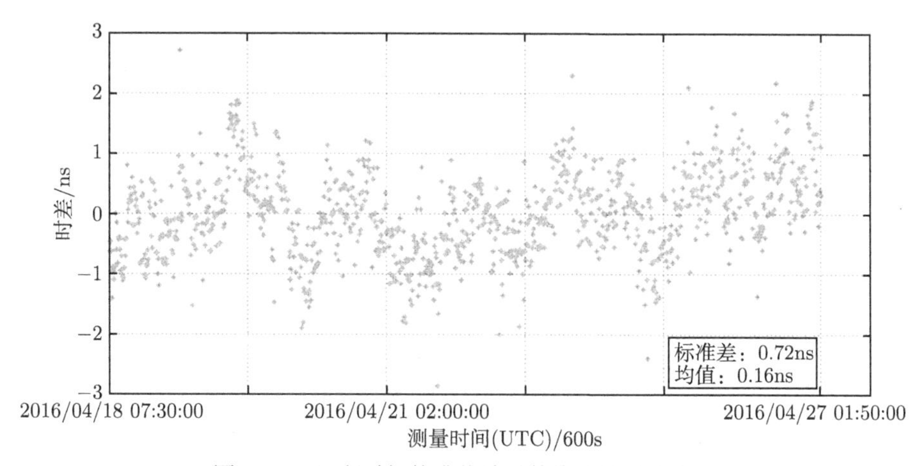

图 5.20　远程时间校准终端零基线共钟测试结果

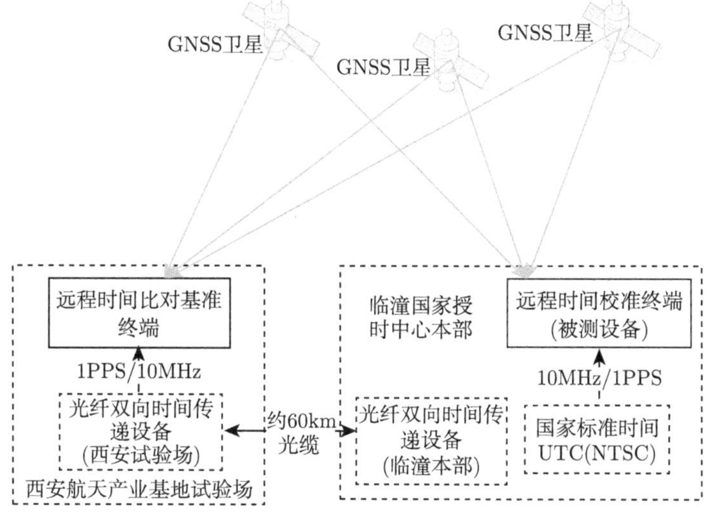

图 5.21　短基线同源测试原理

分别设置远程时间校准终端的观测周期为 1min、5min 和 10min 三种条件，每组持续测试不少于 24h，进行对比分析。

图 5.22 所示为远程时间校准终端内置软件的运行主界面，主界面显示了 24h 的时差测试结果，右上角数值为最新的时差测试结果和 UTC 时间。

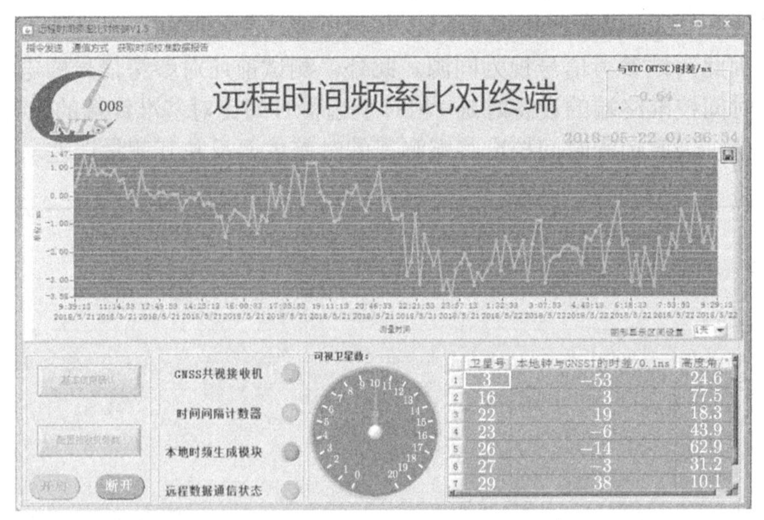

图 5.22　远程时间校准终端内置软件的运行主界面

图 5.23 所示为共视观测周期为 1min 时，远程时间校准终端的时差测试结果，此种条件下每分钟获得一个时差测试结果。时差测试值分布在 −4.33～1.14ns，持续约 36h 测试结果的标准差为 0.78ns。

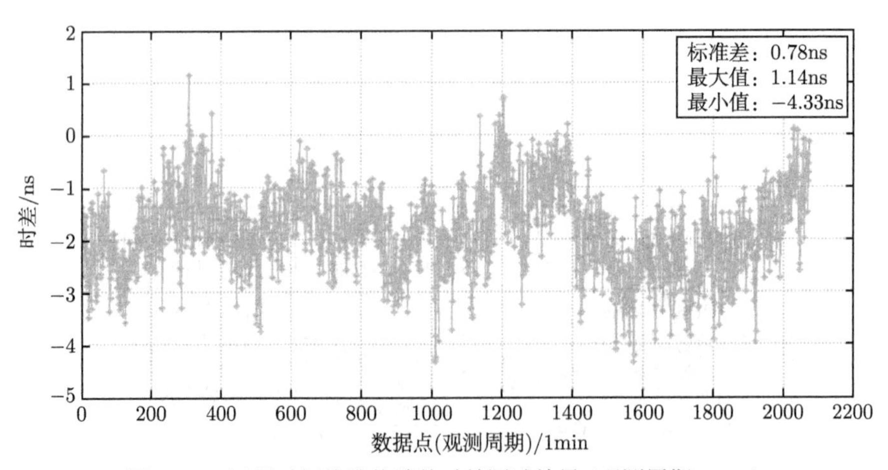

图 5.23　远程时间校准终端的时差测试结果 (观测周期 1min)

图 5.24 所示为共视观测周期为 5min 时，远程时间校准终端的时差测试结果，此种条件下每 5min 获得一个时差测试结果。时差测试值分布在 −4.36~2.32ns，持续约 30h 测试结果的标准差为 1.01ns。

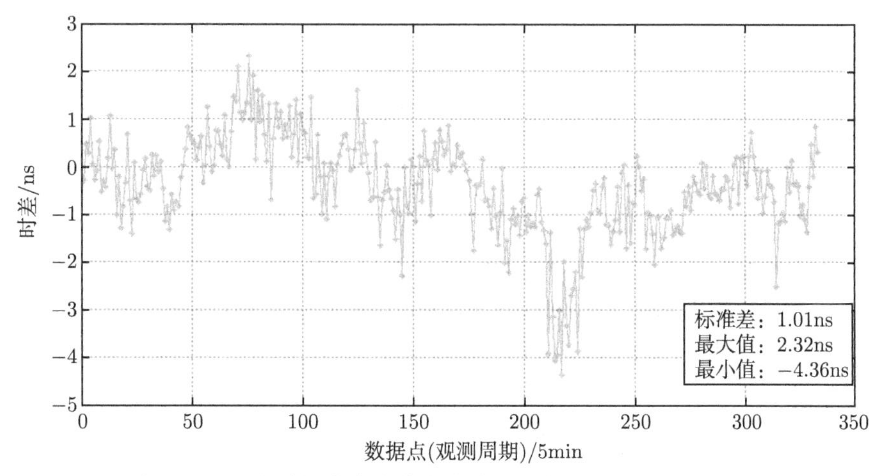

图 5.24 远程时间校准终端的时差测试结果 (观测周期 5min)

图 5.25 所示为共视观测周期为 10min 时，远程时间校准终端的时差测试结果，此种条件下每 10min 获得一个时差测试结果。时差测试值分布在 −4.19~0.33ns，持续约 24h 测试结果的标准差为 1.07ns。

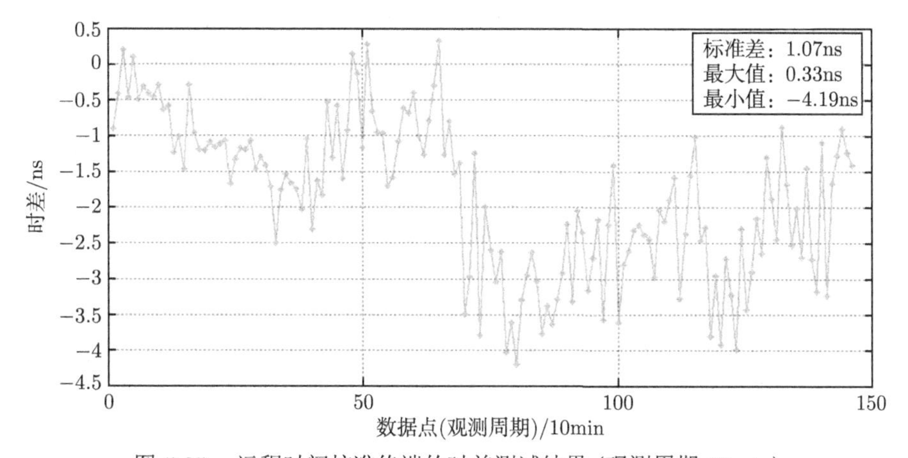

图 5.25 远程时间校准终端的时差测试结果 (观测周期 10min)

综合上述测试结果可以推论：① 远程时间校准终端在基线长度 32km 的条件下，24h 持续测试，统计时差测试结果，随机误差小于 2ns；② 远程时间校准终端分别工作在 1min、5min 或 10min 的观测周期时，不同观测周期对测量误差的影响差异小于 1ns。因此，在应用中，观测周期的选择主要考虑被测试频率源或复现终端内时钟模块的频率稳定度、准确度，以及所需要实现的时间同步技术指标性能需求，由观测周期差异引入的误差可忽略。

5.4.3 远程时间复现终端性能测试与分析

远程时间复现终端旨在为用户提供与标准时间同步的时间，根据此功能特征，可以将其定义为一台受标准时间驯服的时钟源，评价一台时钟源的频率信号性能参数包括频率稳定度、频率准确度，评价时间的主要性能参数有最大时间间隔误差 (maximum time interval error, MTIE) 等。因此，为评价远程时间复现终端所复现信号的性能，设计了以卫星双向时间比对设备为测试、评估设备的测试方案，因卫星双向时间频率传递能获得优于 GNSS 共视技术的比对精度，而远程时间校准与复现系统是基于 GNSS 共视原理实现远距离时间比对，故测试结果能客观反映其性能。

根据前文所述，远程时间复现终端内的时钟模块兼容铯原子钟、铷原子钟、晶体振荡器等多种频率源类型，为评价各种频率源的远程时间复现终端性能差异，分别对所复现信号进行性能测试。本小节将详细阐述测试情况及结果。

1. *以铯原子钟作为频率源的时间复现*

为评估远程时间复现终端的性能，在国家授时中心建成的远程时间校准与复现系统支持下，将一套远程时间复现终端安装到陕西洛南某试验场，与系统监控中心所在地西安的直线距离约为 88km。为远程时间复现终端的时钟模块配置的频率源是一台铯原子钟，自由振荡条件下其频率准确度典型值优于 5×10^{-13}，取样时间为 24h 的最大时间间隔误差为 16.2ns，因铯原子钟在 10min 内时间变化小于 1ns，而更长的观测周期有助于减小测量随机误差的影响，故设置观测周期为 10min，即每 10min 获得一个与标准时间的时差结果。

评估复现终端时间、频率信号性能，用的是一套可搬移的卫星双向时间比对设备，该卫星双向比对设备工作在 Ku 波段，基于 GEO 卫星进行双向时频信号传递，测试前经过标校，可实现小于 1ns 的时间比对不确定度，优于被测终端可实现的时间同步性能，符合测试要求。卫星双向测试复现终端性能原理如图 5.26 所示，在西安将卫星双向比对设备 A 与远程时间比对基准终端并址安装，接入标准时间主钟信号，将卫星双向比对设备 B 搬运到陕西洛南某试验场，与远程时间复现终端并址安装，接入远程时间复现终端输出的 1PPS 和 10MHz 信号，卫星双向比对设备与远程时间复现终端并行运行，测量的两地参考信号之间的时差，即标准时间与复现时间差。

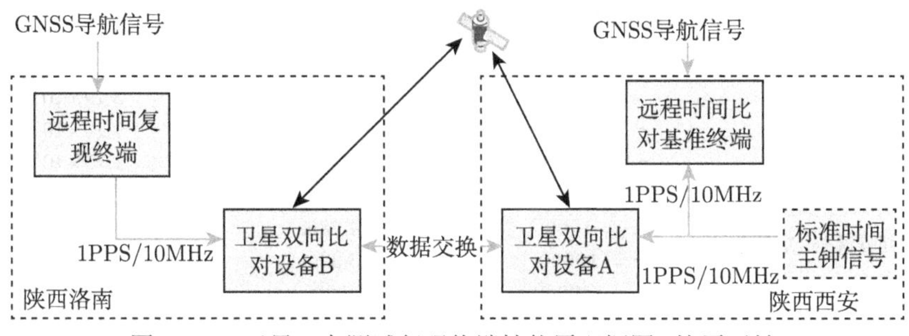

图 5.26　卫星双向测试复现终端性能原理框图 (铯原子钟)

持续测试约 10 天，卫星双向比对设备测得的远程时间复现终端复现时间与标准时间的时差结果如图 5.27 所示，由于卫星双向时间比对设备另有任务，比对数据出现了部分中断。

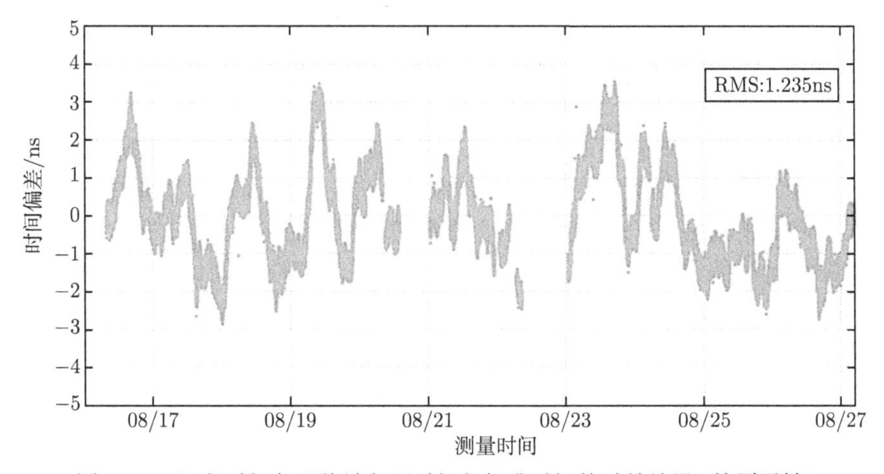

图 5.27　远程时间复现终端复现时间与标准时间的时差结果 (铯原子钟)

统计分析测试数据，复现终端输出信号与 UTC (NTSC) 主钟信号的频差均值为 1.79×10^{-15}，复现时间与 UTC (NTSC) 主钟信号时差的均方根约为 1.24ns，最大偏差为 3.54ns，标准差为 1.24ns，取样时间 1000s 和 10000s 的 Allan 偏差 (ADEV) 分别为 3.19×10^{-13} 和 1.12×10^{-13}，取样时间 100000s 的 Allan 偏差为 1.75×10^{-14}。取样时间 100s 及以下的最大时间间隔误差 (MTIE) 为 2.22ns，取样时间 1000s 的 MTIE 为 2.48ns，10000s 为 5.34ns，100000s 为 6.01ns。

表 5.2 为远程时间复现终端输出时钟信号与铯原子钟的频率稳定度、频差均值和 MTIE 等指标项对比，除取样时间为 10000s 的频率稳定度外，复现终端输出信号性能较自由振荡的铯原子钟有显著改善。

表 5.2　远程时间复现技术对频率源性能的影响对比 (铯原子钟)

对比指标	取样时间/s	自由振荡铯原子钟	远程时间复现终端
Allan 偏差 (ADEV)	$\tau=1000$	6.40×10^{-13}	3.19×10^{-13}
	$\tau=10000$	9.60×10^{-14}	1.12×10^{-13}
	$\tau=100000$	2.70×10^{-14}	1.75×10^{-14}
最大时间间隔误差 (MTIE)	$\tau\leqslant 100$	3.85ns	2.22ns
	$\tau=1000$	4.38ns	2.48ns
	$\tau=10000$	5.32ns	5.34ns
	$\tau=100000$	16.20ns	6.01ns
频差均值	—	5.00×10^{-13}	1.79×10^{-15}

2. 以铷原子钟作为频率源的时间复现

因价格远低于铯原子钟，频率准确度、老化率等指标优于晶体振荡器，铷原子钟是目前较为常用的商用频率源之一。以铷原子钟为时钟模块频率源，制作了一款远程时间复现终端，自由振荡条件下其频率准确度典型值优于 5×10^{-11}，取样时间为 100s 的频率稳定度优于 2×10^{-12}，因铷原子钟在 5min 内时间变化小于 1ns，而更长的观测周期有助于减小测量随机误差的影响，故设置共视观测周期为 5min，即每 5min 获得一个与标准时间的时差结果。

为评估时钟模块的频率源为铷原子钟的远程时间复现终端性能，在国家授时中心建成的远程时间校准与复现系统支持下，将一套远程时间复现终端安装到海南省三亚市的某测站，与系统监控中心所在地西安的直线距离约为 1750km。测试同样采用可搬移的卫星双向时间比对设备，该卫星双向时间比对设备工作在 Ku 波段，基于 GEO 卫星进行双向时频信号传递，测试前经过标校，可实现小于 1ns 的时间比对不确定度，优于被测终端可实现的时间同步性能，符合测试要求。测试原理如图 5.28 所示，在西安将卫星双向比对设备 A 与远程时间比对基准终端并址安装，接入标准时间主钟信号，将卫星双向比对设备 B 搬运到海南省三亚市的某测站，与以铷原子钟为内置频率源的远程时间复现终端并址安装，接入远程时间复现终端输出的 1PPS 和 10MHz 信号，卫星双向比对设备与远程时间复现

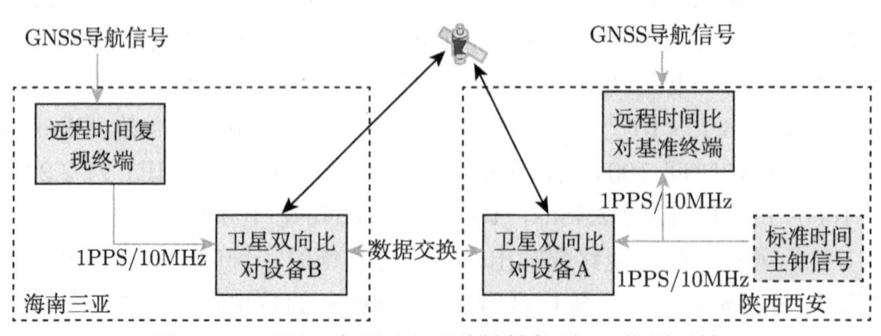

图 5.28　卫星双向测试复现终端性能原理 (铷原子钟)

终端并行运行，测量的两地参考信号之间的时差，即标准时间与复现时间差。

持续测试约 9 天，卫星双向比对设备测得的远程时间复现终端复现时间与标准时间的时差变化趋势如图 5.29 所示。

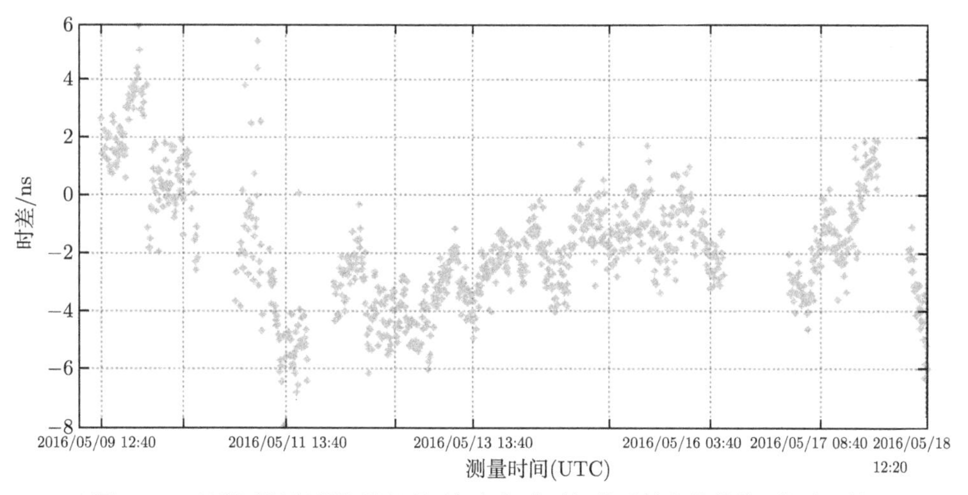

图 5.29　远程时间复现终端复现时间与标准时间的时差变化趋势 (铷原子钟)

复现时间与 UTC (NTSC) 主钟最大时差小于 10ns，统计测试期间所有时差结果的标准差为 1.75ns，取样 1000s 时 ADEV 为 2.00×10^{-12}，万秒频率稳定度为 6.66×10^{-13}，与 UTC (NTSC) 主钟的频差均值为 3.37×10^{-14}。

表 5.3 为远程时间复现终端输出时钟信号与铷原子钟的频率稳定度、MTIE 和频差均值等参数对比，由表中对比可见，复现终端输出时间频率信号的 MTIE 和频差均值等指标，较自由振荡的铷原子钟有显著提升，部分指标甚至达到了铯原子钟水平。

表 5.3　远程时间复现终端对时钟源性能的影响对比 (铷原子钟)

对比指标	取样时间/s	自由振荡的铷原子钟	远程时间复现终端
Allan 偏差 (ADEV)	$\tau=1000$	—	2.00×10^{-12}
	$\tau=10000$	—	6.66×10^{-13}
	$\tau=100000$	—	7.94×10^{-14}
最大时间间隔误差 (MTIE)	$\tau=10000$	10.01ns	65.70ns
	$\tau=100000$	13.83ns	608.00ns
频差均值	—	5.0×10^{-11}	3.37×10^{-14}

3. *以铷原子模块作为频率源的时间复现*

相比铯原子钟、铷原子钟等频率源设备，铷原子模块不能单独使用，需要附加电路支持，其主要特点是体积小，外形规格为 38.1mm×127mm×94mm，质量小，小于 500g，将其用于远程时间复现终端的时钟模块，有利于减小终端体积。铷原子模块自由振荡条件下，典型的频率准确度规格为 5×10^{-11}，取样 1s 的 ADEV 为 1×10^{-11}，满足观测周期设置为 5min 的要求，即每 5min 获得一个与标准时间的时差结果。

为更好地评估复现终端内部钟驾驭算法的性能，减少测量误差，对内置铷原子模块的远程时间复现性能测试在近似零基线条件下进行，远程复现终端时频信号性能测试原理如图 5.30 所示。将远程时间复现终端安装在监控中心，与远程时间比对基准终端相邻位置 (接收天线间直线距离小于 2m)，以标准时间系统的主钟信号为参考，使用时间间隔计数器直接测量远程时间复现终端产生的 1PPS 信号与主钟信号的时差。时间间隔计数器的单点测量精度为 50ps，满足评估远程时间复现终端时间同步性能要求。此外，为评估远程时间复现终端产生的频率信号的稳定度，使用了一台相位噪声分析仪进行测试，相位噪声分析仪的频率测量范围为 1~400MHz，取样 1s 时的 ADEV 优于 3×10^{-15}，远优于远程时间复现终端复现信号的频率稳定度，满足测试要求。

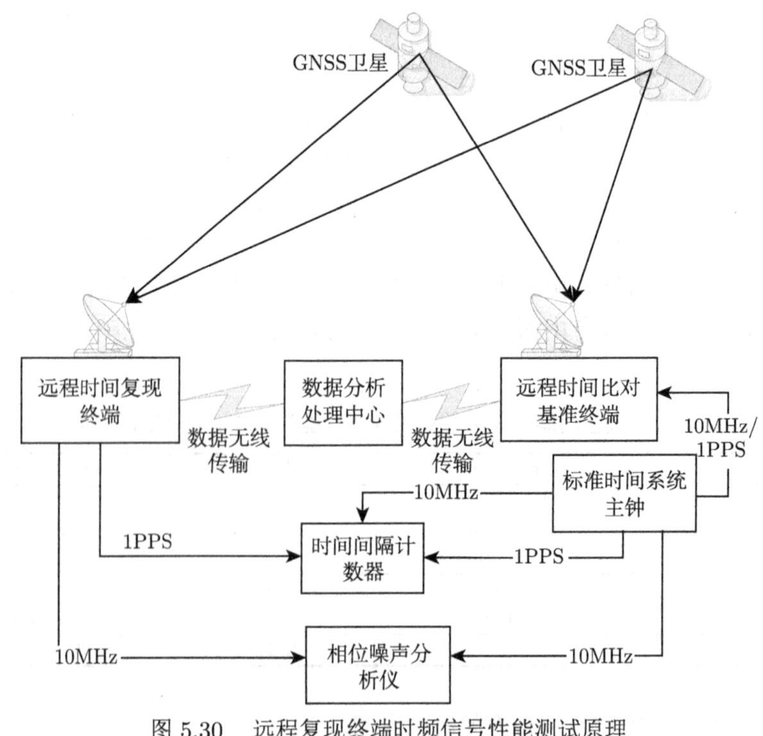

图 5.30　远程复现终端时频信号性能测试原理

持续测试约 4 天，时间间隔计数器测得的时差结果如图 5.31 所示，统计发现，取样时间小于等于 100s 时，MTIE 小于 1ns，取样时间 1000s 的 MTIE 为 2.78ns，万秒为 6.01ns，100000s 为 6.82ns。相位噪声分析仪测得远程时间复现终端产生的 10MHz 信号频率稳定度，在取样时间 100000s 时，ADEV 为 3.50×10^{-14}，详细对比结果如表 5.4 所示。

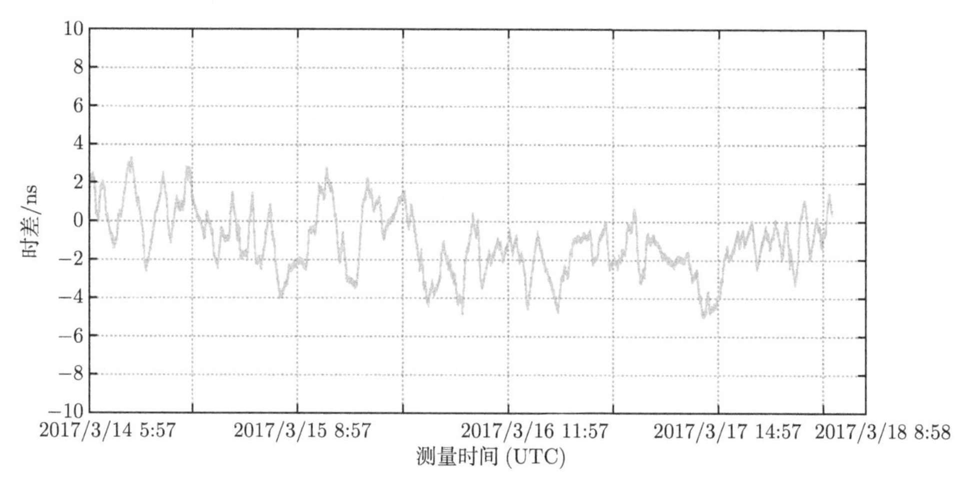

图 5.31　时间间隔计数器测得的时差结果 (铷原子模块)

表 5.4　远程时间复现终端对时钟源性能的影响对比 (铷原子模块)

对比指标	取样时间/s	自由振荡的铷原子模块	远程时间复现终端
Allan 偏差 (ADEV)	$\tau=1000$	2.89×10^{-13}	5.27×10^{-13}
	$\tau=10000$	3.39×10^{-13}	2.85×10^{-13}
	$\tau=100000$	4.90×10^{-13}	3.50×10^{-14}
最大时间间隔误差 (MTIE)	$\tau\leqslant100$	<0.80ns	<0.60ns
	$\tau=1000$	5.50ns	2.78ns
	$\tau=10000$	46.10ns	6.01ns
	$\tau=100000$	384.40ns	6.82ns
频差均值	—	5.00×10^{-11}	6.33×10^{-14}

在近似零基线条件下，远程时间复现终端输出时间、频率信号与铷原子模块直接输出信号的频率稳定度、频差均值和 MTIE 等指标进行对比，发现复现信号与 UTC (NTSC) 主钟时差小于 5ns，取样时间为 24h，MTIE 为 6.82ns，较自由振荡时铷原子模块的 384.40ns 有显著提升。在频率稳定度指标方面，仅在取样时间 1000s 时复现频率信号的频率稳定度不及铷原子模块，更长取样时间的频率稳定度都有显著改善，特别是天稳定度提高了约一个数量级，内置铷原子模块的远程时间复现终端，能获得远优于其自由振荡条件下的时频信号指标参数。

综合分析上述试验结果发现，远程时间复现终端输出信号的性能与内部时钟模块的频率源性能紧密相关，配置高性能铯原子钟的远程时间复现终端，可输出与标准时间偏差小于 5ns 的信号，甚至在 3ns 以内，频差均值能从 5.00×10^{-13} 提升至 1.79×10^{-15}；配置铷原子钟的复现终端，可输出与标准时间偏差小于 10ns 的信号，频差均值提升约三个数量级。尽管远程时间复现终端输出时频信号的性能与频率源性能密切相关，但远程时间复现技术对频率源的驯服，可使频率源实现更高的频率准确度、稳定度和时间同步性能，甚至达到更高一级频率源的水平。因此，从性价比角度考虑，使用相对便宜的铷原子钟作为远程时间复现终端的频率源，可以达到类似铯原子钟的中长期稳定度效果。

为进一步降低成本，减小设备体积，恒温晶体振荡器理论上也可以作为复现终端的频率源，利用复现终端对晶体进行驾驭，在维持晶体短期稳定度较高的优势下，改善晶体振荡器的准确度、长期稳定度等性能。但考虑到晶体振荡器的频率漂移、老化，以及易受环境影响等特点，晶体振荡器输出的信号与标准时间的时差在几分钟内甚至可能会发生较大的变化，难以保障与标准时间的同步性能。为解决上述问题，可以利用远程时间校准与复现系统支持灵活设置观测周期的特点，缩短观测周期，降低对晶体振荡器稳定度要求，满足与标准时间的同步性能需求。

第 6 章　基于空间站原子钟的共视时间比对

本章结合空间站的硬件配置和轨道特性，分析利用空间站进行共视时间比对的优势和劣势，叙述传统共视时间比对方法直接应用于空间站的技术缺陷，提出适用于空间站特性的分时共视时间比对方法，并分析分时共视时间比对方法的主要误差特性。

6.1　空间站原子钟作为共视参考源的条件分析

近年来，各大国纷纷都开始研究利用空间环境实现高精度的时间频率基准，并通过搭建空地比对链路实现空间原子钟与地面原子钟之间的高精度时间频率比对，并以此为基础开展高精度的基础物理实验和相关应用研究，具体包括欧洲空间局开展的空间原子钟组 (atomic clock ensemble in space, ACES) 和空间光钟 (space optic clocks，SOC) 计划，美国、沙特、德国三国合作的 mSTAR 任务和中国空间站时频柜项目等。由于 ACES 计划和中国空间站时频柜项目具有许多共同点，可以采用相同的共视时间比对方法和误差处理策略，后文以这两个项目为原型进行叙述，文中把它们统称为空间站。

空间站配置高精度的原子钟，还计划建设高性能的空地微波时间比对链路，可以将空间站看作一个周期性围绕地球旋转的“移动时间系统”(周建平，2013; Duchayne et al., 2008)。结合空间站与地面站之间的微波时间比对链路，可以把空间站当作共视参考源，开展两个测站之间的共视时间比对。从理论上分析，利用空间站共视可以实现比 GNSS 共视更高的时间比对精度。

6.1.1　中国空间站

中国空间站在 2022 年建成并运营，其示意图如图 6.1 所示。其包括一个核心舱和两个实验舱，基本构型为 T 字形，核心舱居中，实验舱 I 和实验舱 Ⅱ 分别连接于两侧。空间站在轨运行期间，由载人飞船实现航天员的运输，由货运飞船提供补给支撑。空间站运行在近地环境下，轨道高度为 400~450km，轨道倾角大约为 42°，设计寿命为 10 年，空间站三舱组合重量在 90t 左右。

核心舱全长约为 18.1m，最大直径约为 4.2m。核心舱模块分为节点舱、生活控制舱和资源舱，主要为航天员提供居住环境，支持飞船和扩展模块对接停靠并开展少量的空间应用实验，是空间站的管理和控制中心。

图 6.1　中国空间站示意图

两个实验舱全长均约为 14.4m，最大直径均约为 4.2m。实验舱 Ⅱ 以应用实验任务为主，实验舱 I 既有实验任务又兼具部分控制功能。实验舱 I、Ⅱ 先后发射，具备独立飞行功能，与核心舱对接后形成组合体，可开展长期在轨驻留的空间应用和新技术试验，并对核心舱平台功能予以备份和增强。

中国空间站高精度时频柜随实验舱 Ⅱ 一起发射，包括高精度的原子钟系统和时间频率传递系统。因此，在实验舱 Ⅱ 发射对接成功以后，中国空间站是一个高精度的移动时间系统，可以对地面用户提供高精度的时间基准。空间站高精度的原子钟系统还提供了精密的共视时间比对参考源，结合高精度的时间频率传递系统可以实现基于空间站的共视时间比对。

6.1.2　欧洲 ACES 计划

欧洲空间原子钟组 (ACES) 计划，是由欧洲空间局负责实施的基于国际空间站 (international space station, ISS) 微重力环境下的新型空间微波原子钟实验验证项目。欧洲原计划于 2017 年发射 ACES 空间载荷，出于多种原因至今还未发射。

ACES 空间载荷搭载在国际空间站 (ISS) 的哥伦布实验舱外，如图 6.2 所示 (杨文可等，2016)。ISS 的轨道平均高度为 400km，轨道倾角为 51.6°，平均轨道周期为 90min (杨文可等，2016；Much et al.，2009)。

ACES 空间载荷内部组成如图 6.3 所示 (杨文可等，2016)，核心载荷是一台激光冷原子铯钟 (projet d’horloge atomique par refroidissement d’atomes en orbit, PHARAO) 和一台空间主动型氢原子钟 (space hydrogen maser，SHM)。ACES 空间载荷还包括频率比对和分发单元 (frequency comparison and distribution package, FCDP)、用于实现载荷设备与地面通信的计算机 (external pay load computer, XPLC)。

从图 6.3 可知，ACES 空间载荷还包括与地面进行高精度时间频率传递的微波链路 (microwave link，MWL)、激光链路 (european laser timing，ELT) 接收和发射设备。此外，ACES 空间段还搭载 GNSS 接收机，用于获取 ACES 载荷的轨道位置数据。

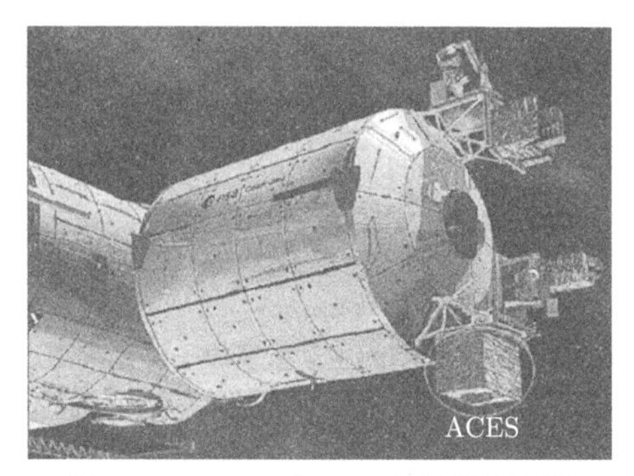

图 6.2　ACES 在 ISS 中的搭载位置

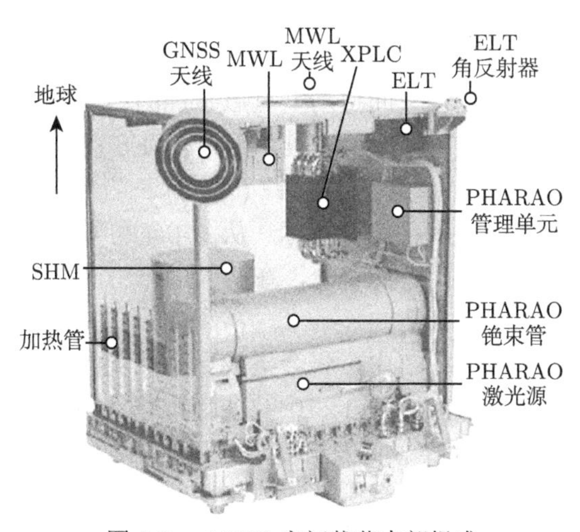

图 6.3　ACES 空间载荷内部组成

通过上述分析可知，ACES 具有和中国空间站相似的轨道特性和空间载荷，也可以当作共视参考源开展高精度的共视时间比对。

6.1.3　空间站高精度的原子钟

原子能级跃迁对应的共振谱线宽度决定了原子钟输出时间频率信号的稳定度。共振谱线宽度越窄，频率稳定度越高。空间站轨道距离地面 400~500km，处在近地微重力环境下。在近地微重力作用下，地球重力与轨道离心力相互抵消，原子更容易冷却。通过冷却原子的方法可以减慢原子的运动速度，产生更窄的共振谱线宽度。因此，可以在空间站上运行比地面精度更高的原子钟系统。

由于近地微重力作用，ACES 的激光冷原子铯钟更易冷却至极低的温度，获得运动速度更低的铯原子，从而获得更高的频率稳定度指标。冷原子铯钟在地面的精度评估工作已经完成，可以达到 $(3.5\times10^{-13})/\sqrt{\tau}$ 的频率稳定度，τ 为平滑时间。预计其发射升空之后频率稳定度可以达到 $(1\times10^{-13})/\sqrt{\tau}$ 水平 (杨文可等, 2016)。

ACES 的空间主动型氢原子钟具有较好的中期频率稳定度，具体指标如表 6.1 所示 (杨文可等, 2016)。从表中可以看出，其万秒频率稳定度可以达到 1.5×10^{-15} 量级。

表 6.1　ACES 空间主动型氢原子钟频率稳定度

平滑时间/s	Allan 偏差 (10^{-15})
1	<150
10	<21
100	<5.1
1000	<2.1
10000	<1.5

ACES 空间时频系统综合空间主动型氢原子钟的中期稳定度和激光冷原子铯钟的长期稳定度来输出空间时间频率基准信号。ACES 空间时频信号、激光冷原子铯钟 (PHARAO) 和空间主动型氢原子钟 (SHM) 三者的频率稳定度如图 6.4 所示，利用 Allan 偏差表征频率稳定度指标。从图 6.4 可知，ACES 空间时频信号兼具了 PHARAO 和 SHM 两者的长处，在两天的平滑时间下，频率稳定度达到了 1×10^{-16} 量级。

在 ACES 的后续计划 SOC 中，将会搭载更高性能的镱原子和锶原子光钟在 ISS 上，其秒级频率稳定度能达到 1×10^{-15} 量级，天稳定度能达到 1×10^{-18} 量级。欧洲空间局预计在 ACES 载荷发射完成之后再实施 SOC 计划。

中国空间站时频柜配置有三台原子钟，包括一台光学频率原子钟、一台冷原子微波钟和一台主动型氢原子钟，可以达到和 ACES 相当的技术指标。

因此，空间站上将会搭载现阶段最高性能的原子钟系统，是最准确的时间基准。导航卫星星载原子钟多为铷钟和铯钟，Galileo 卫星上还有被动型氢钟，但星载原子钟输出时间频率信号天稳定度仅在 1×10^{-14} 量级，较空间站原子钟稳定度低几个数量级。空间站原子钟性能远优于导航卫星星载原子钟，从共视参考源时钟性能角度，空间站优于导航卫星。

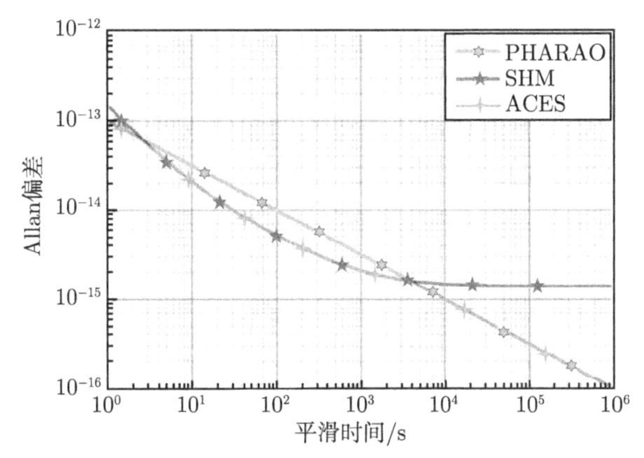

图 6.4 ACES 空间时频信号、PHARAO 和 SHM 的频率稳定度

6.1.4 空地微波时间比对链路

空间站用于共视时间比对的另一个必要条件是时间比对链路。中国空间站已经建成对地微波时间比对链路和激光时间比对链路，ACES 也计划建设这两种时间比对链路，且这两种时间比对链路可以互相检验 (杨文可等，2016；Delva et al., 2013)。

激光链路设计成双向工作模式，该模式有利于准确测量激光传播路径时延和减少空间站轨道误差的影响。激光短脉冲由地面激光测距站发出，并依据地面原子钟时间标记发射时刻。空间站探测到单光子后，依据空间原子钟时间标记接收时刻，同时位于空间段的激光反射器将激光脉冲返回地面站，并依据地面原子钟标记接收时刻。根据记录的时刻数据，结合收发设备时延标校值计算空间站与地面站之间的钟差。利用激光链路进行时间比对的不确定度预计为 50ps，可以用于校验微波时间比对链路的性能。

能用于共视时间比对的链路为微波时间比对链路，图 6.5 为 ACES 微波时间比对链路收发信号示意图 (杨文可等，2016)。ACES 微波时间比对链路也采用双向工作模式，一路上行信号，两路下行信号。上行信号载波频率在 Ku 波段，为 13.475GHz，其上调制速率为 100MChip/s 的伪随机噪声码，发射功率为 2W。两路下行信号，发射功率都为 0.5W，且都调制有速率为 2.5kbit/s 的数据信息，其中一个载波频率在 Ku 波段，为 14.70333GHz，其上也调制速率为 100MChip/s 的伪随机码，另一个载波频率在 S 波段，为 2.248GHz，调制 1MChip/s 的伪随机码。利用 S 波段和 Ku 波段的两路下行信号，可以通过双频观测量计算电离层时延。

ACES 在进行链路设计时对微波时间比对链路引入的相位噪声进行了约束，要求微波时间比对链路对时频信号的频率稳定度的恶化程度小于原子钟频率稳定度的 20%。因此，可以推算出微波时间比对链路稳定度的具体要求，如表 6.2 所示，通过时间偏差表示。300s 为欧洲西部地面站平均连续观测 ACES 的时间长度，要求 300s 内由微波时间比对链路引入的相位噪声小于 0.3ps。同时，约束利用微波链路进行时间比对的不确定度小于 100ps。

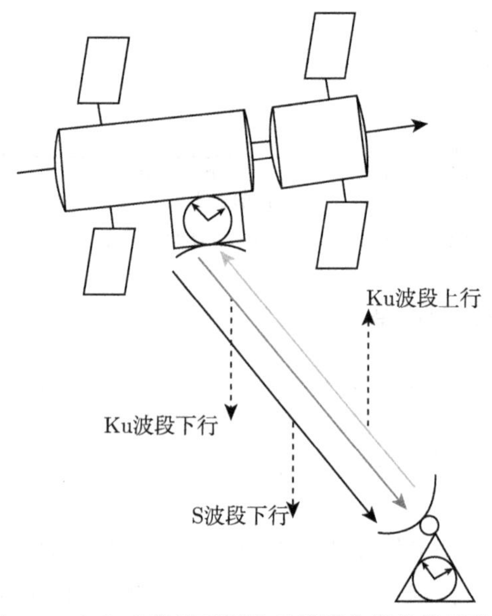

图 6.5 ACES 微波时间比对链路收发信号示意图

表 6.2 ACES 微波时间比对链路时间偏差

平滑时间	时间偏差/ps
300s	<0.3
1d	<7
10d	<23

中国空间站与地面的微波时间比对链路基本设计思想与 ACES 相同，差别主要体现在下行链路。中国空间站下行链路包含两路信号，频点在 K 波段或者 Ka 波段。因此，中国空间站下行链路的载波频率比 ACES 高。由于电离层延迟一阶项分量与载波频率的平方成反比，因此中国空间站下行链路在电离层延迟的修正上更具优势，其他链路指标的设计和 ACES 微波时间比对链路相当。

对于共视时间比对，主要关注的是空间站下行链路设计。结合上述对空间站微波时间比对链路信号设计的介绍，对空间站下行信号与导航卫星下行信号进行比对。首先，空间站下行信号码速率比导航卫星大，载波频率较导航卫星高。除了 ACES 的 S 波段，其余空间站下行波段的载波频率和码速率较导航卫星都高，在 ACES 系统的共视时间比对中，可以利用 Ku 下行波段进行时间比对，本节后面的空间站介绍都没有考虑 ACES 系统的 S 下行波段。空间站下行信号码速率为 100MChip/s，几乎是 GPS 导航卫星精码速率的 10 倍，因此空间站下行信号伪随机码测距精度比导航卫星高。导航卫星下行信号载波频率一般在 L 波段，而 ACES 下行信号工作频点在 Ku 波段，中国空间站频率更高。因此，空间站电离层延迟修正的精度更高。电离层延迟是导航卫星共视的主要误差源，而对于空间站共视来说，只需要采用双观测量即可计算其延迟量，计算精度在皮秒量级。因此，空间站的下行时间比对链路比导航卫星性能更优，可以实现更高精度的共视比对。

6.2　空间站共视方法的改进

由于空间站的轨道特性，传统的共视时间比对方法应用于空间站共视时间比对存在一定的局限性。本节通过空间站轨道特性与对地可见性分析，说明传统共视方法应用于空间站共视的不足之处，并结合空间站的特征介绍一种适用于空间站的共视时间比对方法。

6.2.1　空间站轨道特性与对地可见性分析

空间站的运行轨道为近圆形的椭圆轨道，平均轨道高度大约为 400km，轨道倾角在 30°~60°。利用牛顿定律可以近似估计空间站的平均运行角速度，估计公式为

$$\overline{\omega}=\sqrt{\frac{\mu}{a^3}} \tag{6.1}$$

式中，μ 为万有引力常数与地球质量的乘积，可以近似为 $\mu=3986005\times10^8\mathrm{m}^3/\mathrm{s}^2$；$a$ 为空间站椭圆轨道的长半轴。由于空间站轨道近似为圆形，椭圆的偏心率接近于零，其长半轴近似等于地球半径与平均轨道高度之和。地球平均半径大约为 6370km，因此可以计算出空间站的平均运行角速度为 1.13×10^{-3}rad/s，平均轨道周期大约为 1.5h，每天飞行的轨道周期数目接近 16 个。

1. 空间站的对地覆盖性

为了评估空间站对地球表面的信号覆盖情况，采用地心角 θ 衡量空间站实时地面覆盖区域的大小 (陈霄等，2014)。假设空间站在某一时刻相对地面静止，其轨道高度为 h，空间站覆盖的工作区域是顶角为 2γ 的圆锥所笼罩的地球表面区域，以圆锥所笼罩的星下点 U 为中心的地球表面球冠面积称为空间站地面覆盖区

域，如图 6.6 所示。星下点是空间站、地心连线和地球面的交点。图中点 A_1、A_2 是锥面和地球面的切点。空间站可见区域的大小可用地心角 θ 表示：

$$\theta = \arccos \frac{R}{R+h} \tag{6.2}$$

式中，R 为地球半径。空间站轨道高度约 400km，地球平均半径约 6370km，通过式 (6.2) 计算出地心角约为 19.8°。

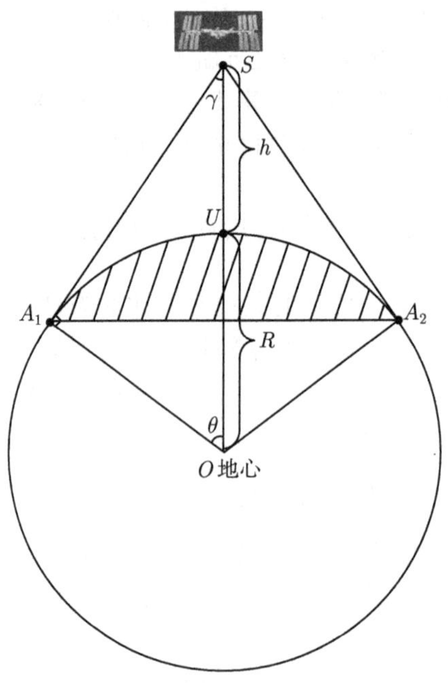

图 6.6　空间站地面覆盖区域示意图

假设地球为一个标准的球体，根据球冠表面积计算公式，可以得到空间站地面覆盖区域面积的计算公式：

$$S = 2\pi R^2(1-\cos\theta) \tag{6.3}$$

因此，可以计算出空间站在地球表面的实时覆盖区域面积约为 1506 万平方千米。

实际上，出于对地面接收信号质量的考虑，一般会利用高度角对空间站数据进行筛选。一般地面站的高度角越小，电磁波穿过大气层的路径越长，电磁波衰减越大，地面站接收到的有用信号越弱，噪声越大。图 6.7 中角 α 为地面站 M 观测空间站的高度角，高度角的取值范围为 [0°，90°]，常用的高度角下限为 10°。从图 6.7 中可以直观地看出，增加高度角的限制条件，不仅地心角减小，空间站的有效覆盖区域面积也随之减小。θ' 为增加高度角限制条件的地心角，γ' 为地面站 M 的顶角，则有

$$\omega = \theta' + \gamma' \tag{6.4}$$

根据三角形内角和公式可以得

$$\alpha + \theta' + \gamma' = \frac{\pi}{2} \tag{6.5}$$

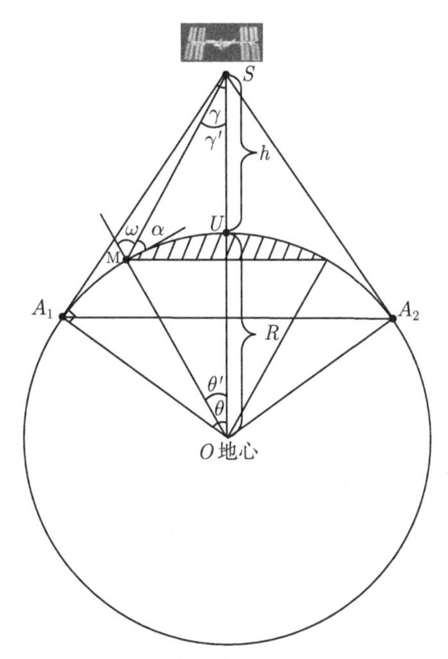

图 6.7　受高度角约束的空间站地面覆盖区域示意图

因此，可以推导出式 (6.6)：

$$\cos(\alpha + \theta') = \sin\gamma' \tag{6.6}$$

又由正弦定理可知：

$$\frac{\sin\gamma'}{R} = \frac{\cos\alpha}{R+h} \tag{6.7}$$

结合式 (6.6) 和式 (6.7)，可以得到地心角和高度角之间的关系式：

$$\theta' = \arccos\frac{R\cos\alpha}{R+h} - \alpha \tag{6.8}$$

因此，如果以高度角大于 10° 作为限制条件，可以估算出最大的地心角为 12.1°，计算出此时空间站在地球表面的有效覆盖区域面积约为 5660000km^2。因此，即使空间站星下点在我国领土的正中央，也不能实现我国领土的完全有效覆盖。这也说明，当空间站在我国过境时，只有处于图 6.7 中阴影部分的地区对其可见。同理，只有两个地面站同时处于图 6.7 中阴影部分，才能进行传统的共视时间比对，这也限制了共视时间比对的基线长度。图 6.7 中，阴影区域最远两点之间的距离，为传统共视方法下空间站共视时间比对的最长基线，约为 2600km。与没有高度角约束的实时覆盖区域面积相比，高度角设置为 10° 时，覆盖区域面积减少为原来的 37.6%。

2. 空间站的对地可见性

空间站运动速度较快，一个轨道的周期约为 90min。每天执行的飞行周期数目并不是整数，再加上地球自转的影响，一方面每天不同的轨道周期星下点轨迹并不相同，另一方面空间站的星下点轨迹也没有明显的日重复特性。

以轨道高度为 400km、轨道倾角为 42° 对空间站的轨道进行模拟。对北京、长春、漠河、西安、喀什、昆明、拉萨、上海、三亚、合肥和武汉等我国主要地理城市进行空间站的可见性建模，以高度角为 10° 作为限制条件，各城市在一天内对空间站的可见时段如表 6.3 所示，表中数据为一天的分钟累计数。从表中可以看出，每个城市每个周期的可见时段都非常短，平均为 4min。漠河在我国最北方，每天对空间站的有效观测时段只有一个，大约为 4min。其余城市，不论是西北部的喀什、东北部的长春、东部的上海、西部的拉萨，还是南部的三亚和昆明，每天可见空间站的轨道周期数目至少有 4 个。

表 6.3　我国主要地理城市对空间站的可见情况建模结果 (分钟计数)

城市	第 1 个周期	第 2 个周期	第 3 个周期	第 4 个周期	第 5 个周期	第 6 个周期	第 7 个周期	第 8 个周期
北京	—	806~809	902~907	1000~1005	1097~1102	1194~1199	—	—
长春	—	808~811	904~909	1001~1006	1099~1104	—	—	—
漠河	—	—	—	1001~1004	—	—	—	—
上海	—	805~810	903~907	1002~1004	1099~1103	1196~1201	—	—
三亚	706~707	801~806	—	—	—	—	1293~1298	1391~1394
拉萨	—	801~806	898~902	—	—	—	1291~1296	1389~1390
昆明	—	802~806	898~902	—	—	—	1291~1296	1389~1390
喀什	—	—	—	992~996	1089~1094	1186~1191	1283~1288	1381~1385
西安	—	804~807	900~905	998~1002	1096~1100	1193~1198	1291~1295	—
合肥	—	804~809	901~906	1000~1002	1097~1101	1194~1199	1292~1295	—
武汉	—	803~808	900~905	1000~1002	1098~1101	1194~1199	1291~1296	—

对表 6.3 中第 2 个轨道周期的可见数据进行分析，可以看出，在该周期内，空间站对漠河和喀什不可见，其他城市的可见时段并不同步且时间长短也不相同。

上海、三亚、合肥、武汉和拉萨可见时段较长，达到 6min 左右，西安、北京和长春可见时长为 4min，昆明的可见时长为 5min。此外还可以看出，不同的两个地面站对空间站同时可见的时间长度也不相同。三亚和拉萨同时可见空间站的时长最长可达 6min，昆明和北京只有 1min 的同时可见时间。尽管长春和西安在该轨道周期均有可见时间段，但这两个城市有效的同时可见空间站的时间却为 0。在该轨道周期内，除对空间站不可见的喀什和漠河以外，上海和其他所有城市都有同时可见空间站的时段。对其他几个轨道周期进行分析，也有类似的结论，即不同地面站在某个周期观测空间站的可见时段长短不同，两地面站能同时观测空间站的时段并不完全相同。

从表 6.3 还可以看出，有些城市之间在一天内都不能同时有效地观测空间站，如喀什和西安、三亚，长春和昆明、三亚，漠河和三亚、拉萨，等等。传统的共视时间比对方法需要两个观测站同时接收参考源的时间比对信号，通过共视计算几乎可以完全抵消参考源的影响、部分抵消时间比对链路上的公共误差影响。因此，鉴于空间站对地可见性的特点，传统的共视时间比对方法存在一定的应用盲区 (刘音华，2019)。

6.2.2　轨道误差对传统空间站共视时间比对的影响

根据共视时间比对原理，结合图 6.8 所示空间站轨道误差与地面站矢量关系，可以推导出空间站轨道误差对地面站 A 和 B 进行共视时间比对的影响公式 (刘音华等，2019)：

$$\mathrm{d}\Delta T_{\mathrm{AB}}=\frac{1}{c}\left(\frac{\vec{\rho}_{\mathrm{SB}}}{\rho_{\mathrm{SB}}}-\frac{\vec{\rho}_{\mathrm{SA}}}{\rho_{\mathrm{SA}}}\right)\cdot\mathrm{d}\vec{X}_{\mathrm{S}} \tag{6.9}$$

式中，$\mathrm{d}\Delta T_{\mathrm{AB}}$ 为地面站 A 与地面站 B 之间的钟差；$\vec{\rho}_{\mathrm{SA}}$ 为空间站和地面站 A 之间的距离矢量；$\vec{\rho}_{\mathrm{SB}}$ 为空间站和地面站 B 之间的距离矢量；$\mathrm{d}\vec{X}_{\mathrm{S}}$ 为空间站轨道误差矢量，即图 6.8 中空间站 GNSS 接收机输出的空间站位置 S 与真实的空间站位置 S′ 之间的矢量。式 (6.9) 的实质是空间站轨道误差 $\mathrm{d}\vec{X}_{\mathrm{S}}$ 在两个地面站视线方向的投影之差，即轨道误差对共视时间比对的影响量。

对式 (6.9) 进一步转换，可以得

$$\mathrm{d}\Delta T_{\mathrm{AB}}=\frac{1}{c}\left(\frac{\rho_{\mathrm{SA}}\vec{\rho}_{\mathrm{SB}}-\rho_{\mathrm{SB}}\vec{\rho}_{\mathrm{SA}}}{\rho_{\mathrm{SB}}\rho_{\mathrm{SA}}}\right)\cdot\mathrm{d}\vec{X}_{\mathrm{S}} \tag{6.10}$$

假设 $\rho_{\mathrm{SA}}=\rho_{\mathrm{SB}}+\Delta\rho$，则有

$$\mathrm{d}\Delta T_{\mathrm{AB}}=\frac{1}{c}\left(\frac{\rho_{\mathrm{SB}}\vec{\rho}_{\mathrm{BA}}+\Delta\rho\vec{\rho}_{\mathrm{SB}}}{\rho_{\mathrm{SB}}\rho_{\mathrm{SA}}}\right)\cdot\mathrm{d}\vec{X}_{\mathrm{S}} \tag{6.11}$$

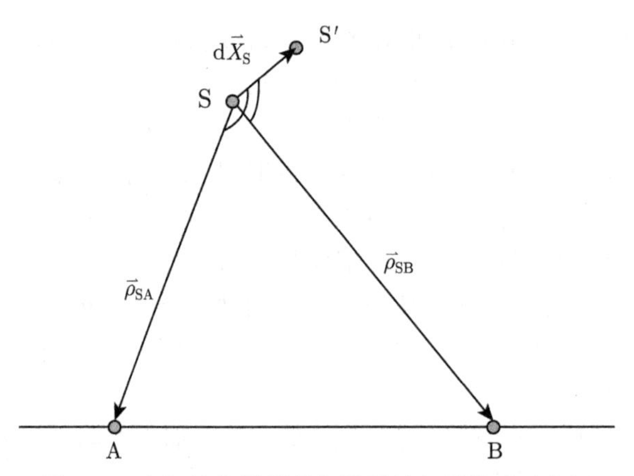

图 6.8　空间站轨道误差与地面站矢量关系示意图

式中，$\vec{\rho}_{\mathrm{BA}}$ 为地面站 A 与地面站 B 之间的基线矢量。因此，可得

$$|\mathrm{d}\Delta T_{\mathrm{AB}}| \leqslant \frac{1}{c}\left(\frac{\rho_{\mathrm{SB}}\left|\vec{\rho}_{\mathrm{BA}}\right|}{\rho_{\mathrm{SB}}\rho_{\mathrm{SA}}}+\frac{|\Delta\rho|\left|\vec{\rho}_{\mathrm{SB}}\right|}{\rho_{\mathrm{SB}}\rho_{\mathrm{SA}}}\right)\left|\mathrm{d}\vec{X}_{\mathrm{S}}\right| \tag{6.12}$$

进一步化简，得到：

$$|\mathrm{d}\Delta T_{\mathrm{AB}}| \leqslant \frac{1}{c}\left(\frac{\left|\vec{\rho}_{\mathrm{BA}}\right|+|\Delta\rho|}{\rho_{\mathrm{SA}}}\right)\left|\mathrm{d}\vec{X}_{\mathrm{S}}\right| \tag{6.13}$$

通过式 (6.13) 可知，轨道误差对空间站共视时间比对的影响和空间站与地面站的几何距离、两地面站之间的基线长度等有关。

图 6.9 为北京观测空间站的方位角、高度角、几何距离仿真结果，图中高度角的下限为 10°。从该图可知，高度角越大，空间站与地面站的几何距离越小，最小值在 300km 左右，最大的几何距离大约为 1700km，接近为最小值的 6 倍。对其他地面站进行仿真，可以得到类似的结果。

因此，式 (6.13) 中显然存在下列情况：

$$\frac{|\Delta\rho|}{\rho_{\mathrm{SA}}} > 1 \tag{6.14}$$

此时，空间站轨道误差对共视时间比对的影响存在明显的放大效应。例如，$\rho_{\mathrm{SA}} = 400\mathrm{km}$，$\rho_{\mathrm{SB}} = 1000\mathrm{km}$ 时，有 $\dfrac{|\Delta\rho|}{\rho_{\mathrm{SA}}} > 1$。

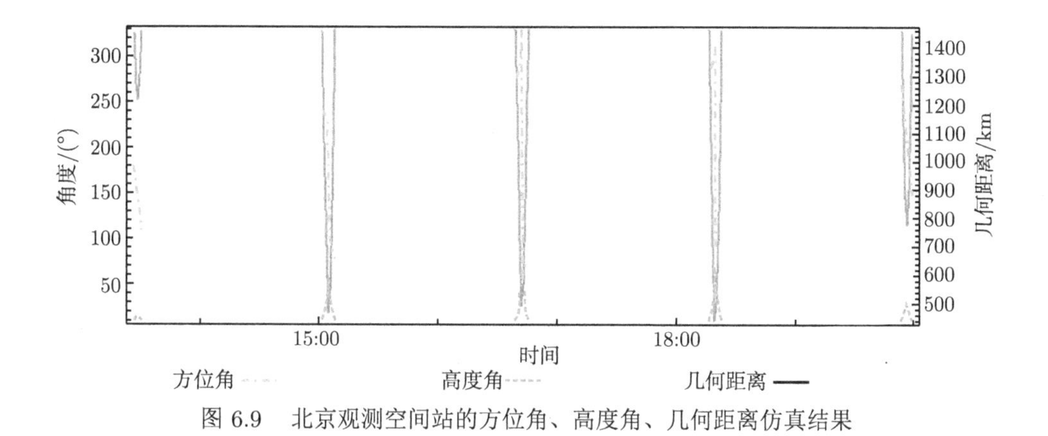

图 6.9　北京观测空间站的方位角、高度角、几何距离仿真结果

另外，空间站与地面站之间的几何距离按照 [300, 1700] 估算，也会存在两个地面站之间的基线长度大于几何距离的情况，即

$$\frac{\left|\vec{\rho}_{\mathrm{BA}}\right|}{\rho_{\mathrm{SA}}} > 1 \tag{6.15}$$

在式 (6.15) 成立时，空间站轨道误差对共视时间比对的影响也会被放大。

不论是中国空间站，还是欧洲 ACES，空间站轨道数据都由 GNSS 接收机实时提供。随着全球卫星导航系统的建设与发展，目前 GNSS 接收机定位精度已达到分米甚至厘米量级。有数据表明，GPS 接收机曾搭载在地球低轨飞行器上，提供了优于 10cm 的轨道位置服务。如果空间站轨道误差按 10cm 估算，在极端情况下轨道误差对两地时间比对的影响可达纳秒量级。

综上所述，利用空间站进行两个地面站之间的共视时间比对，要充分考虑空间站轨道误差的影响，并采取有效的修正措施，才能达到理想的共视时间比对精度。

6.2.3　传统共视方法的应用局限

传统的共视时间比对方法是以导航卫星作为参考源，逐渐发展和成熟起来的，以实现纳秒量级精度的共视时间比对作为科学目标。传统的导航卫星共视时间比对方法直接应用于空间站的共视时间比对存在以下几方面的局限性。

第一，传统的共视时间比对方法要求两个观测站能够同时接收到参考源的时间比对信号。由于空间站轨道高度较低，在 400km 左右，空间站对地面的实时覆盖区域太小，有效的覆盖面积只有五百多万平方千米，地面站进行共视时间比对的基线长度受到限制。从 6.2.1 小节对空间站的覆盖性分析可知，最长的共视时间比对基线长度约为 2600km。显然，传统共视方法应用于空间站不能满足更长比对基线的需求 (刘音华，2019)。

第二，从 6.2.1 小节对空间站的可见性分析可知，由于空间站运行速度太快，平均每个地面站的可视时间只有 4min，有些地面区域不能同时可视空间站，即不满足传统共视方法的两个地面站同时观测空间站的要求，则不能利用传统共视方法开展这些区域的观测站之间的共视时间比对，本书将这些区域称为共视盲区。例如，表 6.3 中喀什和西安、喀什和三亚、长春和昆明等城市之间，不能利用传统共视方法开展基于空间站的共视时间比对，都处于共视盲区之中 (刘音华，2019)。

第三，传统共视方法的局限性还体现在共视时间比对的精度方面。传统的共视方法以导航卫星作为参考源，目标精度在纳秒量级。导航卫星的轨道高度远远大于空间站，MEO 卫星的轨道高度都在 20000km 以上，GEO 卫星的轨道高度更高。对于导航卫星共视，有

$$\frac{|\Delta\rho|}{\rho_{\mathrm{SA}}} \ll 1 \tag{6.16}$$

因此，导航卫星轨道误差对共视时间比对的影响可以表示为

$$\left|\mathrm{d}\Delta T_{\mathrm{AB}}\right| \leqslant \frac{1}{c}\frac{\left|\vec{\rho}_{\mathrm{BA}}\right|}{\rho_{\mathrm{SA}}}\left|\mathrm{d}\vec{X}_{\mathrm{S}}\right| \tag{6.17}$$

由式 (6.17) 可知，导航卫星轨道误差对共视时间比对影响的最大值与星地几何距离成反比，与基线长度成正比。导航卫星轨道高度在几万千米，大约是地面站之间共视基线长度的 10 倍，因此轨道误差对共视时间比对的影响按照 10 倍比例缩小。目前各 GNSS 系统的实时定轨精度大多在分米量级，保留分析的余量，按照 1m 的轨道误差进行估计，其对共视时间比对的影响大约在 300ps。这个影响量对于导航卫星纳秒量级的共视时间比对精度完全可以忽略不计。因此，传统的导航卫星共视时间比对方法，利用共视原理可以抵消轨道误差的影响，不用进行额外的轨道误差修正。

由 6.2.2 小节的分析可知，空间站轨道误差对共视时间比对的影响较大，能够达到纳秒量级，轨道误差是空间站共视时间比对的主要误差来源。传统导航卫星共视方法没有额外进行轨道误差的处理，如果直接应用于空间站共视，会导致共视时间比对的精度受限于轨道误差的影响而无法提升。

结合空间站 1 天的仿真轨道，把空间站在径向 (R)、切向 (T) 和法向 (N) 三个维度的轨道误差均设置为 0.1m，地面站设置为长春和上海，对轨道误差对共视时间比对的影响进行仿真。空间站轨道误差对共视时间比对的影响如图 6.10 所示。

图 6.10 中，横坐标为 1 天的秒计数，纵坐标为空间站轨道误差对共视时间比对的影响量，单位为 ps。从图中可以看出，R、T、N 三个方向各 0.1m 的空间站轨道误差对上海和长春共视时间比对造成的误差为 750ps 左右，引起的共视

时间比对误差波动也达到了 500ps 左右。对其他地面站的仿真，也有类似的结论。因此，上述理论分析和仿真实验均说明，轨道误差对空间站共视时间比对的影响较大，传统的共视时间比对方法只能实现纳秒或者亚纳秒量级的共视时间比对精度。但是，空间站卓越的原子钟系统和高性能的微波时间比对链路，是为了实现更高精度的时间比对目标而建设的，因此还需要广大时频领域的科研工作者努力钻研，打破传统共视时间比对方法的束缚，探索和研究更高精度的空间站共视时间比对方法，拓宽空间站在高精度领域的应用范围。

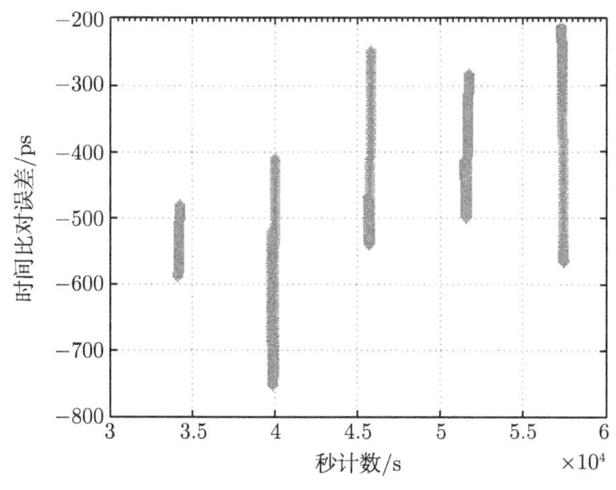

图 6.10 空间站轨道误差对共视时间比对的影响

6.2.4 适合空间站特征的共视方法

为了解决传统共视时间比对方法在空间站上的应用局限性，充分利用空间站高性能的原子钟和微波比对链路等优势资源，提出空间站分时共视时间比对方法，解决传统共视方法的应用盲区问题，实现几十皮秒量级的高精度共视时间比对。

1. 空间站共视时间比对的理论基础

利用空间站高精度原子钟作为参考源，实现两地面站间的高精度共视时间比对。由于空间站原子钟与地面站钟都处于地球引力场中，要想实现几十皮秒量级的比对精度，必须要以广义相对论的时间比对理论作为基础来建立数学模型，充分考虑地球引力的影响 (刘利，2004；韩春好，1990)。

引力会造成时空弯曲，弯曲时空不能选用狭义相对论中的闵可夫斯基度规张量，必须采用黎曼度规张量。设某一全局坐标系中的时空坐标系为 (t, x^i)，相应的时空度规系数为 $g_{\mu v}$，任何邻近点之间的时空间隔与度规张量的关系可以表示为

$$\mathrm{d}s^2 = \sum_{\mu=0}^{3}\sum_{v=0}^{3} g_{\mu v}\mathrm{d}x^{\mu}\mathrm{d}x^{v} \tag{6.18}$$

式中，$\mathrm{d}x^{\mu}$ 表示坐标增量，$\mu = 0$ 表示时间坐标，即 $\mathrm{d}x^0 = c\mathrm{d}t$，$c$ 为光速，$\mu = i\ (i = 1,2,3)$ 表示空间坐标。所采用的坐标系为地心天球参考系 (geocentric celestial reference system，GCRS)。

度规系数 $g_{\mu v}$ 通过式 (6.19) 确定：

$$\begin{cases} g_{00} = -1 + \dfrac{2U(t,x)}{c^2} \\ g_{0i} = 0 \\ g_{ij} = \delta_{ij}\left(1 + \dfrac{2U(t,x)}{c^2}\right) \end{cases} \tag{6.19}$$

式中，$U(t,x)$ 为地球的牛顿引力势和太阳等外部天体的引潮力之和；δ_{ij} 为克罗内克符号，当 $i = j$ 时，$\delta_{ij} = 1$，当 $i \neq j$ 时，$\delta_{ij} = 0$。

设某一全局坐标系中的时空坐标系为 (t, x^i)，相应的时空度规系数为 $g_{\mu v}$，观者在坐标系中速度为 v^i，观者的原时为 τ，那么可得

$$\begin{aligned} \mathrm{d}s^2 &= -c^2\mathrm{d}\tau^2 = g_{\mu v}\mathrm{d}x^{\mu}\mathrm{d}x^{v} \\ &= (g_{00} + g_{0i}v^i/c + g_{ij}v^iv^j/c^2)c^2\mathrm{d}t^2 \end{aligned} \tag{6.20}$$

因此，可以得到原时与坐标时之间的关系为

$$\mathrm{d}\tau = \mathrm{sqrt}\left[-(g_{00} + g_{0i}v^i/c + g_{ij}v^iv^j/c^2)\right]\mathrm{d}t \tag{6.21}$$

代入式 (6.19)，可得

$$\frac{\mathrm{d}\tau}{\mathrm{d}t} = 1 - \left(\frac{U(t,x)}{c^2} + \frac{v^2(t)}{2c^2}\right) + O\left(\frac{1}{c^4}\right) \tag{6.22}$$

因为在地球表面或者附近，可以忽略太阳等外部天体的引潮力，只考虑地球引力势，有

$$U(t,x) = \frac{GM}{r} + \frac{J_2GMa^2(1-3\sin^2\varphi)}{2r^3} \tag{6.23}$$

式中，M 为地球质量 (约为 $5.965\times10^{24}\mathrm{kg}$)；$G$ 为牛顿引力常数 (约为 $6.67\times10^{-11}\mathrm{m}^3/(\mathrm{kg}\cdot\mathrm{s}^2)$)；$r$ 为观者到 GCRS 坐标原点的距离；J_2 为与地球扁率有关的常数 (约为 1.0826×10^{-3})；a 为地球的赤道半径 (约为 6378136m)；φ 为观者的

地心纬度。结合空间站的轨道高度，可以推算出式 (6.23) 等号右边第二项比第一项小两个数量级以上，可以忽略不计。

因此，忽略高阶项的影响，观者原时与坐标时的关系可以表示为

$$\frac{\mathrm{d}\tau}{\mathrm{d}t}=1-\left(\frac{GM}{rc^2}+\frac{v^2(t)}{2c^2}\right)=1-W/c^2 \tag{6.24}$$

式中，W 为观者原子钟所处的重力势。将重力势在大地水准面做一阶泰勒展开，保留一次项，可得

$$W=W_0-g(\varphi)h \tag{6.25}$$

式中，W_0 为大地水准面上的重力势，为一个常数；h 为原子钟所处的海拔高度；$g(\varphi)$ 为大地水准面纬度为 φ 处的重力加速度，$g(\varphi)=9.78027+0.05192\sin\varphi$，单位为 $\mathrm{m/s^2}$。

因此，可以得到大地水准面上原子钟原时与坐标时的关系式：

$$\frac{\mathrm{d}\tau}{\mathrm{d}t}=1-W_0/c^2=1-6.969290134\times10^{-10} \tag{6.26}$$

由式 (6.26) 可知，位于大地水准面上的标准原子钟会越走越慢 (胡永辉等，2000)。

大地水准面上标准原子钟所实现的原时即为地球时 (terrestrial time，TT)，式 (6.26) 也可以表示为

$$\frac{\mathrm{dTT}}{\mathrm{d}t}=1-W_0/c^2 \tag{6.27}$$

以 TT 为坐标时，结合式 (6.24) 和式 (6.27) 可以得到：

$$\frac{\mathrm{d}\tau}{\mathrm{dTT}}=\frac{\mathrm{d}\tau}{\mathrm{d}t}\frac{\mathrm{d}t}{\mathrm{dTT}}=(1-W/c^2)/(1-W_0/c^2) \tag{6.28}$$

进一步推导，可得到地球表面静止的原子钟原时与坐标时之间的关系：

$$\frac{\mathrm{dTT}}{\mathrm{d}\tau}=1-g(\varphi)h/c^2 \tag{6.29}$$

积分后得到：

$$\mathrm{TT}=[1-g(\varphi)h/c^2](\tau-\tau_0) \tag{6.30}$$

从式 (6.30) 可知，位于大地水准面上的原子钟与 TT 秒长相同。对于不在大地水准面上的原子钟，需要根据海拔高度对钟速进行调整。在调整完成后，不需要对地面静止原子钟进行相对论效应的修正。

对于空间站上的原子钟，根据二体问题，有

$$v^2 = GM\left(\frac{2}{r} - \frac{1}{a}\right) \tag{6.31}$$

式中，a 为卫星运行的轨道长半轴，结合式 (6.24) 和式 (6.28)，积分后可得到：

$$\mathrm{TT} = (\tau - \tau_0) + \frac{1}{c^2}\int_{\tau_0}^{\tau}\left[GM\left(\frac{2}{r} - \frac{1}{2a}\right) - W_0\right]\mathrm{d}\tau \tag{6.32}$$

由于 $r = a(1 - e\cos E)$，e 为空间站轨道偏心率，E 为空间站轨道的偏近点角，通过进一步推导，可得到：

$$\mathrm{TT} = \left[1 - \left(W_0 - \frac{3GM}{2a}\right)\bigg/c^2\right](\tau - \tau_0) + \frac{2}{c^2}\sqrt{aGM}\cdot e\sin E \tag{6.33}$$

式 (6.33) 等号右边第一项表明存在相对论效应影响，空间站原子钟对 TT 存在轨道长半轴相关的标称频率偏差，通常在卫星发射前进行原子钟频率调整，不用额外考虑这一项的影响；第二项为狭义相对论和广义相对论效应共同导致的周期性相对论效应，导致存在一个随 E 周期性变化的钟差，在远地点和近地点为 0，在 $E = \pm\pi/2$ 处达到最大值。

式 (6.34) 即为空间站原子钟由地球引力场和运动速度导致的周期性相对论效应。

$$\delta^{\mathrm{per}} = -\frac{2}{c^2}\sqrt{aGM}\cdot e\sin E \tag{6.34}$$

下面以广义相对论作为理论基础，在 GCRS 中，介绍空间站与两地面站之间的共视时间比对原理。

假设地面站 A 和 B 接收空间站的时间比对信号，以空间站的信号发射时刻为计算时刻，两地面站与空间站的钟差可以表示为

$$\begin{aligned}\Delta T_{\mathrm{AS}} = P_{\mathrm{A}} - \Bigg\{&\frac{\rho_{\mathrm{SA}}}{c} + \tau_{\mathrm{SA}}^{\mathrm{ion}} + \tau_{\mathrm{SA}}^{\mathrm{tro}} + \frac{\vec{\rho}_{\mathrm{SA}}\cdot\vec{\nu}_{\mathrm{A}}}{c^2}\\ &+ \frac{\rho_{\mathrm{SA}}}{2c^3}\left[\nu_{\mathrm{A}}^2 + \vec{\rho}_{\mathrm{SA}}\cdot\vec{a}_{\mathrm{A}} + \frac{(\vec{\rho}_{\mathrm{SA}}\cdot\vec{\nu}_{\mathrm{A}})^2}{\rho_{\mathrm{SA}}^2}\right] + \tau_{\mathrm{SA}}^{\mathrm{shapro}} + \tau_{\mathrm{SA}}^{\mathrm{trans}}\Bigg\}\end{aligned} \tag{6.35}$$

$$\Delta T_{\mathrm{BS}} = P_{\mathrm{B}} - \Bigg\{\frac{\rho_{\mathrm{SB}}}{c} + \tau_{\mathrm{SB}}^{\mathrm{ion}} + \tau_{\mathrm{SB}}^{\mathrm{tro}} + \frac{\vec{\rho}_{\mathrm{SB}}\cdot\vec{\nu}_{\mathrm{B}}}{c^2}$$

$$+\frac{\rho_{\mathrm{SB}}}{2c^3}\left[\nu_{\mathrm{B}}^2+\vec{\rho}_{\mathrm{SB}}.\vec{a}_{\mathrm{B}}+\frac{(\vec{\rho}_{\mathrm{SB}}.\vec{\nu}_{\mathrm{B}})^2}{\rho_{\mathrm{SB}}^2}\right]+\tau_{\mathrm{SB}}^{\mathrm{shapro}}+\tau_{\mathrm{SB}}^{\mathrm{trans}}\Bigg\} \tag{6.36}$$

式中，ΔT_{AS} 和 ΔT_{BS} 分别为两地面站与空间站的钟差；P_{A} 和 P_{B} 为两地的观测量；$\vec{\rho}_{\mathrm{SA}}$ 和 $\vec{\rho}_{\mathrm{SB}}$ 为空间站和地面站之间的距离矢量；c 为光速；$\vec{\nu}_{\mathrm{A}}$ 和 $\vec{a}_{\mathrm{A}}$ 分别为地面站 A 在地心天球参考系中的速度和加速度矢量；$\vec{\nu}_{\mathrm{B}}$ 和 $\vec{a}_{\mathrm{B}}$ 分别为地面站 B 在地心天球参考系中的速度和加速度矢量；$\tau_{\mathrm{SA}}^{\mathrm{ion}}$ 和 $\tau_{\mathrm{SB}}^{\mathrm{ion}}$ 为电离层延迟；$\tau_{\mathrm{SA}}^{\mathrm{tro}}$ 和 $\tau_{\mathrm{SB}}^{\mathrm{tro}}$ 为对流层延迟；$\dfrac{\vec{\rho}_{\mathrm{SA}}.\vec{\nu}_{\mathrm{A}}}{c^2}$ 和 $\dfrac{\vec{\rho}_{\mathrm{SB}}.\vec{\nu}_{\mathrm{B}}}{c^2}$ 为 Sagnac 效应产生的影响，代入空间站的轨道高度和地球自转线速度，可以粗略估计该两项的数量级在 10ns 量级；$\dfrac{\rho_{\mathrm{SA}}}{2c^3}\left[\nu_{\mathrm{A}}^2+\vec{\rho}_{\mathrm{SA}}.\vec{a}_{\mathrm{A}}+\dfrac{(\vec{\rho}_{\mathrm{SA}}.\vec{\nu}_{\mathrm{A}})^2}{\rho_{\mathrm{SA}}^2}\right]$ 和 $\dfrac{\rho_{\mathrm{SB}}}{2c^3}\left[\nu_{\mathrm{B}}^2+\vec{\rho}_{\mathrm{SB}}.\vec{a}_{\mathrm{B}}+\dfrac{(\vec{\rho}_{\mathrm{SB}}.\vec{\nu}_{\mathrm{B}})^2}{\rho_{\mathrm{SB}}^2}\right]$ 分别为地面站 A、B 速度的二次幂和加速度的影响，可以估计该两项的数量级在 0.1ps 以下，可以忽略该两项的影响；其余为与相对论有关的时延。

$\tau_{\mathrm{SA}}^{\mathrm{shapro}}$ 和 $\tau_{\mathrm{SB}}^{\mathrm{shapro}}$ 为夏皮罗时延，是由地球引力造成的时延，因为空间站处于近地环境下，主要考虑地球的引力影响。在欧几里得空间，光的传播速度为常数 c，但是在引力场中，光传播速度不是常数，因此产生引力时延。引力时延是夏皮罗在 1964 年提出的，因此称为夏皮罗时延，其计算公式如下：

$$\tau_{\mathrm{SA}}^{\mathrm{shapro}}=\frac{2GM_{\mathrm{E}}}{c^3}\ln\frac{r_{\mathrm{S}}+r_{\mathrm{A}}+\rho_{\mathrm{SA}}}{r_{\mathrm{S}}+r_{\mathrm{A}}-\rho_{\mathrm{SA}}} \tag{6.37}$$

式中，G 为牛顿引力常数；M_{E} 为地球质量；r_{S} 和 r_{A} 分别为空间站和地面站到地心的距离。可以粗略估计，夏皮罗时延在 10ps 量级，在空间站高精度的共视时间比对中需要考虑该项的影响。

$\tau_{\mathrm{SA}}^{\mathrm{trans}}$ 和 $\tau_{\mathrm{SB}}^{\mathrm{trans}}$ 为坐标时到原时之间的转换时延，根据前面介绍的原时与坐标时之间的关系，如果地面站的原子钟已经进行了钟速调整，则不考虑地面站原时到坐标时之间的转换时延，只需要考虑空间站原时与坐标时的转换时延，$\tau_{\mathrm{SA}}^{\mathrm{trans}}$ 和 $\tau_{\mathrm{SB}}^{\mathrm{trans}}$ 可以表示为

$$\tau_{\mathrm{SA}}^{\mathrm{trans}}=\frac{2}{c^2}\sqrt{aGM}\cdot e\sin E \tag{6.38}$$

$$\tau_{\mathrm{SB}}^{\mathrm{trans}}=\frac{2}{c^2}\sqrt{aGM}\cdot e\sin E \tag{6.39}$$

对于空间站共视，忽略量值在皮秒以下的延时项，可以得到空间站共视时间比对的计算公式：

$$\Delta T_{\mathrm{AB}}=(P_{\mathrm{A}}-P_{\mathrm{B}})-\left(\frac{\rho_{\mathrm{SA}}-\rho_{\mathrm{SB}}}{c}\right)-(\tau_{\mathrm{SA}}^{\mathrm{ion}}-\tau_{\mathrm{SB}}^{\mathrm{ion}})-(\tau_{\mathrm{SA}}^{\mathrm{tro}}-\tau_{\mathrm{SB}}^{\mathrm{tro}})$$

$$-\left(\frac{\vec{\rho}_{\mathrm{SA}}\cdot\vec{\nu}_{\mathrm{A}}}{c^2}-\frac{\vec{\rho}_{\mathrm{SB}}\cdot\vec{\nu}_{\mathrm{B}}}{c^2}\right)-(\tau_{\mathrm{SA}}^{\mathrm{shapro}}-\tau_{\mathrm{SB}}^{\mathrm{shapro}})-(\tau_{\mathrm{SA}}^{\mathrm{trans}}-\tau_{\mathrm{SB}}^{\mathrm{trans}}) \quad (6.40)$$

因此，空间站共视时间比对其实是单向时间比对中各项误差的差分运算。对于传统的同时共视，式 (6.40) 中的 $\tau_{\mathrm{SA}}^{\mathrm{trans}}-\tau_{\mathrm{SB}}^{\mathrm{trans}}$ 可以抵消。导航卫星共视通过差分运算，抵消了轨道误差的影响。但通过前面的分析可知，空间站并不能通过共视差分方法来抵消轨道误差的影响，必须寻找其他解决办法。

2. 空间站分时共视时间比对方法

高精度的空间站共视时间比对方法，其核心是解决空间站轨道误差的影响问题，把轨道误差控制在理想的精度范围之内。

在空间站轨道误差缓慢变化的情况下，其对共视时间比对的影响还可以用式 (6.41) 表示：

$$\begin{aligned} c\,|\mathrm{d}\Delta T_{\mathrm{AB}}| = {} & \mathrm{d}X_{\mathrm{S}}^{\mathrm{R}}(\cos\alpha_{\mathrm{SA}}-\cos\alpha_{\mathrm{SB}})+\mathrm{d}X_{\mathrm{S}}^{\mathrm{T}}(\cos\beta_{\mathrm{SA}}-\cos\beta_{\mathrm{SB}}) \\ & +\mathrm{d}X_{\mathrm{S}}^{\mathrm{N}}(\cos\gamma_{\mathrm{SA}}-\cos\gamma_{\mathrm{SB}}) \end{aligned} \quad (6.41)$$

式中，$\mathrm{d}X_{\mathrm{S}}^{\mathrm{R}}$、$\mathrm{d}X_{\mathrm{S}}^{\mathrm{T}}$、$\mathrm{d}X_{\mathrm{S}}^{\mathrm{N}}$ 分别为轨道误差的径向、切向、法向分量；α_{SA}、β_{SA}、γ_{SA} 分别为空间站和地面站 A 之间的矢量与轨道径向、切向、法向之间的夹角；α_{SB}、β_{SB}、γ_{SB} 分别为空间站和地面站 B 之间的矢量与轨道径向、切向、法向之间的夹角。

从式 (6.41) 可知，如果空间站和地面站 A 之间的矢量与轨道 R、T、N 三个方向之间的夹角余弦值，与空间站和地面站 B 之间的矢量与轨道 R、T、N 三个方向之间的夹角余弦值，符号分别相同且大小分别相当，则式 (6.41) 等号右边三项误差基本能够得到抵消，这样就能满足超高精度共视时间比对的要求。

因此，可以利用两地面站和空间站的相对位置关系，在两地面站与空间站满足特定位置关系时进行观测，这时轨道误差的相关性最高，利用共视原理可以抵消大部分轨道误差的影响。可以采用式 (6.42) 作为判决条件，来寻找符合要求的空间站与两个地面站的相对位置关系 (刘音华等，2018)。

$$\mathrm{flag}=|\cos\alpha_{\mathrm{SA}}-\cos\alpha_{\mathrm{SB}}|+|\cos\beta_{\mathrm{SA}}-\cos\beta_{\mathrm{SB}}|+|\cos\gamma_{\mathrm{SA}}-\cos\gamma_{\mathrm{SB}}|\leqslant \mathrm{Thod} \quad (6.42)$$

式中，flag 为判决因子；Thod 为判决门限，通过判决门限来调整轨道误差对两个地面站时间比对的影响量。例如，空间站在 R、T、N 三个方向轨道误差均小于 0.1m，判决门限设置为 0.03 可以使轨道误差对时间比对的影响小于 10ps。

所谓分时共视，即两个地面站并不同时获取空间站的观测量。例如，地面站 A 在 t_1 时刻采集观测数据，地面站 B 在 t_2 时刻采集观测数据，如图 6.11 所示。

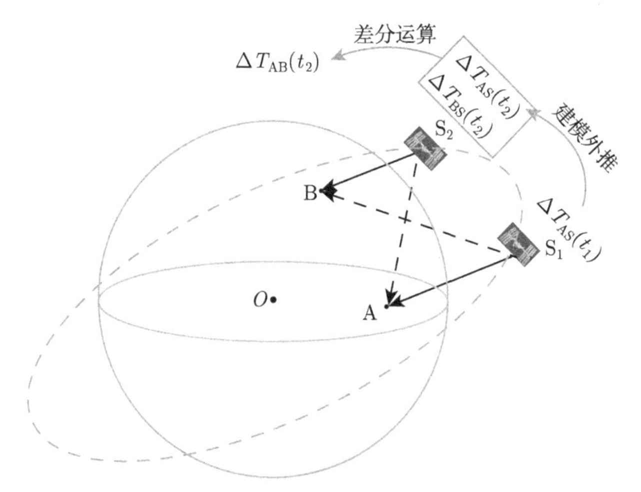

图 6.11　分时共视时间比对方法示意图

地面站 A 在 t_1 时刻、地面站 B 在 t_2 时刻与空间站的位置关系满足式 (6.42) 的判决条件，则地面站 A 在 t_1 时刻通过单向时间比对原理计算的 A 站与空间站的钟差 $\Delta T_{AS}(t_1)$ 和地面站 B 在 t_2 时刻解算的 B 站与空间站的钟差 $\Delta T_{BS}(t_2)$ 中包含的空间站轨道误差分量几乎相当，对 $\Delta T_{AS}(t_1)$ 和 $\Delta T_{BS}(t_2)$ 进行差分运算，可抵消空间站轨道误差的影响。这就是空间站分时共视时间比对方法的核心思想。

由于两个原子钟之间的相对频率偏差会使其相位偏差随着时间发生变化，不能直接对 $\Delta T_{AS}(t_1)$ 和 $\Delta T_{BS}(t_2)$ 相减计算 A、B 两站的钟差，必须获取同时刻两个地面站与空间站的钟差才能抵消空间站的原子钟影响，从而得到两个地面站的钟差，这是共视时间比对原理的根本。

由于空间站原子钟具有高于地面原子钟的稳定度，秒级稳定度优于 1×10^{-13}，天稳定度优于 1×10^{-15}。另外，需要进行几十皮秒超高精度时间比对的地面站原子钟也具有很好的频率稳定度，其频率漂移可以忽略不计。因此，可以采用一次多项式对地面站与空间站的解算钟差进行建模，得到相对频率偏差。

一次多项式钟差模型如式 (6.43) 所示：

$$\Delta T_{AS}(t) = a + b \times (t - t_0) \tag{6.43}$$

式中，a 为常数项；b 为一次项系数，即相对频率偏差，为建模目标参数；t_0 为模型参考时刻。

通过式 (6.43) 建模可以得到相对频率偏差 b，然后通过式 (6.44) 外推可以得到地面站 A 在 t_2 时刻与空间站的钟差 $\Delta T'_{AS}(t_2)$：

$$\Delta T'_{AS}(t_2) = \Delta T_{AS}(t_1) + b \times (t_2 - t_1) \tag{6.44}$$

获得两地面站同时刻相对于空间站的钟差之后，可以通过式 (6.45) 计算两个地面站之间的钟差：

$$\Delta T_{\mathrm{AB}}(t_2)=\Delta T'_{\mathrm{AS}}(t_2)-\Delta T_{\mathrm{BS}}(t_2)=[\Delta T_{\mathrm{AS}}(t_1)-\Delta T_{\mathrm{BS}}(t_2)]+b\times(t_2-t_1) \tag{6.45}$$

由于 $\Delta T_{\mathrm{AS}}(t_1)$ 和 $\Delta T_{\mathrm{BS}}(t_2)$ 中包含的空间站轨道误差分量几乎相当，在式 (6.45) 中抵消了空间站轨道误差的影响，至此实现了基于空间站的分时共视时间比对。得到 $\Delta T_{\mathrm{BS}}(t_2)$ 的过程即为图 6.11 建模外推的过程。

6.3 空间站分时共视性能分析

利用分时共视时间比对的方法可以把空间站轨道误差的影响控制在 10ps 左右，为了实现几十皮秒时间比对不确定度的终极目标，还需要精密分析其他各项误差的影响。

6.3.1 空间站轨道误差分析

由 6.2.4 小节的介绍可知，空间站轨道误差对共视时间比对的影响量可以通过式 (6.46) 来进行定量分析。

$$\varepsilon T_{\mathrm{orbit}}\leqslant|\varepsilon_{\mathrm{orbit}}|\left(|\cos\alpha_{\mathrm{SA}}-\cos\alpha_{\mathrm{SB}}|+|\cos\beta_{\mathrm{SA}}-\cos\beta_{\mathrm{SB}}|+|\cos\gamma_{\mathrm{SA}}-\cos\gamma_{\mathrm{SB}}|\right) \tag{6.46}$$

式中，$\varepsilon T_{\mathrm{orbit}}$ 为空间站轨道误差对共视时间比对的影响量；$|\varepsilon_{\mathrm{orbit}}|$ 为轨道误差矢量的模。

根据空间站分时共视时间比对的原理，可得

$$\varepsilon T_{\mathrm{orbit}}\leqslant|\varepsilon_{\mathrm{orbit}}|\,\mathrm{Thod} \tag{6.47}$$

因此，空间站轨道误差对分时共视时间比对的影响与轨道误差本身的大小和判决门限有关。空间站的位置数据由高精度的 GNSS 多模接收机提供。文献表明，GNSS 接收机在近地飞行器上可以提供精度优于 10cm 的定位性能 (Lemoine et al., 2010)。如果空间站的轨道误差控制在 10cm 以内，通过调节判决门限来进一步降低轨道误差的影响。

值得注意的是，判决门限并不是越小越好，判决门限越小，满足式 (6.42) 所示判决条件的两个地面站的观测时刻越少，需要综合权衡来设置适当的判决门限。

此外，由于空间站与地面站之间的钟差建模原始数据是通过单向时间比对的方法计算得来的，这部分原始数据包含轨道误差分量。因此，轨道误差会导致建模误差，间接影响共视时间比对。这部分的影响在 6.3.3 小节重点介绍。

6.3.2　微波时间比对链路误差分析

空间站下行微波时间比对链路引入的时间比对误差主要包括电离层和对流层延迟误差。

1. 电离层延迟误差分析

电离层处于地球表面 50~1000km 的高度，空间站轨道距离地面大约 400km，空间站下行信号传播到地面站途径电离层，会产生电离层延迟。在纳秒量级的导航卫星共视时间比对中，一般采用双频伪距观测量计算电离层一阶项延迟，电离层延迟的计算精度受伪距噪声的影响。对于几十皮秒量级高精度的空间站共视时间比对，在对电离层延迟的影响进行分析时不仅考虑一阶项的影响，还应该对电离层二阶项的影响进行分析。

基于伪随机码的电离层延迟计算公式如下：

$$\tau_{\mathrm{SD}}^{\mathrm{ion}} = \frac{40.308\mathrm{TEC}}{cf^2}\left(1+\frac{7527c}{40.308f}B_0\cos\theta_0\right) = \frac{A}{cf^2}+\frac{B}{cf^3} \tag{6.48}$$

式中，第二个等号右边第一项为电离层一阶项延迟，第二项为二阶项延迟；B_0 为地面站与空间站连线在穿刺点处的地磁感应强度；θ_0 为场强矢量与信号传播方向间的夹角；TEC 为路径方向上的总电子含量；f 为频率；A 为电离层一阶项延迟系数；B 为电离层二阶项延迟系数。

由式 (6.48) 可知，电离层一阶项延迟与下行信号频率的平方成反比，电离层二阶项延迟与下行信号频率的三次方成反比。对于频点在 K 和 Ka 波段的空间站下行信号，可以大致估算电离层一阶项延迟在百皮秒量级，电离层二阶项延迟不足 1ps。因此，经过分析可知，受益于空间站较高的信号频点，可以忽略电离层二阶项延迟的影响。

由于不同穿刺点处的 TEC 差别较大，引起的电离层延迟差别也可达到百皮秒量级，电离层延迟不能单纯通过共视原理进行对消，需要首先通过双频或三频改正的方法修正单向比对中的电离层延迟，然后基于共视比对的原理削弱剩余的残差。利用三频观测量计算电离层延迟的优势是可以计算电离层二阶项延迟的大小，但是会增加伪距的组合次数，从而导致较大的电离层延迟计算噪声。式 (6.49) 为利用三频伪距计算电离层一阶项延迟系数的公式，伪距观测量经过了三次组合，放大了伪距噪声的影响。

$$A = \frac{f_2^3f_1^2(f_1^3-f_3^3)(P_1-P_2)-f_3^3f_1^2(f_1^3-f_2^3)(P_1-P_3)}{f_3(f_1^2-f_3^2)(f_1^3-f_2^3)-f_2(f_1^2-f_2^2)(f_1^3-f_3^3)} \tag{6.49}$$

由于电离层延迟的二阶项本身量值较小，可以忽略不计，作者建议采取双频观测量计算电离层延迟，这样可以获取更高的计算精度。式 (6.50) 为利用双频伪距计算电离层一阶项延迟系数的公式，伪距只经过了一次组合，伪距噪声的影响小于三频计算方法。

$$A=\frac{f_1^2 f_2^2(P_1-P_2)}{f_1^2-f_2^2} \tag{6.50}$$

图 6.12 为双频和三频计算电离层延迟误差对比图，横坐标为一天的秒累计数，纵坐标为电离层延迟误差，单位为 ps。仿真时伪距噪声设置为 1ps，三个频点依次为 20.4GHz、21GHz 和 31GHz。从图中可以看出，双频伪距组合方法计算的电离层延迟误差在几皮秒左右，三频伪距组合方法计算的电离层延迟误差达到几十皮秒。

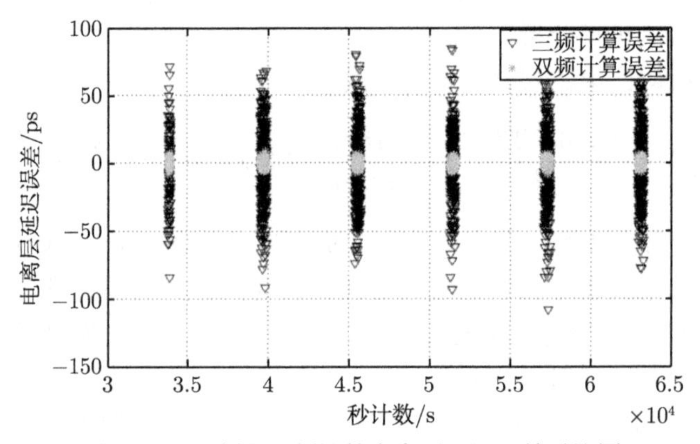

图 6.12　双频和三频计算电离层延迟误差对比图

因此，在空间站共视时间比对中，利用双频伪距组合方法计算电离层延迟即可满足精度要求。

2. 对流层延迟误差分析

对流层延迟主要分为干延迟和湿延迟，在总的天顶延迟中干延迟占 90%以上。无论是干延迟，还是湿延迟，都与温度、湿度、气压、水汽压等气象参数密切相关，但是干延迟相对稳定，利用经验模型的建模精度可以达到 10ps 左右。湿延迟变化较快，由于湍流等作用，数分钟之内就可能有几十皮秒的变化。因此，修正对流层延迟的关键问题是计算对流层延迟的湿分量 (Hobiger et al., 2013)。

式 (6.51) 和式 (6.52) 为利用 Saastamoinen 模型来计算天顶对流层延迟的公式，式 (6.51) 等号右边第一项为干延迟，第二项为湿延迟。

$$\varDelta_{\text{saas}}=0.002277\times\frac{P}{f(\varphi,h)}+0.002277\times\left(\frac{1225}{T+273.15}+0.05\right)\times\frac{e_0}{f(\varphi,h)} \tag{6.51}$$

$$f(\varphi,h)=1-0.00266\cos 2\varphi-0.00028h \tag{6.52}$$

式中，P 为测站气压，单位为 hPa；T 为测站温度，单位为 ℃；e_0 为测站水汽压，与测站温度和湿度有关，单位为 hPa；$f(\varphi,h)$ 为测站地心纬度 (单位为 rad) 和测站高程 (单位为 m) 的函数。可以粗略估计对流层延迟的大小在百纳秒量级。

测站的水汽压计算公式为

$$e_0=\frac{W}{100}\times 6.11\times 10^{\frac{7.5\times(T-273.15)}{T+0.15}} \tag{6.53}$$

式中，W 为测站的大气湿度，单位为%。

因此，从式 (6.51) 可知，干分量与测站的气压、地心纬度和高程有关。气压值在短时间内相对恒定，可以利用高精度的气压仪进行测量。因此，对流层延迟干分量稳定度较好，可以利用模型求解。

对流层延迟湿分量与测站的温度、水汽压、地心纬度和高程有关。大气中的水汽压变化较快，因此湿延迟分量变化也快。对流层湿延迟利用模型计算的误差较大，且模型也不能准确反映对流层湿延迟的快速变化情况。资料表明，通过外置微波辐射计可以遥感水汽和液态水含量，从而可以推算对流层湿延迟，利用微波辐射计及其反演算法计算天顶湿延迟在理论上可以达到 6ps 左右的精度。因此，可以采用 Saastamoinen 等经验模型计算对流层延迟干分量，湿分量采用微波辐射计遥感水汽的方法间接计算。

对流层湿延迟的计算公式为

$$\varDelta_{\mathrm{w}}=10^{-6}\left(k_2'+\frac{k_3}{T_{\mathrm{m}}}\right)R_{\mathrm{v}}\times \mathrm{IWV} \tag{6.54}$$

式中，k_2' 和 k_3 为常数；R_{v} 为水汽的比气体常数；IWV 为沿传播路径的积分水汽总量；T_{m} 为传播路径上的水汽加权温度。水汽加权温度与地面温度有下述关系：

$$T_{\mathrm{m}}=\frac{\displaystyle\int_0^{\infty}\frac{e_0}{T}\mathrm{d}s}{\displaystyle\int_0^{\infty}\frac{e_0}{T^2}\mathrm{d}s} \tag{6.55}$$

因此，计算湿延迟的关键问题是获取 IWV。微波辐射计的亮温与路径上水汽总量存在线性关系，这是反演水汽总量的理论基础。利用历史探空资料，可以在亮温和水汽总量间建立线性关系，从而通过微波辐射计实时亮温监测结果来推算 IWV。为了更准确地计算水汽含量，微波辐射计还需要定期进行标校。

上述是计算天顶对流层延迟，信号传播方向的对流层延迟还需要乘以投影函数。有关投影函数的相关公式，读者可以查阅其他相关书籍。

由于对流层延迟受温湿压气象参数的影响非常大，相距较远的两个地面站的温湿压参数差别可能很大，需要精确测量地面站的温湿压参数并利用微波辐射计反演对流层湿延迟来计算单向对流层延迟的总量，然后利用共视时间比对的原理进一步减少对流层延迟误差。

6.3.3 空地钟差建模误差分析

对空间站与地面站之间的钟差进行建模，建模误差主要受三方面的影响：模型的选取、建模数据源和建模数据源长度。

在介绍空间站分时共视时间比对方法时，空地钟差采用的是一次多项式模型进行建模。由于空间站综合原子钟信号的秒级频率稳定度在 10^{-15} 量级，天稳定度在 10^{-16} 量级以上，不确定度优于 10^{-16} 量级。地面站需要和空间站进行高精度时间比对的实验室也配置高性能的原子钟，其时频信号的秒级频率稳定度至少在 10^{-13} 量级，天稳定度至少在 10^{-14} 量级，不确定度至少在 10^{-15} 量级。由于空间站原子钟性能远优于地面站，因此空地钟差的特性主要由地面原子钟确定。

以地面钟秒级频率稳定度为 5×10^{-13}，天稳定度为 1×10^{-14}，不确定度为 5×10^{-15} 作为仿真条件，对空地钟差进行仿真，仿真结果如图 6.13 所示。图中，横坐标为秒计数，样本间隔为 1s，仿真周期为 1 天；纵坐标为空地钟差，单位为 ps。从图中可以明显地看出，空地钟差呈现线性变化趋势，利用一次多项式模型对其进行建模是合理的。同时，分时共视方法钟差建模的目的是计算空间站原子钟与地面原子钟之间的相对频率偏差 b，该参数为模型的一次项系数，对应到钟差数据，即为图 6.13 中的斜率。因此，一次多项式是比较合适的空地钟差建模模型。

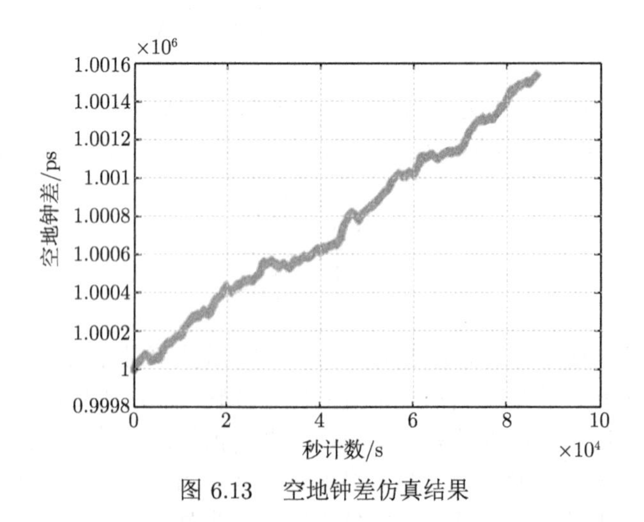

图 6.13　空地钟差仿真结果

另外，钟差建模效果与建模数据源的精度密不可分。从前面的分析可知，钟差建模数据来源于空地单向时间比对的计算结果，因此建模数据源包含空间站轨道误差、电离层和对流层延迟的残差，以及观测接收机的噪声影响等。空间站下行信号频率较高，利用双频观测量计算电离层延迟可以达到 10ps 以内的计算精度，在此可以不考虑电离层延迟的影响。对流层延迟的计算精度与观测方法有关，采用微波辐射计遥感水汽和液态水含量，来高精度推算对流层湿延迟的方法理论上可以实现几皮秒的估算精度，因此对流层延迟的影响也可以忽略。空间站接收终端的噪声可以通过数据平滑的方法进行削弱，也可忽略不计。因此，主要考虑空间站轨道误差的影响。

从前面的分析可知，空间站轨道误差对共视时间比对的影响可以达到纳秒量级；对单向时间比对的影响，由于没有误差放大效应，其量值小于接收机定位误差，按照 10cm 估算，约等于 300ps。这个影响量对于以几十皮秒精度作为时间比对的目标来说是巨大的。巧妙的是，分时共视时间比对方法仅通过钟差建模来获取空地原子钟相对频率偏差即线性化参数，即使建模数据源包含较大的轨道误差，只要误差的分布不影响钟差的线性化走势，则对线性化参数的建模影响较小。

为了进一步降低轨道误差对钟差线性化走势的影响，可以增加建模数据源的长度，即利用较长时间的解算钟差进行建模，线性化参数提取的精度更高。从图 6.13 也可以看出，由于空地钟差数据存在短期波动，短时间数据的线性化走势比较随机，和长期趋势差别较大。

从表 6.3 可知，空间站对地面站的单次可见时段较短，只有几分钟，且空间站从某地面站出境到再次入境最长需要经过十几个小时。换言之，空地钟差数据模型的作用时间需要达到十几个小时以上。从图 6.13 中空地钟差数据的起伏可以看出，利用单个可见时段的解算钟差进行建模效果不佳，需要利用更长时间的数据进行建模。图 6.14 中，带星号的直线为利用地面站两天六个可见时段的解算钟差

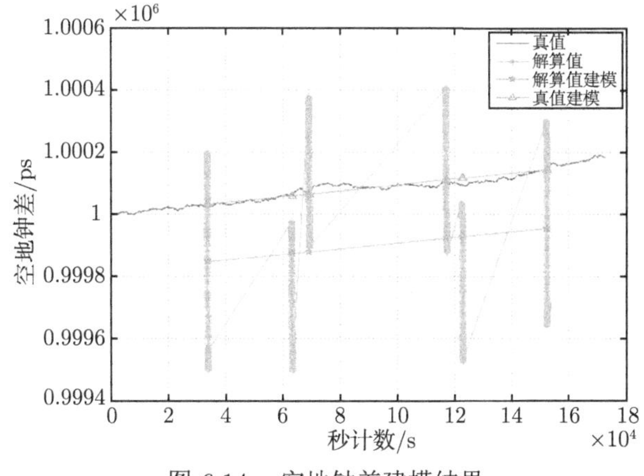

图 6.14　空地钟差建模结果

作为数据源进行建模的模型输出，带三角形的直线为利用两天的钟差真值建模得到的模型输出。从图中可以看出，这两条直线的线性化走势几乎完全相同。为了进一步提高线性化参数的计算精度，可以采用更长的数据源进行建模。仿真发现，利用两天的解算钟差建模可以满足几十皮秒的共视时间比对精度要求。

综上所述，尽管空地钟差建模的原始数据包含较大的轨道误差分量，但是通过延长建模数据源的长度，利用一次模型可以准确地模拟钟差的线性变化趋势，获取准确的空地原子钟相对频率偏差数据 (刘音华，2019)。

6.3.4 空间站分时共视时间比对性能分析

空间站分时共视时间比对的核心思想是寻找到两个地面站与空间站的几何位置关系满足式 (6.42) 所示的判决条件，再对解算的空地钟差数据进行建模，通过外推算法得到两个地面站在同一时刻与空间站的钟差，从而抵消空间站原子钟这一中间媒介，计算两个地面站的钟差。

图 6.15 定性展示了分时共视轨道误差的抵消过程。地面站 A 在 t_1 时刻、地面站 B 在 t_2 时刻与空间站的位置关系满足式 (6.42) 所示判决条件要求，则 A 站 t_1 时刻解算钟差包含的轨道误差和 B 站 t_2 时刻解算钟差包含的轨道误差几乎相当，为 $\varepsilon_{\rm or}$，分别如图中 sta_A、sta_B 两点所示。A 站利用钟差的一次项系数进行外推获得其在 t_2 时刻与空间站的钟差，该钟差值除包含原有的轨道误差以外，还增加了建模误差 $\varepsilon_{\rm mod}$，如图中 sta_A′ 点所示。最后的时间比对是在 sta_A′ 点和 sta_B 点开展的，通过共视原理抵消了轨道误差 $\varepsilon_{\rm or}$，只保留了建模误差 $\varepsilon_{\rm mod}$。本方法巧妙地通过建模获取钟差的线性化参数，即使钟差解算值本身包含的轨道误差较大，但是通过增加建模数据源的长度，可以较为准确地获得其一次项系数，一次项系数的计算误差导致的最终时间比对误差远远小于原始轨道误差带来的影响 (刘音华，2019)。

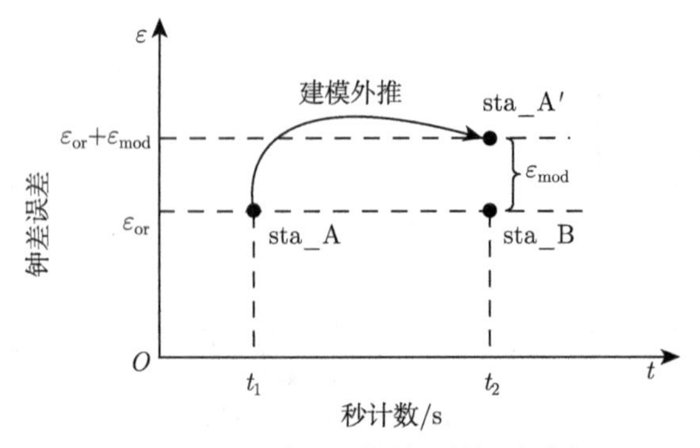

图 6.15　分时共视轨道误差抵消过程

利用式 (6.56) 来表示空间站分时共视时间比对的误差:

$$\begin{aligned}\varepsilon(\Delta T_{\mathrm{AB}}(t_2)) = &(\varepsilon_{\mathrm{or}}(\Delta T_{\mathrm{AS}}(t_1)) - \varepsilon_{\mathrm{or}}(\Delta T_{\mathrm{BS}}(t_2)))\\ &+ (\varepsilon_{\mathrm{else}}(\Delta T_{\mathrm{AS}}(t_1)) - \varepsilon_{\mathrm{else}}(\Delta T_{\mathrm{BS}}(t_2))) + \varepsilon_{\mathrm{mod}}\end{aligned} \tag{6.56}$$

式中，$\varepsilon_{\mathrm{or}}(\Delta T_{\mathrm{AS}}(t_1))$ 和 $\varepsilon_{\mathrm{or}}(\Delta T_{\mathrm{BS}}(t_2))$ 分别为两地在 t_1 和 t_2 时刻计算地面站与空间站钟差时的轨道误差；$\varepsilon_{\mathrm{else}}$ 为除轨道误差以外的其他误差，包括电离层延迟、对流层延迟、伪距噪声等误差。由于地面站 A 在 t_1 时刻、地面站 B 在 t_2 时刻与空间站的位置关系满足式 (6.42) 所述的判决条件，则式 (6.56) 等号右边的第一项轨道误差已经被修正。如果空间站在 R、T、N 三个方向的轨道误差均小于 0.1m，Thod 设置为 0.03，则轨道误差修正后的残差小于 10ps。

剩下的误差项主要包括电离层延迟、对流层延迟和建模误差。通过 6.3.2 小节的分析可知，电离层延迟通过双频改正的方法能达到几皮秒的修正精度，对流层延迟通过微波辐射计辅助计算湿分量的方法可以达到 10ps 左右的精度。伪距噪声一方面影响电离层延迟，另一方面还直接影响钟差比对结果。通过对伪距观测量进行平滑，可以把伪距噪声的影响控制在几皮秒。通过仿真分析，钟差一次项系数的建模误差对共视时间比对的影响可以控制在 10ps 以内。

把地面站设置在西安和上海，两地利用空间站进行分时共视时间比对仿真，图 6.16 为西安—上海分时共视时间比对仿真结果，图中 X、Y 轴坐标为两地一天的秒计数，Z 轴坐标为分时共视时间比对误差，单位为 ps。仿真过程中，西安原子钟的秒级稳定度设为 1×10^{-13}，天稳定度设为 1×10^{-15}，上海原子钟的秒级稳定度设为 4×10^{-15}，天稳定度设为 1×10^{-17}，Thod 设置为 0.03，空间站在 R、T、N 三个方向的轨道误差均设为 0.1m，误差矢量绝对值为 0.17m，观测量的噪声

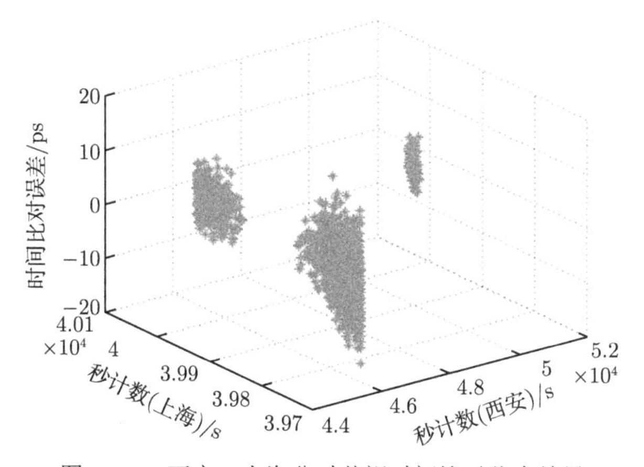

图 6.16　西安—上海分时共视时间比对仿真结果

方差设置为 1ps。从图 6.16 可知，西安和上海利用空间站进行分时共视时间比对，其比对误差在 $-20 \sim 20$ps。

按照上述条件对其他城市进行空间站共视时间比对仿真，传统共视和分时共视时间比对误差统计结果如表 6.4 所示 (刘音华，2019)。从表中，可以看出，各个城市间空间站传统共视时间比对的不确定度在百皮秒量级，而分时共视时间比对精度提高了一个数量级。表中，西安和喀什、长春和昆明不能开展传统共视时间比对，传统共视时长为 0，但可以实现几十皮秒量级的分时共视时间比对。因此，从理论上分析，空间站分时共视时间比对方法不仅可以有效改善传统共视工作盲区的问题，还能达到几十皮秒量级的时间比对精度。

表 6.4 传统共视和分时共视时间比对性能对比

共视城市	传统共视				分时共视			
	时长/s	误差均值/ps	误差均方差/ps	不确定度/ps	时长/s	误差均值/ps	误差均方差/ps	不确定度/ps
西安 长春	627	724.3	66.6	727.4	2006	−10.6	9.2	14.0
上海 昆明	284	−605.7	208.1	640.5	106	−11.5	3.0	11.9
西安 喀什	0	—	—	—	3713	15.4	1.8	15.5
长春 昆明	0	—	—	—	455	−32.9	4.9	33.3

参 考 文 献

蔡成林, 窦忠, 刘长虹, 2006. 秒级准确度的电话语音报时系统设计 [J]. 国外电子测量技术, 25(3): 20-22.

陈婧亚, 2018. 基于通信卫星的虚拟共视基准站授时方法研究 [D]. 西安: 中国科学院大学 (中国科学院国家授时中心).

陈婧亚, 许龙霞, 李孝辉, 2017. 一种共视接收机相对时延校准方法 [J]. 时间频率学报, 1(40): 21-26.

陈婧亚, 许龙霞, 李孝辉, 2019. 基于通信卫星的共视授时方法 [J]. 中国科学: 科学技术, 49(5): 543-551.

陈文江, 2015. 基于 FPGA 的北斗卫星导航系统接收机基带信号处理器设计 [D]. 南京：南京理工大学.

陈霄, 徐慨, 杨海亮, 2014. STK 软件卫星仿真与覆盖分析 [J]. 信息通信, 143(11): 1-3.

冯平, 2008. 低频时码系统附加扩频授时研究 [D]. 西安: 中国科学院研究生院 (中国科学院国家授时中心).

广伟, 2012. GPS PPP 时间传递技术研究 [D]. 北京: 中国科学院大学.

韩春好, 1990. 相对论框架中的地心参考系和天球参考系 [D]. 南京: 南京大学.

胡永辉, 漆贯荣, 2000. 时间测量原理 [M]. 香港: 香港亚太科学出版社.

华宇, 郭伟, 燕保荣, 等, 2016. 我国授时服务体系发展现状分析 [J]. 时间频率学报, 39(3): 193-201.

华宇, 向渝, 许林生, 等, 2017. 数字卫星电视授时方法: 2014102408833[P]. 2017-05-03.

黄承强, 2015. 转发式卫星测轨地面站设备时延标定方法 [D]. 西安: 中国科学院研究生院 (中国科学院国家授时中心).

江志恒, 2007. GPS 全视法时间传递回顾与展望 [J]. 宇航计测技术, (z1): 53-71.

焦文海, 张慧君, 朱琳, 等, 2020. GNSS 广播协调世界时偏差误差评估方法与分析 [J]. 测绘学报, 49(7): 805-815.

李丹丹, 2017. 北斗溯源新方法 [D]. 西安: 中国科学院研究生院 (中国科学院国家授时中心).

李秦政, 陈鹏, 鲍立佳, 2018. 北斗广播星历轨道和钟差的精度评估与分析 [J]. 测绘科学, 6(26): 1-10.

李孝辉, 窦忠, 2012. 时间的故事 [M]. 北京: 人民邮电出版社.

李孝辉, 窦忠, 赵晓辉,2015. 北京时间——长短波授时系统 [M]. 杭州: 浙江教育出版社.

李孝辉, 李静怡, 2013. 导航一号档案 [M]. 北京: 人民邮电出版社.

蔺玉亭, 谢彦民, 张健铤, 2014. Galileo 系统时间保持与溯源技术分析 [J]. 地理空间信息, 12(1): 40-41.

刘利, 2004. 相对论时间比对理论与高精度时间同步技术 [D]. 郑州: 解放军信息工程大学.

刘军, 2002. 低频时码授时系统中的若干理论与工程设计实验研究 [D]. 西安: 中国科学院研究生院 (中国科学院国家授时中心).

刘颂, 吕京飞, 2017. 面向 5G 承载的同步网架构演进 [J]. 电信网技术, (9): 22-26.

刘音华, 2019. 空间站和罗兰共视时间比对方法研究 [D]. 北京: 中国科学院大学.

刘音华, 李孝辉, 2018. 超高精度空间站共视时间比对新方法 [J]. 物理学报学报, 67(19): 190601-190611.

刘音华, 李孝辉, 2019. 轨道误差对空间站高精度时间比对的影响分析及修正方法 [J]. 宇航学报, 40(3): 345-351.

孟令达, 刘娅, 王文利, 等, 2018. 光纤时间传递溯源钟差粗差探测算法 [J]. 仪器仪表学报, 39(9): 114-120.

漆贯荣, 2006. 时间科学基础 [M]. 北京: 高等教育出版社.

钱志瀚, 李金岭, 2012. 甚长基线干涉测量技术在深空探测中的应用 [M]. 北京: 中国科学技术出版社.

屈俐俐, 2005. GPS 定时接收机的校准 [J]. 时间频率学报, 28(2): 131-135.

全国北斗卫星导航标准化技术委员会, 2020. 北斗卫星共视时间传递技术要求 [S]. 北京: 中国标准出版社.

孙宏伟, 李岚, 苏哲斌, 2009. 卫星位置误差对 GPS 共视时间比对的影响 [J]. 武汉大学学报 (信息科学版), 34(8): 968-970.

童宝润, 2003. 时间统一系统 [M]. 北京: 国防工业出版社.

王力军, 2014. 超高精度时间频率同步及其应用 [J]. 物理, 43(6): 360-363.

王善和, 华宇, 向渝, 等, 2021. 数字卫星电视授时方法及其研究进展 [J]. 导航定位与授时, 8(4): 20-28.

吴雨航, 陈秀万, 吴才聪, 等, 2008. 电离层延迟修正方法评述 [J]. 全球定位系统, 33(2): 1-5.

谢钢, 2009. GPS 原理与接收机设计 [M]. 北京: 电子工业出版社.

许龙霞, 2012. 基于共视原理的卫星授时方法 [D]. 西安: 中国科学院研究生院 (中国科学院国家授时中心).

许龙霞, 陈婧亚, 李丹丹, 2016. 一种卫星双向时频传递设备时延差的标定方法 [J]. 仪器仪表学报, 37(9): 2084-2090.

许龙霞, 李孝辉, 何雷, 2020. 北斗三号电离层模型性能分析 [J]. 空间科学学报, 40(3): 341-348.

杨文可, 孟文东, 韩文标, 等, 2016. 欧洲空间原子钟组 ACES 与超高精度时频传递技术新进展 [J]. 天文学进展, 34(2): 221-237.

杨旭海, 丁硕, 雷辉, 等, 2016. 转发式测定轨技术及其研究进展 [J]. 时间频率学报, (3): 216-224.

袁建平, 方群, 郑谔, 2000. GPS 在飞行器定位导航中的应用 [M]. 西安: 西北工业大学出版社.

袁运斌, 2002. 基于 GPS 的电离层监测及延迟改正理论与方法的研究 [D]. 武汉: 中国科学院研究生院 (测量与地球物理研究所).

张晗, 高源, 朱江淼, 等, 2007. 基于 EURO-160 型 P3 码 GPS 接收机的共视比对系统 [J]. 电子测量技术, 30(11): 100-103.

张强, 赵齐乐, 章红平, 等, 2013. 北斗卫星导航系统电离层模型精度的研究 [C]. 武汉：中国卫星导航学术年会.

中国卫星导航系统管理办公室, 2012. 北斗卫星导航系统空间信号接口控制文件公开服务信号 B1I (1.0 版) [Z].

中国卫星导航系统管理办公室, 2017. 北斗卫星导航系统空间信号接口控制文件公开服务信号 B2a (1.0 版)[Z].

周建平, 2013. 我国空间站工程总体构想 [J]. 载人航天, 19(2): 1-10.

周巍, 2013. 北斗卫星导航系统精密定位理论方法研究与实现 [D]. 郑州: 解放军信息工程大学.

朱峰, 2015. 卫星导航中的时间参数及其测试方法 [D]. 西安: 中国科学院研究生院 (中国科学院国家授时中心).

左飞, 2014. 新型的远程时间频率校准系统 [D]. 北京: 北京交通大学.

ALLAN D W, WEISS M A, 1980. Accurate time and frequency transfer during common-view of a GPS satellite[C]. Reston: 34th Annual Frequency Control Symposium.

AZOUBIB J, LEWANDOWSKI W, 1998. CGGTTS GPS/GLONASS data format version 02[C]. Reston: The 7th CGGTTS Meeting.

BOGDANOV P P, DRUZHIN A V, TIULIAKOV A E, et al., 2014. GLONASS time and UTC(SU)[C]. Beijing: URSI General Assembly and Scientific Symposium.

DEFRAIGNE P, PETIT G, 2015. CGGTTS-Version 2E: An extended standard for GNSS time transfer[J]. Metrologia, 52(6): 1-22.

DELVA P, MEYADIER F, PONCIN-LAFITTE C, et al., 2013. Time and frequency transfer with a micro wave link in the ACES/PHARAO mission[J]. European Frequency & Time Forum, Prague, Czech Republic,16(3): 25-28.

DIETER G L, HATTEN G E, TAYLOR J, 2003. MCS zero age of data measurement techniques[C]. SanDiego: The 35th Annual PTTI Meeting.

DUCHAYNE L, WOLF P, CACCIAPUOTI L, et al., 2008. Data analysis and phase ambiguity removal in the ACES microwave link[C]. Honolulu: IEEE International Frequency Control Symposium.

EU, 2019. European GNSS(Galileo) intial services open service-quarterly performance report: July-September 2019, ISSUE 1.0[R]. European Union: Publication Office of the European Union.

HAN C H, 2014. The BeiDou navigation satellite system[C]. Beijing: URSI General Assembly and Scientific Symposium.

HOBIGER T, PIESTER D, BARON P, 2013. A correction model of dispersive troposphere delays for the ACES microwave link[J]. Radio Science, 48(2): 131-142.

IMAE M, SUN H W, 2004. Impact of satellite position error on GPS common-view time transfer[J]. Electronics Letters, 40(11): 709-710.

JIANG Z, LEWANDOWSKI W, PANFILO G, et al., 2011.Reevaluation of the measurement uncertainty of UTC time transfer[C]. Pasadena: The 43th Annual Precise Time and Time Interval Systems and Applications Meeting.

KAPLAN E D, HEGARTY C J, 2006. Understanding GPS: Principles and Applications[M]. Second Edition. Boston: Artech House.

KLOBUCHAR J A, 1987. Ionospheric time-delay algorithm for single frequency GPS users[J]. IEEE Transactions on Aerospace and Electronic Systems, 23(3): 325-331.

LEMOINE F, ZELENSKY N, CHINN D, et al., 2010. Towards development of a consistent orbit determination, TOPEX/Poseidon, Jason-1, Jason-2[J]. Advances in Space Research, 46(12): 1513-1540.

LEVINE J, 2008. A review of time and frequency transfer methods[J]. Metrologia, 45(6): S162-S174.

LEVINE J, 2016. Coordinated universal time and the leap second[J]. URSI Radio Science Bulletin, 2016(359): 30-36.

LOMBARDI M A, ZHANG V S, CARVALHO R, 2007. Long-baseline comparisons of the Brazilian national time scale to UTC (NIST) using near real-time and postprocessed solutions[C]. Long Beach: The 39th Annual Precise Time and Time Interval Meeting.

MATSAKIS D, POWERS E, FONVILLE B, et al., 2014. GPS timing performance[C]. Beijing: URSI General Assembly and Scientific Symposium.

MONTENBRUCK O, STEIGENBERGER P, HAUSCHILD A, 2018. Multi-GNSS signal-in-space range error assessment-methodology and results[J]. Advances in Space Research, 61(12): 3020-3038.

MOUDRAK A, KONOVALTSEV A, FURTHNER J, et al., 2004. GPS Galileo time offset: How it affects positioning accuracy and How to cope with it[C]. Long Beach: ION GNSS.

MUCH R, DAGANZO E, FELTHAM S, et al., 2009. Status of the ACES mission[C]. Besancon: IEEE International Frequency Control Symposium.

RILEY W, HOWE D, 2008. Handbook of frequency stability analysis[Z]. NIST Special Publication 1065, Washington: U.S. Government Printing Office.

RTCM STANDARD 12700.0, 2017. Minimun performance standards for marine eLORAN receiving equipment[S].

SCHAER S, GURTNER W, FELTENS J, 1998. IONEX: The ionosphere map exchange format version 1[R]. Bern: Astronomical Institute, University of Berne.

SCHEMPP T, BURKE J, RUBIN A, 2008. WAAS benefits of GEO ranging[C]. Savannah: ION GNSS.

STEHLIN X, WANG Q, JEANNERET F, et al., 2006. Galileo system time physical generation[C]. Reston: The 38th Annual Precise Time and Time Interval Systems and Applications Meeting.

THOMAS B B, 2003. Relativity of GPS measurement[J]. Physical Review D, 68(6): 484-504.

TULLIS P, 2018. The world economy runs on GPS. It needs a backup plan[J/OL]. Bloomberg Businessweek. [2021-02-26]. https://peakoil.com/consumption/the-world-economy-runs-on-gps-it-needs-a-backup-plan.

UHRICH P, VALAT D, 2010. GPS receiver relative calibration campaign preparation for Galileo in-orbit validation[C]. Noordwijk: European Frequency and Time Forum.

WANG G X, JONE K D, ZHAO Q L, et al., 2015. Multipath analysis of code measurements for BeiDou geostationary satellites[J]. GPS Solutions, 19(1): 129-139.

XU L X, LI X H, XUE Y R, 2012. Study of a new one-way timing method[J]. Science China: Physics, Mechanics and Astronomy, 55(12): 2476-2481.

ZHU F, ZHANG H, HUANG L, et al., 2020. Research on absolute calibration of GNSS receiver delay through clock-steering characterization[J]. Sensors, 20(21): 6063-6077.